國井良昌 — 著
Kunii Yoshimasa

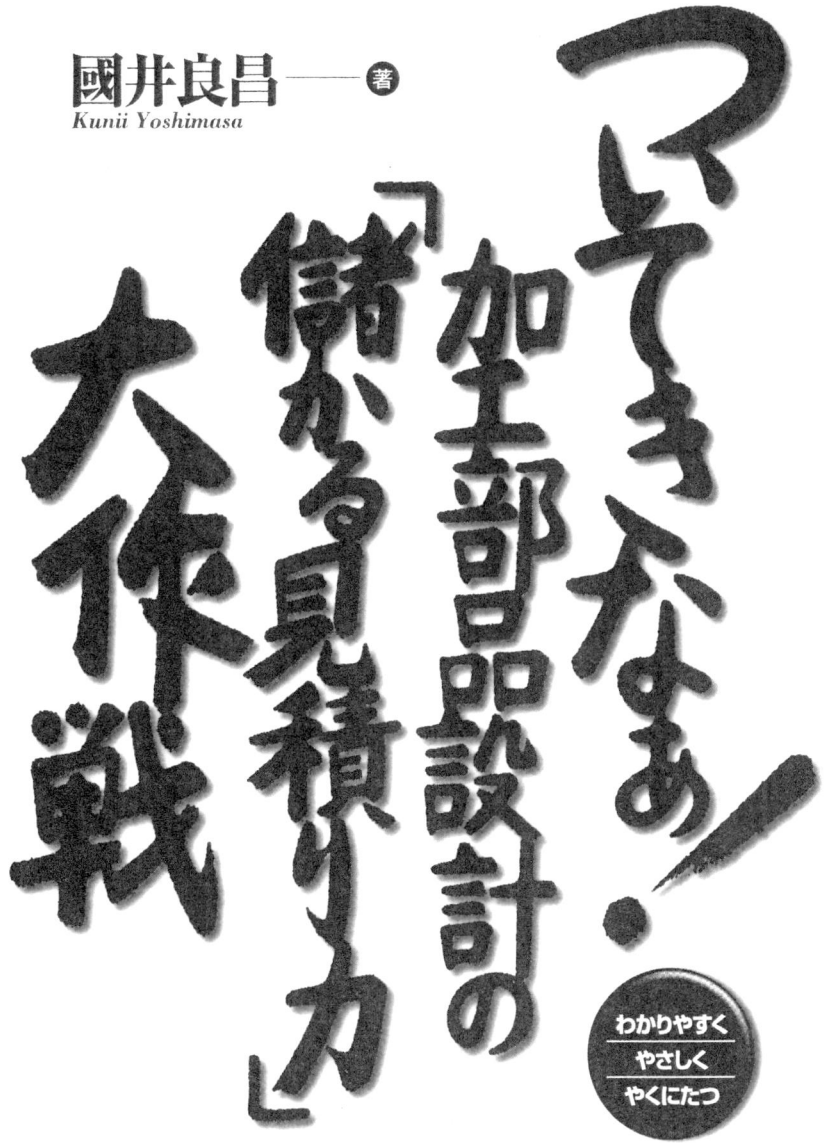

マってきかなぁ！加工部品設計の「儲かる見積り力」大作戦

わかりやすく
やさしく
やくにたつ

日刊工業新聞社

はじめに
誰もスカウトしない日本人設計者

　当事務所が推進する「技術者の4科目」というものがあります。それは、「Q（Quality：品質）」、「C（Cost）コスト」、「D（Delivery：期日）」、「Pa（Patent：特許）」です。

　急激に技術力を身につけた隣国をはじめ、世界のどの工業国でも限りなく高品質（Q）の商品を開発できる実力を有しています。そこに、「C」と「D」と「Pa」を加味する商品開発のストラテジーを有してはじめて、競争の土俵にのぼることができる時代となりました。とくに「C」に関しては、熾烈な競争が展開されています。例えば、パソコンであり、液晶テレビであり、EVがその代表的商品です。

　ここでいきなり、皆さんの機嫌を損なう解説に入ることになります。

　それは、……
　世の中には、その存在すら知られていない「技術スカウトマン」という職業があります。野球やサッカーなどのスポーツの世界に置き換えれば、その存在は納得のいく職業ではないでしょうか？
　今、このスカウトマンにひとつの法則が生まれています。それは、日本の研究者と生産技術者は全世界のスカウトマンからターゲットになっていますが、日本の設計者は決してスカウトしないという法則です。

　その理由は、三つあります。日本人設計者は、……

> ① 累積公差計算ができない。
> ② 自分で描いた図面のコストを見積れない。
> ③ そして、設計書が書けない。

　技術スカウトマン曰く、「かつて、米国、ヨーロッパ、韓国などにおける大企業に転職した日本人設計者は、これらが原因でISO9001における必須のデザインレビュー（設計審査）に臨めない」といいます。
　「デザインレビューという審査が通らない」ではなく、「臨めない」、つまり、参加すらできないということです。

　日本の有名なOA機器企業から、韓国の有名な大企業に転職した設計者がいました。彼はその設計室で、「設計書って何？」と質問したら、その部屋が凍りつ

いたといいます。彼はスカウトされたのではなく、自分から転職したのです。

　1年後、彼は別のOA機器企業へ転職しました。もちろん、その企業は日本企業であり、そこに設計書は存在しませんでした。

　蛇足ですが、前述の①、②に関する対処は、著書「ついてきなぁ！加工知識と設計見積り力で『即戦力』」（日刊工業新聞社刊）で、また、③に関しての対処は、著書「ついてきなぁ！『設計書ワザ』で勝負する技術者となれ！」（日刊工業新聞社刊）を参照してください。
　そして本書は、②をさらに強化します。

　下図は、日本企業における低コスト化会議の議事録と、あの有名な隣国企業における同、議事録との比較です。（商品は手動鉛筆削りに置き換えています。）

日本企業の低コスト化活動議事録　4月15日		
No	低コスト化案	見積り値の提出期限
1	板金ケースと大型ケースの樹脂一体化	4月22日まで
2	大型ケースの薄肉化（2 mm ⇒ 1.2 mmへ）	4月19日
3	回収ケースの薄肉化（2 mm ⇒ 1.2 mmへ）	4月19日
4	ゴムホルダを3個から1個へ	4月22日まで
—	—	—
19	ゴム1面シートを4点丸型シートへ	4月24日まで
20	先端削り機能（機構）の削除	4月20日
合計見込み金額		？

隣国企業の低コスト化活動議事録　4月15日		
No	低コスト化案	見積り値（ウォン）
1	板金ケースと大型ケースの樹脂一体化	－286
2	大型ケースの薄肉化（2 mm ⇒ 1.2 mmへ）	－214
3	回収ケースの薄肉化（2 mm ⇒ 1.2 mmへ）	－190
4	ゴムホルダを3個から1個へ	－1,050
—	—	—
19	ゴム1面シートを4点丸型シートへ	－100
20	先端削り機能（機構）の削除	－1,785
合計見込み金額		－3,625

　差異に気がつきましたか？
　日本企業は、アイデア出しだけで会議が終了します。その議事録には、「本日○○件抽出」と記録されます。しかし、隣国企業の議事録には、「本日○○件抽出、△△ウォンの低コスト化の見通し」となっています。

　もう、はっきりいって日本企業の負けです。なぜなら、議事録の後、数週間をかけて見積り値が入手でき、そこから再検討の会議です。

経済戦争といわれて久しい年月が経ちますが、どうしてこのようなまどろっこしい日本企業になってしまったのでしょうか？　低コスト化のためのアイデアを抽出し、その場でおよそいくらかと算出しなければ、場の緊張感がそがれます。

　そこで本書は、以下に示すコンセプトと手段でこれらの策に一石を投じます。

【コンセプト】
　今や、どこの工業国も「Q」に関しては、最高レベルの技術を提供できる。そこに、「C」と「D」と「Pa」を加味した商品開発のストラテジーが求められ、とくに「C」の差別化が重要である。そこで、技術者の「見積り力」をパワーアップする必要がある。

【手段】
　多くの事例から、「設計見積り」を理解する。

【目標】
　自分が設計した部品や生産担当する部品が、およそいくらかの「設計見積り」ができる技術者の育成をめざす。

　本書は初心者向けであり万能書ではありません。特に、加工法やコスト見積りに関して、レーダー、タンカー、航空機などの月産数台の大型特殊機器や、ベアリング、電子部品などの超大量生産の商品には本書のままのデータでは適用できないと思います。皆さん自身で補正を加えて調整してみてください。

　量産効果の著しい変化が見られるのは、「100台／月以上10万台以下」であり、本書は、ここに属する機械系の量産品にフォーカスしています。
　また、加工側とのコスト交渉には使えません。なぜなら、変動の激しい材料価格、加工側の工賃や加工設備などでバラツキが生じるためです。

　本書の見積り方法は、あくまで「設計見積り用」であり、良い設計と良い図面をめざすために、高いか安いかの相対値を設計的に判断するツールです。
　著書、「ついてきなぁ！加工知識と設計見積り力で『即戦力』」（日刊工業新聞社刊）に続く、図面を描く前の設計力の向上に、本書を活用していただければ幸いです。

2012年　1月

筆者：國井良昌

はじめに：誰もスカウトしない日本人設計者

第1章　設計見積りができないとこうなる！ ……………………… 11

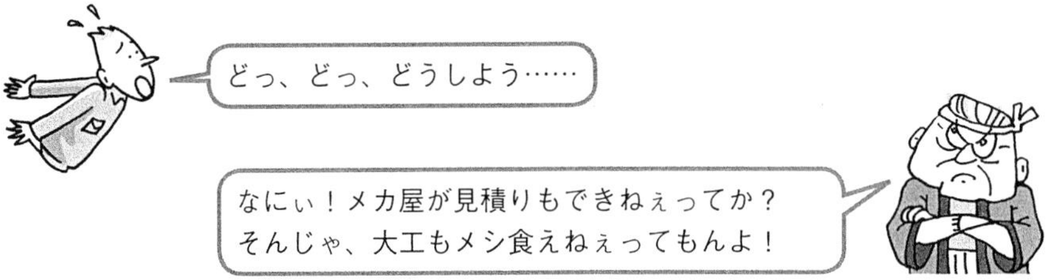

どっ、どっ、どうしよう……

なにぃ！メカ屋が見積りもできねぇってか？
そんじゃ、大工もメシ食えねぇってもんよ！

- 1-1　見積りができなければラーメンもできない …………………………… 12
  - 1-1-1　コストに興味がない日本人技術者 ……………………………………… 18
  - 1-1-2　原価管理とは …………………………………………………………… 19
- 1-2　図面を描く前の「設計見積り」とは ……………………………………… 22
  - 1-2-1　なぜ、コストを把握できないと困るのか？ ……………………………… 22
  - 1-2-2　隣国EV開発チームの低コスト化活動 ………………………………… 24
- 1-3　100円ショップのステンレス製定規のコストはいくら？ ………………… 26
  - 1-3-1　課題：ステンレス製定規の設計見積り ………………………………… 27
  - 1-3-2　材料費を求める …………………………………………………………… 27
  - 1-3-3　加工費を求める …………………………………………………………… 28
  - 1-3-4　型費を考慮した設計見積り ……………………………………………… 33
  - 1-3-5　ステンレス製定規の型費を求める ……………………………………… 33
  - 1-3-6　結果：ステンレス製定規の設計見積り ………………………………… 35
- 1-4　定価とコストの一般関係式 ……………………………………………… 36
  - 1-4-1　こうすれば儲かる！ステンレス製の定規 ……………………………… 37
- 1-5　100円ショップの樹脂製定規のコストはいくら？ ……………………… 38
  - 1-5-1　課題：樹脂製定規の設計見積り ………………………………………… 39
  - 1-5-2　材料費を求める …………………………………………………………… 39
  - 1-5-3　加工費を求める …………………………………………………………… 40
  - 1-5-4　樹脂製定規の型費を求める ……………………………………………… 43
  - 1-5-5　結果：樹脂製定規の設計見積り ………………………………………… 43
- 1-6　中国生産の効果と無駄 …………………………………………………… 44
  - 1-6-1　中国生産の効果：こうすれば儲かる！樹脂製の定規 ………………… 45
  - 1-6-2　中国生産の無駄：儲からない！ステンレス製の定規 ………………… 47

1-7 目で見る!第1章のまとめ ……………………………………… 49
　　〈儲かる見積り力・チェックポイント〉

第2章　板金/樹脂/切削部品の加工知識と設計見積り（復習）……53

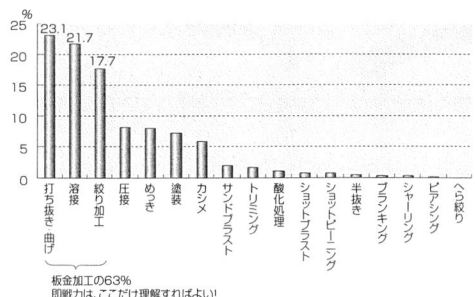

2-1　お客様は次工程 …………………………………………………… 54
　2-1-1　設計のお客様は次工程である加工現場 ……………………… 54
　2-1-2　加工法の得手不得手だけ理解すればよい ………………… 59
　2-1-3　お客様とのルールを守る …………………………………… 60
2-2　見積りができれば低コスト化設計ができる …………………… 64
　2-2-1　板金・樹脂・切削加工について …………………………… 65
　2-2-2　電気・電子機器とEVの部品構成 ………………………… 66
2-3　機械加工部品の分類 ……………………………………………… 69
　2-3-1　板金加工における即戦力の復習 …………………………… 71
　2-3-2　溶接における即戦力の復習 ………………………………… 72
　2-3-3　樹脂加工における即戦力の復習 …………………………… 73
　2-3-4　切削加工における即戦力の復習 …………………………… 74
2-4　塑性加工とは ……………………………………………………… 75
　2-4-1　塑性域と弾性域 ……………………………………………… 76
　2-4-2　塑性加工における即戦力 …………………………………… 77
2-5　目で見る!第2章のまとめ ……………………………………… 79
　　〈儲かる見積り力・チェックポイント〉

第3章　ヘッダー/転造の加工知識と設計見積り …………… 83
3-1　お客様の道具（加工法）を知る ………………………………… 84
　3-1-1　頻度の高い加工法 …………………………………………… 84
　3-1-2　お客様とのルール（単語を覚える）……………………… 85
　3-1-3　ヘッダー加工とは …………………………………………… 85

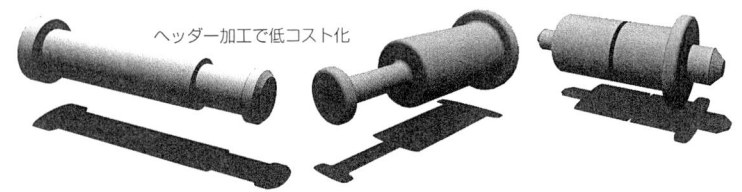

3-1-4	身近に見るヘッダー加工の応用例	86
3-1-5	ヘッダー加工の方法	91
3-1-6	転造加工とは	93
3-1-7	転造加工の方法	94

3-2 ねじの加工 ……………………………………………… 96
　3-2-1 切削加工によるねじの製造 …………………… 97
　3-2-2 ヘッダー加工と転造加工によるねじの製造 … 98
3-3 お客様の得手不得手を知る ……………………… 100
　3-3-1 設計ポイントはたったの3つ ………………… 101
　3-3-2 塑性変形の故障モードとその影響 ………… 102
　3-3-3 応力集中の故障モードとその影響 ………… 103
　3-3-4 型開閉の故障モードとその影響 …………… 107
3-4 ヘッダー加工の形状ルール ……………………… 110
　3-4-1 ヘッダー加工の単純な形状ルール ………… 111
　3-4-2 ヘッダー加工の複雑な形状ルール ………… 114
3-5 ヘッダー加工用の材料選択 ……………………… 117
　3-5-1 最重要ルール（最も怖いのが規格） ……… 117
　3-5-2 材料の大分類 ………………………………… 117
　3-5-3 材料の詳細情報 ……………………………… 118
3-6 加工限界を知る …………………………………… 124
　3-6-1 ヘッダー加工に関する長さの一般公差 …… 124
　3-6-2 ヘッダー加工の平面度と直角度と真直度 … 125
　3-6-3 角度の公差 …………………………………… 126
3-7 部品コストの見積り方法 ………………………… 128
　3-7-1 材料費の見積り方法 ………………………… 128
　3-7-2 ヘッダー加工費の見積り方法 ……………… 130
　3-7-3 ヘッダー加工のロット倍率（量産効果）を求める … 130
　3-7-4 ヘッダー加工の基準加工費を求める ……… 131

    3-7-5　ヘッダー加工の型費を求める……………………………… 132
    3-7-6　転造のロット倍率（量産効果）を求める…………………… 133
    3-7-7　転造の基準加工費を求める……………………………… 134
    3-7-8　コスト見積りのまとめ……………………………………… 135
  3-8　見積り演習で実力アップ ……………………………………… 136
    3-8-1　ヘッダー加工部品の設計見積り演習……………………… 136
    3-8-2　切削部品の設計見積り演習……………………………… 139
    3-8-3　ヘッダー加工と切削加工のコスト比較…………………… 141
  3-9　ヘッダー加工のもうひとつの応用例 ………………………… 144
    3-9-1　プリンタ機構部品に見るヘッダー加工部品……………… 144
    3-9-2　ねじ不要の賢いカシメと加工ルール……………………… 146
    3-9-3　カシメのコスト見積り……………………………………… 148
  3-10　目で見る！第3章のまとめ ………………………………… 149
    〈儲かる見積り力・チェックポイント〉

第4章　表面処理／めっきの加工知識と設計見積り …………… 155

  4-1　お客様の道具（加工法）を知る ……………………………… 156
    4-1-1　表面処理の種類…………………………………………… 156
    4-1-2　表面処理の特徴…………………………………………… 159
  4-2　お客様の得手不得手を知る ………………………………… 164
    4-2-1　代表的なめっき工程……………………………………… 164
    4-2-2　工程から学ぶめっきに適した部品形状…………………… 165
  4-3　軸系部品における表面処理の設計見積り ………………… 168
  4-4　板金部品における表面処理の設計見積り ………………… 172
  4-5　目で見る！第4章のまとめ …………………………………… 175
    〈儲かる見積り力・チェックポイント〉

第5章　ばねの加工知識と設計見積り ……………………………… 179

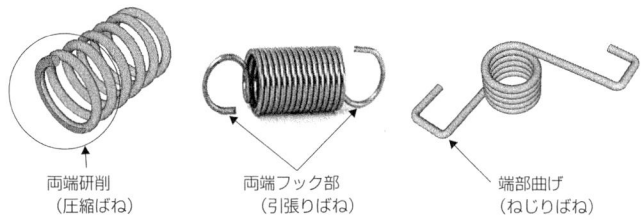

両端研削　　　両端フック部　　　端部曲げ
（圧縮ばね）　（引張りばね）　（ねじりばね）

　5-1　お客様の道具（加工法）を知る（板ばね編）……………… 180
　　5-1-1　お客様とのルール（単語を覚える）………………… 180
　　5-1-2　板ばねの命は「接地」……………………………… 183
　5-2　お客様の得手不得手を知る ……………………………… 184
　　5-2-1　設計ポイントはたったの3つ………………………… 185
　5-3　板ばね用板金の材料選択 ………………………………… 189
　　5-3-1　板ばね用板金の大分類……………………………… 189
　　5-3-2　板ばね用板金の部品点数ランキング………………… 192
　　5-3-3　板ばね用板金の詳細情報…………………………… 193
　5-4　事例で学ぶ板ばねの設計見積り ………………………… 195
　　5-4-1　課題：VTRテープ用板ばねの設計見積り …………… 195
　　5-4-2　材料費を求める……………………………………… 196
　　5-4-3　加工費を求める……………………………………… 196
　　5-4-4　板ばねの型費を求める……………………………… 197
　　5-4-5　結果：板ばねの設計見積り………………………… 198
　5-5　お客様の道具（加工法）を知る（コイルばね編）………… 198
　　5-5-1　コイルばねとは……………………………………… 198
　　5-5-2　コイルばねの加工…………………………………… 199
　5-6　コイルばねの材料選択 …………………………………… 202
　5-7　事例で学ぶコイルばねの設計見積り …………………… 203
　　5-7-1　課題：SWPAの圧縮コイルばねの設計見積り ……… 203
　　5-7-2　材料費を求める……………………………………… 204
　　5-7-3　加工費を求める……………………………………… 204
　5-8　目で見る！第5章のまとめ ……………………………… 211
　　　〈儲かる見積り力・チェックポイント〉

第6章　ゴム成形品の加工知識と設計見積り ……………… 215

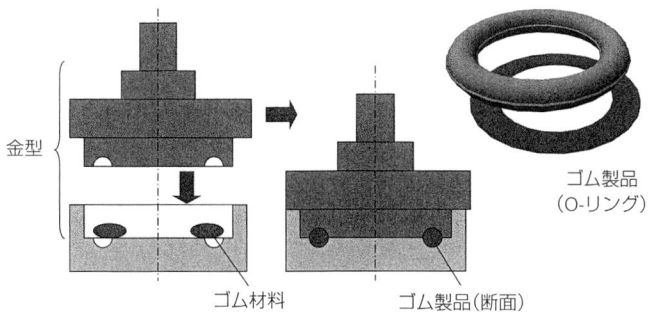

6-1　お客様の道具（加工法）を知る ………………………………… 216
　6-1-1　お客様とのルール（単語を覚える）………………………… 216
6-2　お客様の得手不得手を知る ……………………………………… 220
　6-2-1　ゴム成形品のトラブルは樹脂と同じ？ …………………… 220
6-3　加工限界を知る …………………………………………………… 222
　6-3-1　ゴム成形品に関する長さの一般公式 ……………………… 222
　6-3-2　ゴム成形品に関する平面度/直角度の一般公差 ………… 223
　6-3-3　ゴム成形品に関する抜き勾配 ……………………………… 224
6-4　ゴム材料の最適な選択 …………………………………………… 226
　6-4-1　ゴム材料の部品点数ランキング …………………………… 226
　6-4-2　ゴム材料のランキング別材料特性 ………………………… 227
6-5　事例で学ぶゴム成形品の設計見積り …………………………… 229
　6-5-1　課題：ゴム成形品の設計見積り …………………………… 229
　6-5-2　材料費を求める ……………………………………………… 229
　6-5-3　加工費を求める ……………………………………………… 230
6-6　目で見る！第6章のまとめ ……………………………………… 234
　〈儲かる見積り力・チェックポイント〉

おわりに
書籍サポートのお知らせ

第1章
設計見積りができないとこうなる！

- 1-1 見積りができなければラーメンもできない
- 1-2 図面を描く前の「設計見積り」とは
- 1-3 100円ショップのステンレス製定規のコストはいくら？
- 1-4 定価とコストとの一般関係式
- 1-5 100円ショップの樹脂製定規のコストはいくら？
- 1-6 中国生産の効果と無駄
- 1-7 目で見る！第1章のまとめ
  〈儲かる見積り力・チェックポイント〉

厳さん！
家を建てるとき、お客様は「見積り」よこせ！っていいますよねぇ。
僕の場合、一体、どうすればよいのでしょうか？

オメェ、今さら**な**にいってん**だ**ぁ。
そんじゃ何かい？
技術者ってぇのは**よ**ぉ、見積りもできねぇでおまんま食っていやがんのか？
あん？

オイ！ すぐに答えろ！

【注意】
第1章に記載されるすべての事例は、本書のコンセプトである「若手技術者の育成」ための「フィクション」として理解してください。

設計見積りができるとこうなる！

1-1 ▶▶▶ 見積りができなければラーメンもできない

「原価」、「コスト」、「定価」、「売価」、「見積り」という具合に、物品にまつわる価格関連の単語があふれています。ここで、簡単に説明しましょう。

① 原価：利益を含まない仕入れ値のこと。
　　「もっとまけてくださいよ！」、「お客さん、これ以上まけたら原価割れです。勘弁してください！」……この会話からも推定できるように、仕入れ値よりまけたら大赤字となる。

② コスト：①と同じ。

③ 定価：前もって定められた値のこと。例えば、「タバコの定価＝原価＋店の利益＋店の経費＋税金……」となる。売る側や店側が決める意味合いが強い。

④ 売値：「うりね」と呼ぶ。売価（ばいか）やストリートプライスともいう。実際に売り渡す値のこと。例えば、「定価の３割引き」といえば、７割の部分が売値となる。

⑤ 価格：③、および④を意味するが、③の「前もって定められた値」の意味合いが強い。ただし、メーカー側が決める意味合いが強い。

⑥ オープン価格：オープンプライスともいう。メーカー側が価格を定めていない。家電品の多くに導入されている。小売店が決める売値が店頭やネット上で表示される。

⑦ 値段：⑤と同じ。
⑧ プライス：⑤と同じ。
⑨ ストリートプライス：④と同じ。

⑩ 言い値：「いいね」と呼ぶ。売る側の言うままの値。値切交渉しないままの値。反対語は、「付け値」という。

⑪ 付け値：「つけね」と呼ぶ。買い手が物品に付ける値。客側がつける値のこと。反対語は「言い値」という。

⑫　指値：「さしね」と呼ぶ。買う、もしくは、売る場合の希望値段を指定して注文する方法。主に株式で使われる用語である。

⑬　原価見積り：原価計算ともいう。例えばメーカーの場合、現物や図面に基づく原価を算出すること。サービス業などで「見積り無料」という場合があるが、この場合は、現場や現物から判断して「原価」をはじき、定価を算出することを意味する。原価は①を参照。

⑭　設計見積り：⑬の場合、図面や現場や現物の存在が特徴的であるが、図面も現物もない設計段階で、およそいくらであるかの原価を算出すること。原価は①を参照。

　前述の①から⑭の単語は、設計業務の中で何度も出てくる単語です。一般常識としても大いに役に立ちます。今すぐに、理解しておきましょう。
　また本書は、「原価」と「コスト」を混在して解説することになります。どうしても、慣例から統一はできませんでした。ご理解ください。

ちょいと待て、まさお！

そうページを次から次へとめくるんじゃねぇ！
テストするぞ！

厳さん、大丈夫ですよ！
テストしてください。

設計見積りとは、図面もない現物もない設計段階で、およそいくらであるかの原価を算出すること。

 **見積り力** 設計見積りができなければ、全ては「言い値、付け値」の世界になる。

【厳さんのミニテスト】
問1：原価とは何か？ 30字以内で述べよ！
問2：定価と価格の違いを簡単に述べよ。

問3：価格と値段とプライスの違いを30字以内で述べよ。
問4：言い値と付け値の違いを簡単に述べよ。

問5：原価見積りと設計見積りの違いを簡単に述べよ。

　　　　解答は、後述する「ちょいと茶でも」を参照してください。

　さて、話題を変えて激戦地区のラーメン屋さんの話です。
　東京の中心地を拠点とする有名なラーメン屋があります。今では大きくなって「株式会社S屋」を名乗っています。
　社長はかなりハンサムなM.T.氏で、何度もテレビ出演しています。
　ここまで記述すれば、ラーメンファンにはすぐにわかる「あの店」です。社長は根性がある部下には、支店長を命じます。その中の一人に若い女性がいて、「桃の〇〇」という名の店の経営を任されていました。

　社長はある日、彼女に新ラーメンの開発を命じます。

 　今年の夏に流行る、女性好みのラーメンを開発しろ！

　彼女は嬉しさのあまり、任された店に泊まり込みで新ラーメンの開発に挑みます。そして初めて、社長へのお披露目会が開催されました。

しかし、その1度目のお披露目はあっさり没、二度目も三度目もダメ。そして、4度目の社長へのお披露目がきました。スープをすすり、一口を噛み締めた社長は言います。

うまい！スープにコクがある。
しかも、あっさり系で確かに女性好みだ。
よく頑張ったな！

スープのだしには、最高級の「利尻の昆布」を使いました。
焼き豚も高級な「あぐー豚」です。

ところで、原価（コスト）はいくらだ？

詳しくは計算していませんが、当店の儲けはないと思います。

　先ほどまでご機嫌だったハンサム社長の表情が、みるみるうちに変わり、箸が止まりました。社長は、箸をたたき捨てます。「バシッ！」

うちの店は、ボランティアではない！
一からやり直せ！

　ラーメン屋をはじめ、蕎麦屋、寿司屋、うどん屋、弁当屋などの飲食店、そして大工や左官屋などの商売人や職人は、原価計算のもと、定価や割引率を決定して賢く商売をしています。
　しかし、会社の規模によらず日本のメーカーは原価に甘く、とくに中小零細企業では、原価管理の意識に薄い企業が少なくありません。

　例えば、大企業でもコスト目標が決まらないうちに開発や設計自体に着手する場合や、利潤や損失を意識しない「ノーテンキ」な技術者が数多く存在しています。
　一方、中小零細企業では、相変わらずの「どんぶり勘定」が横行しています。「原価？まぁ、こんなもんだろ！」や、言い値、付け値の世界です。

　もう一度、前ページのイラストに戻ってみましょう。社長は、うまいラーメンであることを認めつつ、原価を把握していない女性支店長の前に箸を叩きつけたのです。筆者はコンサルタントとして、日本の工業界で何度かこのシーンに遭遇しています。

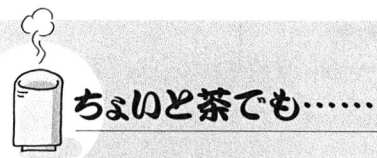
ちょいと茶でも……

厳さんのミニテストの回答

前述の「厳さんのミニテスト」は、実施しましたか？

学生の学力や技術者の技術力とは、このようなところで「差」がつくものです。

「厳さんのミニテスト」は、そこで立ち止まって机上のノートに記述しましょう。

それでは、解答します。

解答1：原価とはコストともいい、利益を含まない仕入れ値のこと。

解答2：基本的には同じであるが、定価とは、売る側や店側が決定する場合が多く、価格とは、メーカー側が決定する場合が多い。

解答3：「価格」と「値段」と「プライス」は、同じ意味。

解答4：「言い値」は、売る側の言うままの値であり、「付け値」は、買い手が物品に付ける値。

解答5：「原価見積り」とは、現物や図面に基づく原価を算出し、「設計見積り」とは、図面も現物もない設計段階で、およそいくらであるかの原価を算出すること。

本書において、とくに「解答5」の理解が重要です。何度も復習してください。これらの単語を知らないと、QCDの「C」が理解できないことを意味します。検図もできなければ、設計審査もできません。

1-1-1. コストに興味がない日本人技術者

　図表1-1-1は、当事務所のホームページ内に併設されている「質問コーナー」に寄せられた内容の分析です。質問者の多くは、日本、韓国、中国の若手技術者たちです。

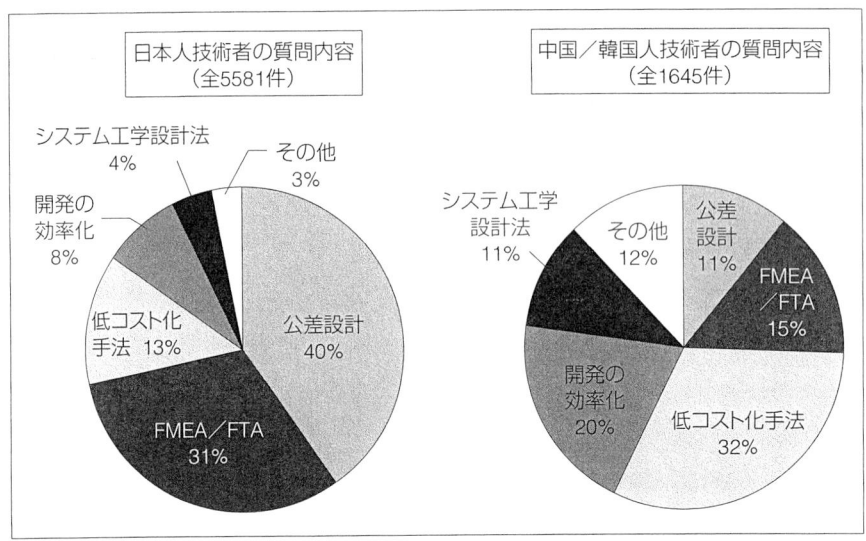

　　　図表1-1-1　　國井技術士設計事務所への問い合わせとその内容分析

　中国や韓国では、第1位で32%を占める「低コスト化」に関する質問が多く、これから判明することは、品質と低コスト化の両立に関する設計手法を模索していることが伺えると推定しました。

　一方、日本の技術者からの特徴は、低コスト化手法の質問は極端に少ないということです。低コスト化を力説しているのは、社長をはじめ、経営者だけなのでしょうか？
　そして、公差設計に関する質問が首位を占めています。これは、加工法を知らないために、形状や精度がどこまで製作可能かがわからない場合や、幾何公差に悩んでの質問であると判断しました。

筆者の著書において、技術者には、「Q（Quality：品質）、C（Cost）コスト、D（Delivery：期日）、Pa（Patent：特許）の四科目があります」と説いています。当事務所のクライアントへ設計審査員として参加していますが、どうも「C」に関する質疑応答が弱いと感じます。日本企業においては、気合いやがんばりではなく、もう少し理論的に「C」を追求する必要があると感じています。

> **見積り力**
> 技術者の四科目は、QCDPaであり、「C」は気合いやがんばりではなく、理論的なアプローチが必要である。

1-1-2. 原価管理とは

　前述の「理論的に追求」……？　格好の良いセンテンスですが、一体何から始めたらよいものかと悩みます。それでは、原価管理から始めましょう。
　原価管理とは、以下に示す管理会計の手法です。

　　① 製造原価の目標値を設定する。
　　② その目標値と実績値を比較する。
　　③ 上記②の差分の原因を調査し、製造工程の見直しを実施する。
　　④ 以上の行為を繰り返し、前記①の目標値に近づけていく。

　ここで、先ほどのラーメンを具体例に解説しましょう。

> **見積り力**
> 原価管理とは、製造原価の目標値を設定し、何度も見直しを繰り返して目標値に近づける行為のこと。

　今、皆さんはラーメン屋の店主とします。
　店は、長年その土地で営業を継続し、地元の人々から愛されてきました。しかし、近日中にラーメンチェーン店が参入する予定です。
　皆さんが提供してきたラーメンの価格は800円、ライバル店は780円です。このままでは、多くの客が取られてしまいます。なんとか、品質を落とさずに770円とする「目標値」を設定し、改善しなくてはなりません。
　図表1-1-2によれば、大きな比重を占める「人件費」の削減で目標の「770円」に達成できそうですが……。そんな簡単なことでしょうか？

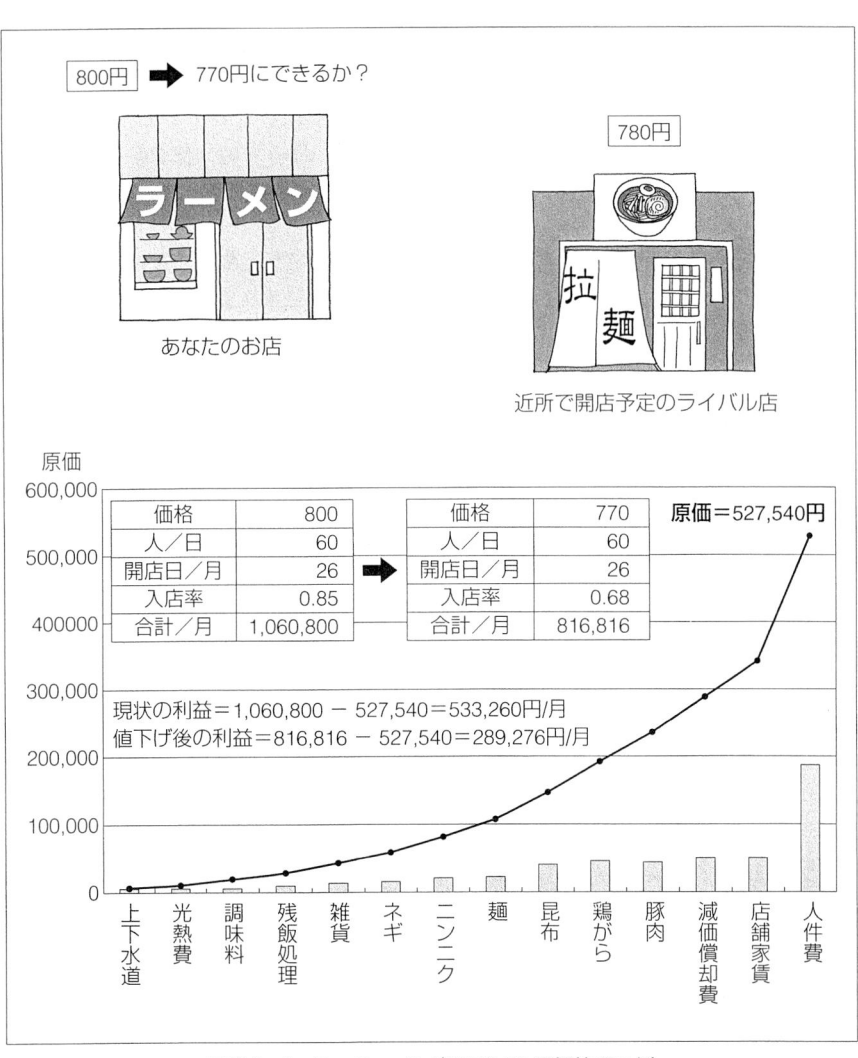

図表1-1-2　ラーメン店における原価管理の例

図表1-1-2のパレート図に示すように、現状の原価は、「527,540円」です。また、現状のキャパ（キャパシティ、受け入れ能力）が60人／日で、入店率85％、26日稼動で、約53.3万円／月の収入が得られていました。

しかし、ラーメンチェーン店の参入後の予測は、入店率が2割減の68％として28.9万円／月となり大幅な減収です。

ここで、「どうにかなるよ!」とか「とにかくやってみよう!」といっていたのが「どんぶり勘定」と呼んだ時代です。店が傾き始めてから分析や対策を打っても、もう手遅れです。一度離れたお客様は戻ってきません。

材料の質を落とせば客足はますます遠のき、人件費の削減でアルバイトを減らせば入店率が下がります。

考え得る手段は、以下の通りです。

---

① アルバイト削減（人件費の削減）
② 店舗拡大でアルバイトを増やす。（キャパシティの拡大）
③ 高級ラーメンへと商品グレードをアップする。（単価の向上）
④ セットメニューなどで低価格化へ移行する。（単価の向上）

⑤ 年中無休にする。（稼働日の増加）
⑥ 深夜も営業（キャパシティの拡大）
⑦ ポイントカードの発行（入店率の向上）
⑧ クーポン券の発行（入店率の向上）

さて皆さん、コンビニ戦争、弁当競争、牛丼をはじめ飲食店の低価格競争など、身の回りでは過激な競争が日夜繰り広げられています。技術といえばQ（Quality：品質）や性能だけに偏りがちですが、C（Cost：コスト）に関しても今以上にセンシティブでなくてはなりません。

なぜなら、隣国の工業力が急加速しているからです。すでに、隣国が開発、生産する商品に、「安かろう、悪かろう」という商品は急激に減少しています。

むしろ、日本の自動車や家電品は社告・リコールを繰り返しては巨大化させ、「安かろう、悪かろう」に向かっているような気がします。

えっ……!

なっ、
なにいってんだぁ?

原価に興味がねぇ大工はよぉ、
即日クビってぇもんだろ!
あん?

第1章 設計見積りができないとこうなる!

1-2 ▶▶▶ 図面を描く前の「設計見積り」とは

熾烈な戦いを繰り広げている「飲食店」などのサービス業界が、原価計算抜きに生きてはいけないことを理解していただけたかと思います。

学者には原価計算は不要かもしれませんが、技術の「職人」も原価計算抜きに生きてはいけないはずです。

そこで、身の回りにある物品で原価計算を味わってみましょう。ただし、本書は、「原価管理」の専門書ではなく、図面を描く前の「設計見積り」の書籍です。メーカーにおける「原価計算」には、正式な図面をもとに、……

・材料費
・輸送費
・電力費
・損失費
・保管費
・人件費
・減価償却費
・為替変動費

など、とても複雑な要因を加味して算出されます。

企業に勤務する技術者が「原価計算」を実施するのは不可能です。企業では「原価管理部」や「経理」の専門部員が算出します。技術者が「原価計算」をやっても結構ですが、そのような工数があるならば、FMEA（トラブル未然防止法）や設計審査や後進教育に費やしていただきたいものです。

技術者必携の能力のひとつに、図面を描く前の「設計見積り」という簡単な計算による原価、つまり、コストの見積りが求められています。

1-2-1. なぜ、コストを把握できないと困るのか？

技術者として、10年、20年も経験があるのに、100円ショップで売られているアルミ製の筆入れや灰皿や樹脂ケースのコストが全くわからないというのは、工業国の中で日本人設計者に多いことは、何度か説明してきました。

なぜできないと困るのかは、大きく2つの理由があります。

① ISO9001で必須の設計審査に耐えられない。
② 低コスト化活動にて、多くのアイデアは発案できても効果金額（コスト）が算出できないと迫力がない。緊迫感が生まれない。

したがって、技術者なら詳細なコストは把握できなくても、図面を見て、形を見て、「およそいくらか」のコスト意識とコスト算出能力が必要とされるのです。

このときの、およそいくら……これを「設計見積り」と呼びます。昔は「どんぶり見積り」と呼んでいましたが、「どんぶり勘定」という言葉も別に存在し、この「どんぶり」という言葉が、「いい加減」という意味で捕らえられる場合もあり、現在は、「どんぶり見積り」は使用されず、「設計見積り」というようになりました。

さらに、設計見積りは、**公式1-2-1**で示す単純な公式となっています。

公式1-2-1：
　　設計見積り＝材料費 ＋ 加工費
　　　・材料費：これは、ほぼ世界共通である。
　　　・加工費：ほぼ、人件費に相当する。

厳さん！
「設計見積り」って、こんなシンプルな式だったのですか？
知りませんでした！

シンプルだから**よぉ**、**オレサマ**にもできるってわけよ。**あ**ん？

ところで**オメェ**、本当に知らなかったのかぁ？
そんじゃよぉ、どうやって飯をくっていたんだよ？
あん？
天地が引っくり返っ**ち**まうだろがぁ！

第1章　設計見積りができないとこうなる！

1-2-2. 隣国EV開発チームの低コスト化活動

本書籍の「はじめに」に掲載した図表をあらためて、**図表1-2-1**として掲載します。

日本企業の低コスト化活動議事録　4月15日			隣国企業の低コスト化活動議事録　4月15日		
No	低コスト化案	見積り値の**提出期限**	No	低コスト化案	**見積り値**（ウォン）
1	板金ケースと大型ケースの樹脂一体化	4月22日まで	1	板金ケースと大型ケースの樹脂一体化	－286
2	大型ケースの薄肉化（2mm⇒1.2mmへ）	4月19日	2	大型ケースの薄肉化（2mm⇒1.2mmへ）	－214
3	回収ケースの薄肉化（2mm⇒1.2mmへ）	4月19日	3	回収ケースの薄肉化（2mm⇒1.2mmへ）	－190
4	ゴムホルダを3個から1個へ	4月22日まで	4	ゴムホルダを3個から1個へ	－1,050
—	—	—	—	—	—
19	ゴム1面シートを4点丸型シートへ	4月24日まで	19	ゴム1面シートを4点丸型シートへ	－100
20	先端削り機能（機構）の削除	4月20日	20	先端削り機能（機構）の削除	－1,785
	合計見込み金額	?		合計見込み金額	－3,625

図表1-2-1　日本企業と隣国企業の低コスト化活動に関する議事録の比較

日本企業のすべてではありませんが、ある企業の「低コスト化活動」は、活動の題材として「現物」を机上に準備します。しかし、必ずといっても過言ではない弱点は、以下の通りです。

　① 低コスト化に必須のVEやコストバランス法などの「手法」がない。
　② 机上に図面がない。図面の事前準備がない。
　③ 部品の精度、累積公差、幾何公差を論じない。
　④ 部品の材料を論じない。
　⑤ 活動の成果が、その場で原価（コスト）で算出できない。

特に⑤は深刻です。その場で結果がでなければ、低コスト化案の「空論」も数多く含まれ、なんといっても、会議の緊張感が薄れます。

図表1-2-2 隣国EV開発チームにおける活気ある低コスト化活動の風景

この欄には、低コスト化の案が列記されている。

No	低コスト化案	見積り値（ウォン）
1	板金ケースと大型樹脂ケースの樹脂一体化	-286
2	大型ケースの薄肉化 (2mm → 1.2mm へ)	-214
3	固定ケースの薄肉化 (2mm → 1.2mm へ)	-190
4	ゴムホルダを3個から1個へ	-1,050
…		…
19	ゴム流し一キャビ4個大型	-100
20	先発剤り増量（濃縮）の利用	-1,785
	合計・見積り金額	-3,625

この欄には、低コスト化の予想金額が記載されている。これが、多くの日本企業で実施できていない。

高輝度液晶プロジェクタを準備してください。

第1章 設計見積りができないとこうなる！

前ページの**図表1-2-2**は、筆者のクライアントである隣国のEV開発チームが実施している活気ある「低コスト化活動」をイラスト化したものです。

隣国のすべての企業がこのようなやり方や様相ではありませんが、たまたま、優秀な開発グループだったのかもしれません。

どのように優秀かと言えば、前述の逆となります。以下にキチンと記述しておきましょう。

> ① 数ある低コスト化手法の中で、コストバランス法に統一している。
> ② 前任車の全図面で議論する。現物は理解を深めるための補助役。
> ③ 部品の精度、累積公差、幾何公差を見直す。
> ④ 部品の材料に関して、最適化を目指して見直す。
> ⑤ 活動の成果が、その場で原価（≒設計見積り）として算出される。

どうでしょうか？上記の箇条書きを読んだだけでも、その場の緊張感が伝わってくるような気がします。

それでは、次の項目から公式1-2-1に沿い、板金加工の中で最も頻度の高い「打ち抜き」の部品に注力して設計見積りの解説に入ります。

設計見積りとは、「設計見積り＝材料費＋加工費」である。
また、加工費≒人件費である。

1-3 ▶▶▶ 100円ショップのステンレス製定規のコストはいくら？

それでは、**図表1-3-1**に示すステンレス製50cmの定規の原価を求めてみましょう。

厳さん、楽しみですね。

オイ、まさお！

100円ショップてぇのは**よ**ぉ、本当に儲かっているのか？

1-3-1. 課題：ステンレス製定規の設計見積り

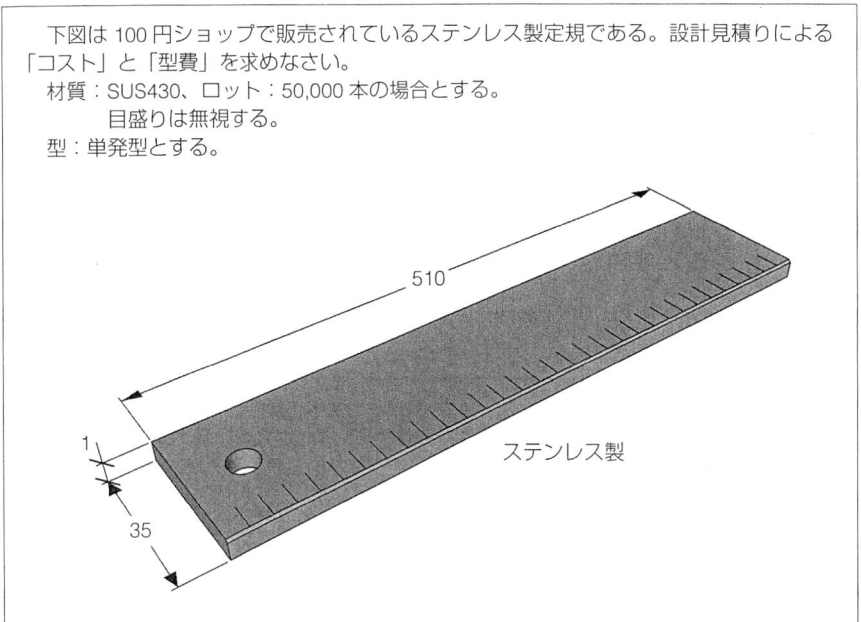

　下図は100円ショップで販売されているステンレス製定規である。設計見積りによる「コスト」と「型費」を求めなさい。
　　材質：SUS430、ロット：50,000本の場合とする。
　　　　目盛りは無視する。
　　型：単発型とする。

図表1-3-1　100円ショップのステンレス製定規

1-3-2. 材料費を求める

　まず、公式1-2-1の「材料費」を求めますが、その材料費は次の**公式1-3-1**で求めます。

公式1-3-1：
　材料費　＝　幅W × 長さL × 板厚t × 係数（C）×10^{-3}
　(単位：指数) (mm) (mm) (mm)　（図表1-3-2参照）

　「指数」とは、ここでは「円」と理解します。「係数（C）」は、**図表1-3-2**より選択します。

体積 = 35 × 510 × 1 = 17,850 mm³
材料費 = 体積 × 2.25 × 10⁻³ = 40.2 指数（円）

材料名称	コスト係数：C	注　意
SPCC	0.75	・世界情勢で大幅に変化する。 ・特に、ステンレス系の価格に注意すること。 ・国内でもばらつきあり。 ・韓国、中国、香港など都度、調査の必要がある。
SECC	0.75	
SUS430	2.25	
SUS304	3.38	
SUS304CSP	4.13	
ボンデ鋼板	1.13	
A1100P	3.65	
A5052P		

図表1-3-2　材料のコスト係数
（出典：ついてきなぁ！加工知識と設計見積り力で『即戦力』：日刊工業新聞社刊）

1-3-3. 加工費を求める

【Ⅰ.工程表を作成する】

　図表1-3-3の工程表を作成します。この場合、丸穴は1個でも2個でも、また角穴があっても工程は「1」となります。

No.	加工名	工程数		備考
		せん断	曲げ	
①	外抜き	1	—	
②	丸穴	1	—	
③	—	—	—	
④	—	—	—	
⑤	—	—	—	
合計		2	0	

図表1-3-3　工程表の作成

　板金部品は、工程表を作成できないと「設計見積り」ができません。

工程表に関する詳細は、書籍「ついてきなぁ！加工知識と設計見積り力で『即戦力』」（日刊工業新聞社刊）を参照してください。

 **板金部品は、工程表を作成できないと「設計見積り」ができない。**

【Ⅱ.ロット倍率を求める】

次は量産効果を把握します。量産効果とは、簡単に言えばスーパーなどで1つのリンゴを買うよりも、1袋5個入りのリンゴの方が単価は安くなるのと同じと考えます。前者のリンゴが150円、後者は5個で500円という場合です。

さて、その量産効果を**図表1-3-4**で求めます。

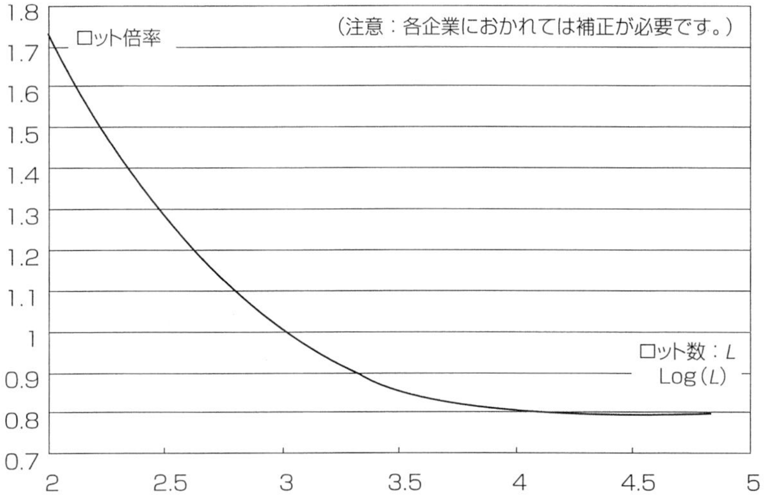

（注意：各企業におかれては補正が必要です。）

【参考値】

				基準				
ロット数：L	100	500	1000	3000	5000	10000	30000	50000
$Log(L)$	2	2.7	3	3.5	3.7	4	4.5	4.7
ロット倍率（参考）	1.74	1.15	1	0.87	0.84	0.81	0.79	0.78

図表1-3-4　単発型を用いた場合の量産効果
（出典：ついてきなぁ！加工知識と設計見積り力で『即戦力』：日刊工業新聞社刊）

まず、ロット数を求めます。
　ロット数とは、例えば1,000個／月という具合に1ヶ月で1,000個生産する場合や、部品会社に生産を注文するときに、一度の注文で1,000個製作という意味です。先ほどのリンゴの例に戻れば、ロットとは、「1袋5個入り」の「1袋」に相当します。
　ロット50,000本の場合のロット倍率を求めると、Log 50000 = 4.7であり、グラフより「0.78」と読めます。
　つまり、ロット1,000個の注文時は加工費を「1」とするとロット50,000では約22％引きの「0.78」となります。

　ここで、大変重要な技術情報に遭遇しています。

　それは、「量産効果」です。
　「量産効果」とはよく耳にする単語ですが、この実体を知っている技術者は少ないと思います。
　そこでもう一度、図表1-3-4を見てみましょう。このグラフが初めて目で見る「量産効果」です。例えば、ロット1000個の単価は「1」ですが、これがロット100個になれば「1.74」であり、単価はなんと1.74倍に増加します。逆にロット10000個となれば「0.81」であり、約2割もダウンします。量産効果とは、恐ろしい現象であることに気がついてください。

技術者なら、量産効果の「見える化」である図表1-3-4に注目しよう！

厳さん！
「量産効果」ってよくいうけれど、
初めての「見える化」ですね！感激！

オイ、まさお！

実は、**オレサマ**も初めてだぁ、
感激した**ぜぃ**！

【Ⅲ．部品展開図のルート面積を求める】

図表1-3-5に示す $L \times W$ が面積であり、その $\sqrt{\ }$（ルート）を求めます。これをルート面積と呼びます。部品展開図であることに注意してください。

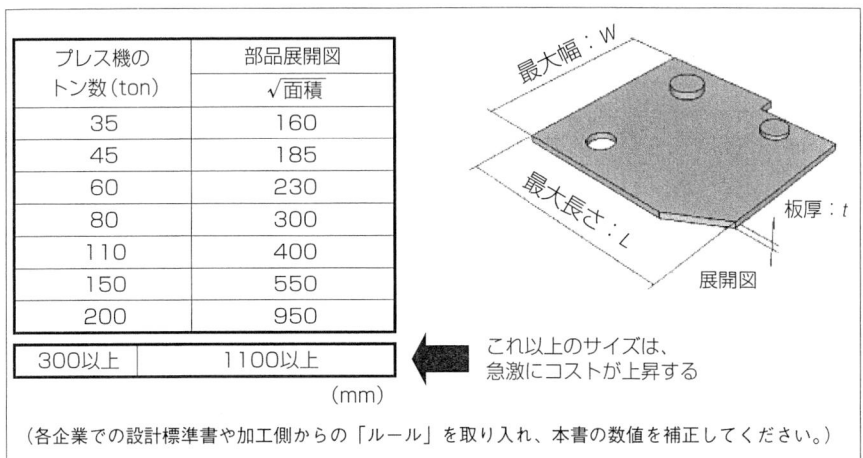

プレス機の トン数(ton)	部品展開図 √面積
35	160
45	185
60	230
80	300
110	400
150	550
200	950
300以上	1100以上

(mm)

これ以上のサイズは、急激にコストが上昇する

（各企業での設計標準書や加工側からの「ルール」を取り入れ、本書の数値を補正してください。）

図表1-3-5　ルート面積を求める
（出典：ついてきなぁ！加工知識と設計見積り力で『即戦力』：日刊工業新聞社刊）

$\sqrt{面積}$（ルート面積） $= \sqrt{(35 \times 510)} = 133.6$ mm となります。

$\sqrt{面積}$（ルート面積）が求まったら、その数値を記録し、次のステップに入ります。なお、図表1-3-5の図中には、プレス機のトン数表を掲載してありますが、部品会社との打合せ時には必ず、「この部品は、○○トンプレスだな」などというビジネス会話となるので、技術者としては、把握しておくべき情報です。
そして、このトン数が部品コストを左右することにもなります。

【Ⅳ．基準加工費を求める】

前項ではロット倍率という要因から量産効果を求めました。しかし、この段階では未だ加工費は求まっていません。そこで、本項ではロット1000本の加工費を基準とする「基準加工費」を図表1-3-6より求めます。
なお縦軸は、「指数」となっていますが、今日の設計見積りなら「円」と理解しても差し支えがありません。

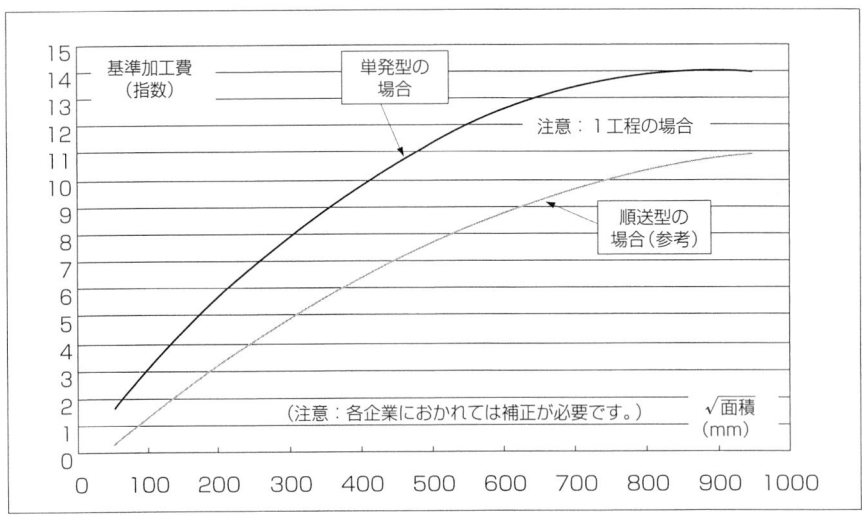

図表1-3-6　板金プレス型を用いた場合の基準加工費
(出典：ついてきなぁ！加工知識と設計見積り力で『即戦力』：日刊工業新聞社刊)

　1工程の場合の基準加工費＝4指数（円）……図表1-3-6から読み取れます。

ここで、図表1-3-3に戻ると、全工程数は2工程であるため、
全工程の基準加工費＝4×2＝8指数（円）……となります。

【Ⅴ．加工費を求める】
　前述により基準加工費が求められたので、次に示す公式1-3-2に当てはめれば、ロット数における加工費が求まります。

> 公式1-3-2：
> 　　　　加工費 ＝ 基準加工費　×　ロット倍率

加工費＝8×0.78＝6.2指数（円）

やっと、材料費に次ぐ加工費が求まりました。

1-3-4. 型費を考慮した設計見積り

下記は、すでに説明を終えた公式1-2-1です。

> 公式1-2-1：
> （再掲載）　　　設計見積り ＝ 材料費 ＋ 加工費
> 　　　　　　　　　　・材料費：これは、ほぼ世界共通である。
> 　　　　　　　　　　・加工費：ほぼ、人件費に相当する。

板金部品における「プレス型」や樹脂部品における「射出成形型」が必要な場合、企業によっては、設計見積りに型費を含める場合も少なくありません。それが**公式1-3-3**です。

> 公式1-3-3：
> 　　設計見積り ＝ 材料費 ＋ 加工費 ＋ 型費（台当たり）
> 　　　　　　　　　・材料費：これは、ほぼ世界共通である。
> 　　　　　　　　　・加工費：ほぼ、人件費に相当する。
> 　　　　　　　　　・台当たりの型費：型費／生産台数

以降は、公式1-3-3を「設計見積り」として解説していきます。

> **見積り力**：型費を原価に含める場合、設計見積りとは、「設計見積り＝材料費＋加工費＋型費（台当たり）」となる。

1-3-5. ステンレス製定規の型費を求める

それでは、ステンレス製の50 cm定規に関するその型費を求めてみましょう。前述した課題の条件は、「型は単発型」でした。

ここで再び、図表1-3-3の工程表と、$\sqrt{面積}$（ルート面積）をもってきます。そして、**図表1-3-7**から型費を求めます。

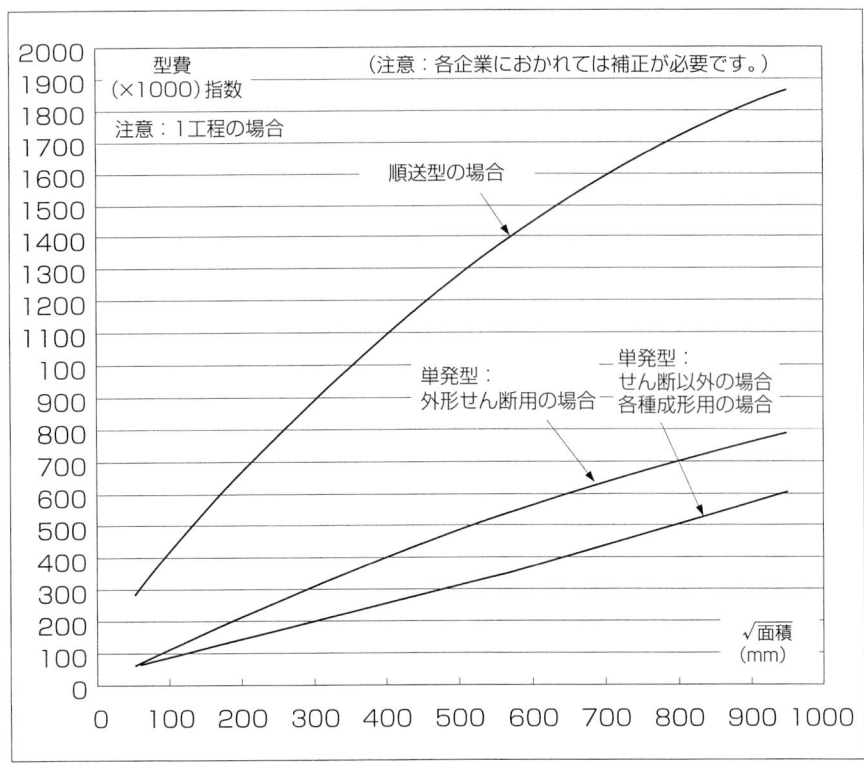

図表1-3-7　板金プレス型における型費の見積り
(出典：ついてきなぁ！加工知識と設計見積り力で『即戦力』：日刊工業新聞社刊)

　図中における単発型の場合は、2本のグラフがあります。その一つが板金部品の外側を打ち抜く場合の「せん断用」であり、もう一つのグラフは「せん断以外」、つまり、各種の穴や曲げや絞り加工などの型費コスト線図です。

・$\sqrt{面積} = 133.6$ mm……なので、
・工程：外形せん断：2工程
・工程：外形せん断以外、つまり、丸穴：1工程

以上で、図表1-3-7から読み取れる型費は、
- 型費 = 150,000 + 100,000 = 250,000 指数（円）
- ロット50,000本における1本当たりの型費 = 5 指数（円）/本

となります。

1-3-6. 結果：ステンレス製定規の設計見積り

以上をまとめると、
① 材料費：40.2 指数（円）
② 加工費：6.2 指数（円）
③ 定規一本当たりの型費：5 指数（円）　型費：25万指数（円）

④ 合計：51.4 指数（円）/本

ロット50,000本と仮定した場合、50 cmステンレス製定規の設計見積りは、51.4 指数（円）/本となりました。

果たして、このコストで100円ショップは儲かるのでしょうか？

> **オイ、オイ！**
> 儲かるわけがねぇだろ。そんなこたぁ、
> 大工や蕎麦屋なら、あったりめぇてもんよ。
> **オイ、まさお！**
> 技術者はどうなんだ？**あん**？
>
> まさか、**オメェ**……

> 厳さん！
> 怒らないでくださいよ！
>
> 「ついてきなぁ！失われた『匠のワザ』で
> 設計トラブルを撲滅する！」では、ひどい
> 怒り方でしたから……。

1-4 ▶▶▶ 定価とコストの一般関係式

前記のコストで、果たして100円ショップは儲かるのでしょうか？ここで、一般的に下記の公式1-4-1が存在しています。

公式1-4-1：
$$原価（コスト）＝ 定価×1/3$$

ここで注意が必要です。
以下の商品には、上記の公式は当てはまらない場合が多いと思います。

① 開発費と認定費用に莫大な費用がかかる医薬品や医療機器
② 商品販売後の通話料で儲ける携帯電話会社の携帯電話
③ 商品販売後の用紙やトナーやインクの消耗品で儲ける複写機やプリンタ

特に②と③は、「アフタービジネス」と呼びます。「後で儲ける」と連想で記憶してください。
公式1-4-1が成り立つのは、家電品などの一般消費耐久財や飲食店の場合です。例えば、ラーメン一杯750円のコストを250円以下にしないと、その店は潰れるといわれています。

見積り力
原価（コスト）＝ 定価×1/3　の関係式がある。
（ここでいう関係式とは、職人の目安である。）

このラーメンの原価は、え〜と

1-4-1. こうすれば儲かる！ステンレス製の定規

　さて、前項で算出したステンレス製50cm定規のコストは、理想的には33円以下です。したがって、計算結果の「51.4円」では18.4円もオーバーし、儲けは少ないことが予想されますが、100円ショップでは、赤字覚悟では無理があります。薄利多売を期待して店に陳列し、他の商品で儲けるというセオリーも存在します。

　それでは、理想のコスト33円にするには、どうしたらよいか考えてみましょう。

　「低コスト化」というと、多くの日本人設計者は、「樹脂化」というセリフが飛び出してきます。しかし、樹脂化に関しては驚愕すると思います。次項に期待してください。

　50cmのステンレス製定規の場合、材料費が非常に高いのでここに着目しましょう。例えば、図表1-3-1に示した長さ510mmを310mmにして計算してみましょう。

【Ⅰ．長さ310mmにおける材料費を求める】
　　体積 = $35 \times 310 \times 1 = 10{,}850$ mm^3
　　材料費 = 体積 $\times 2.25 \times 10^{-3} = 24.4$ 指数（円）

【Ⅱ．長さ310mmにおける加工費を求める】
　　・工程表：図表1-3-3と同じ「2工程」である。
　　・ロット倍率：項目1-3-3同様に「0.78」となる。
　　・$\sqrt{\text{面積}} = \sqrt{(35 \times 310)} = 104.2$ mm となる。
　　・基準加工費：図表1-3-6より3.1となるので、3.1×2（工程）= 6.2
　　・加工費：6.2指数（円）$\times 0.78 = 4.8$ 指数（円）

【Ⅲ．長さ310mmにおける型費（台当たり）を求める】
　　・$\sqrt{\text{面積}} = 104.2$ mm……なので、
　　・工程：外形せん断：1工程
　　・工程：外形せん断以外、つまり、丸穴：1工程

以上で、図表1-3-7から読み取れる型費は、
・型費＝110,000＋90,000＝200,000指数（円）
・ロット50,000本における1本当たりの型費＝4指数（円）／本

となります。

【Ⅳ．まとめ】
以上をまとめると

① 材料費：24.4指数（円）
② 加工費：4.8指数（円）
③ 1本当りの型費：4指数（円）　　型費：20万指数（円）
―――――――――――――――――――――――――――
④ 合計：33.2指数（円）／本

　早速、街の100ショップに出向いてみましょう。30cmのステンレス製定規が陳列されています。かつて陳列されていた50cm定規は消滅していました。

> 「約33指数（円）／本」……なるほど、セオリー通りです！

1-5 ▶▶▶ 100円ショップの樹脂製定規のコストはいくら？

　項目1-3では、ステンレス製定規を例にして、板金部品の設計見積りを学びました。同様に、本項では樹脂部品に関する「設計見積り」を理解しましょう。

> **オイ、まさお！**
> 今度は**よ**ぉ、ステンレス製から透明ピンクの樹脂製になった**ぜ**ぃ。

> 厳さん！
> きっと、樹脂製の方がコストは安いですよね？

1-5-1. 課題：樹脂製定規の設計見積り

「きっと、樹脂製の方がコストは安いですよね？」とまさお君が言っていますが、果たしてどうでしょうか？

それでは早速、図1-5-1で樹脂製50 cmの物差しのコストを求めてみましょう。

下図は100円ショップで販売されている樹脂製定規である。設計見積りによる「コスト」と「型費」を求めなさい。

材質：アクリル（透明のピンク色）、ロット：50,000本の場合とする。目盛りは無視する。

510
3
35
アクリル（透明ピンク色）

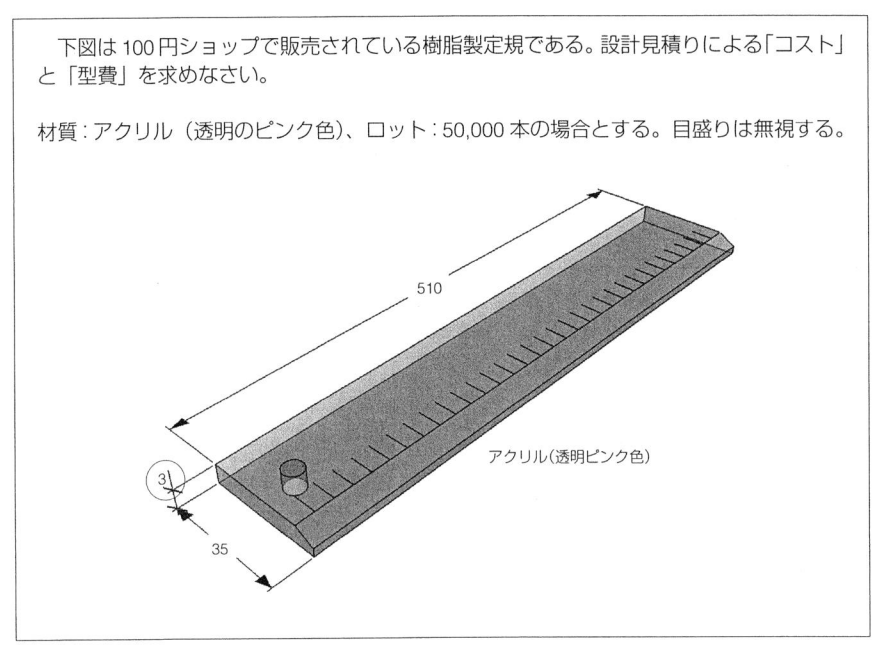

図表1-5-1　100円ショップの樹脂製定規

1-5-2. 材料費を求める

まず、公式1-3-3の「材料費」を求めます。さらに、その材料費は、次の**公式1-5-1**で求めます

```
公式1-5-1：
    材料費　＝　体積　×　係数（C＋α）×β × 10⁻³
    （単位：指数）（mm³）　　（図表1-5-2を参照）
```

第1章　設計見積りができないとこうなる！

体積 = 35 × 510 × 3 = 53,550 mm³……となる。
材料費 = 体積 × (0.48 + 0.12) × 1 × 10⁻³ = 32.1 指数（円）

材料名称	一般/汎用材 コスト係数：C	着色時 (Cに加算：α)	ガラス入りなど 特殊仕様 (倍率：β)	注意
PE	0.32	0.09	1.65	・世界情勢で変化する。 ・特に、BAMやRoHS対応に注意すること。 ・国内でもばらつきあり。 ・韓国、中国、香港など都度、調査の必要がある。
PP	0.32	0.09		
PS	0.35	0.10		
ABS系	0.32	0.11		
PC	0.60	0.12		
POM	0.54	0.14		
HIPS	0.35	0.10		
アクリル (PMMA)	0.48	0.12		

図表1-5-2　材料費に関する見積りの係数
（出典：ついてきなぁ！加工知識と設計見積り力で『即戦力』：日刊工業新聞社刊）

1-5-3. 加工費を求める

【Ⅰ．工程表を作成する】

　項目1-3-3で解説したように、板金部品の場合、その設計見積りに「工程表」は必須ですが、樹脂部品の場合は不要です。

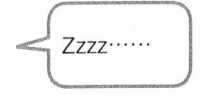

Zzzz……

厳さん！
ホッとしましたよ！

【Ⅱ．ロット倍率を求める】

　ステンレス製定規のときと同様に、量産効果を**図表1-5-3**で求めます。

　まずは、ロット数ですが、ロット50,000本の場合のロット倍率を求めると、Log 50000 = 4.7であり、グラフより0.84と読めます。

　つまり、ロット1,000個の注文時は加工費を「1」とすると、ロット50,000では約16%引きの0.84となります。

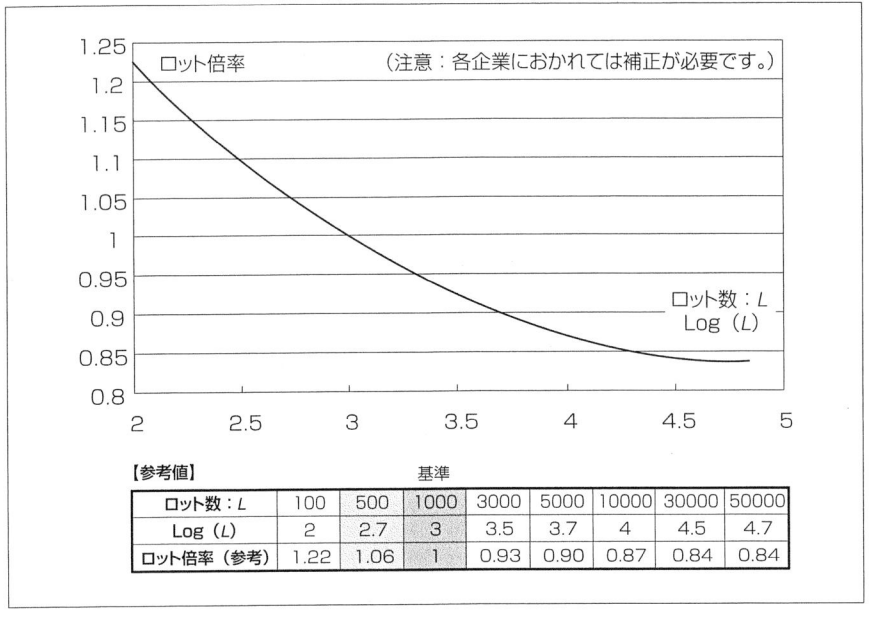

【参考値】		基準						
ロット数：L	100	500	1000	3000	5000	10000	30000	50000
Log (L)	2	2.7	3	3.5	3.7	4	4.5	4.7
ロット倍率（参考）	1.22	1.06	1	0.93	0.90	0.87	0.84	0.84

図表 1 - 5 - 3　樹脂加工の量産効果
(出典：ついてきなぁ！加工知識と設計見積り力で『即戦力』：日刊工業新聞社刊)

【Ⅲ．最長部分の長さを求める】

　板金部品の場合、図表 1 - 3 - 5 で部品展開図の「$\sqrt{面積}$（ルート面積）」を求めましたが、樹脂部品の場合は、展開図というものは存在しません。
　そこで、XYZ方向における部品そのものの「一番長い部分」を探し、その長さを「部品最大長」と定義します。

【Ⅳ．基準加工費を求める】

　前項ではロット倍率という要因から量産効果を求めました。しかし、この段階では未だ加工費は求まっていません。
　そこで、本項ではロット1000本の加工費を基準とする「基準加工費」を、**図表 1 - 5 - 4** より求めます。

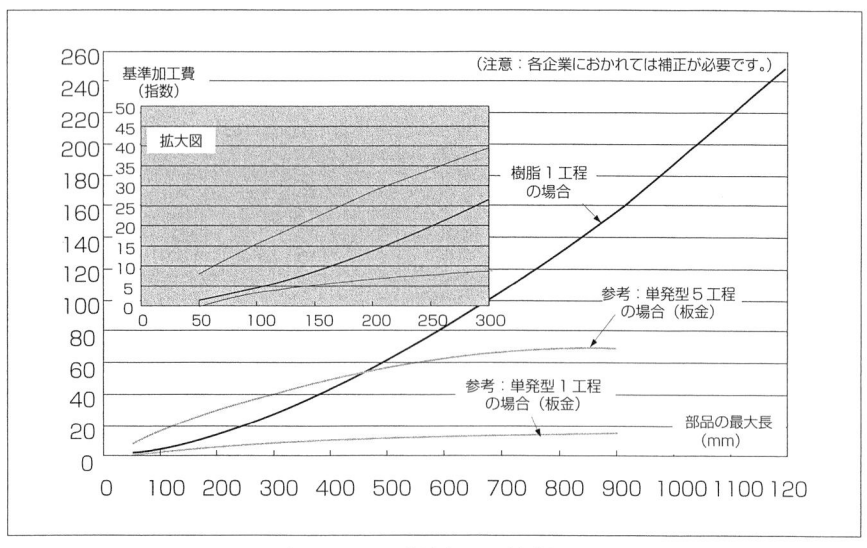

図表1-5-4 樹脂加工の基準加工費
(出典:ついてきなぁ!加工知識と設計見積り力で『即戦力』:日刊工業新聞社刊)

最大長さ=510 mmのとき、
基準加工費=62指数(円)……グラフから読み取れます。

【V. 加工費を求める】
　前述で基準加工費が求められたので、以下に示す**公式1-5-1**に当てはめて、ロット50000本における加工費を求めます。

公式1-5-1:
　　　加工費 = 基準加工費 × ロット倍率

加工費 = 62 × 0.84 = 52.1指数(円)

1-5-4. 樹脂製定規の型費を求める

最大長さ＝510 mmのとき、

型費＝2,750,000指数（円）……図表1-5-5から読み取れます。

ロット50000本における1本当たりの型費＝55円/本となります。

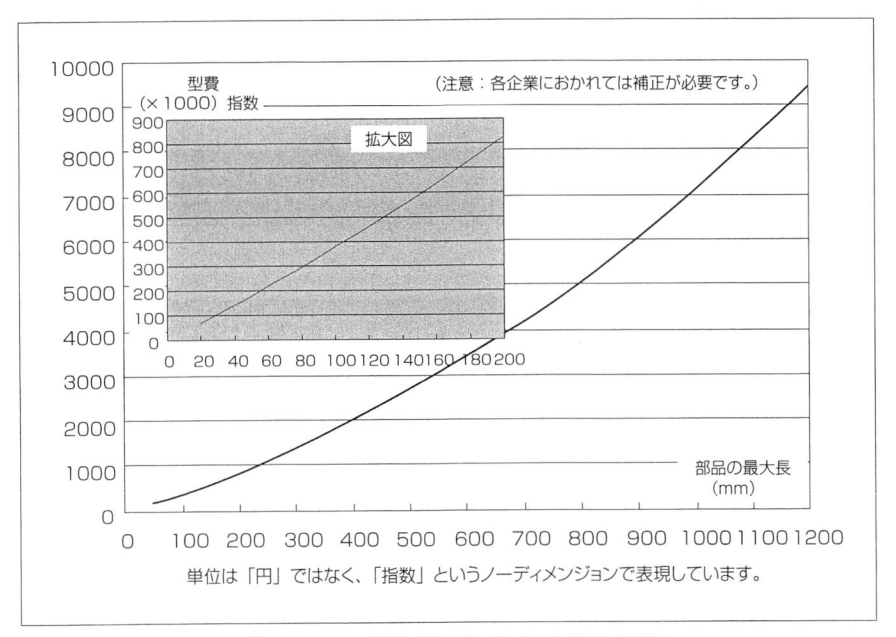

図表1-5-5　射出成形型に関する型費の見積り
（出典：ついてきなぁ！加工知識と設計見積り力で『即戦力』：日刊工業新聞社刊）

1-5-5. 結果：樹脂製定規の設計見積り

以上をまとめると、

① 材料費：32.1指数（円）

② 加工費：52.1指数（円）

③ 1本当りの型費：55指数（円）　　　型費：275万指数（円）

④ 合計：139.2指数（円）/本

ロット50000本と仮定した場合、50cmの樹脂製定規の設計見積りは、139.2指数（円）/本となりました。このコストでは、100円ショップが大赤字となってしまいます。

　「樹脂化」……多くの技術者が、この単語を安易に低コスト化の手段に使ってはいないでしょうか？

　試作を実施する前に、そして、図面を描く前の設計プロセスとしての「設計見積り」は、技術者として重要な「設計力」であることが理解できたと思います。

> **見積り力**　「樹脂化」は、低コスト化手段とは限らない。

> **見積り力**　「設計見積り」とは、図面を描く前の重要な設計プロセスである。

1-6 ▶▶▶ 中国生産の効果と無駄

　日本企業の中国進出ブームが頂点に達した頃、日本のある有名な技術情報誌に、「日本企業の約50％が中国進出に失敗！」という記事がありました。また、ある専門家によれば、約65％が「失敗」もしくは、「撤退」という言葉で表現しています。そもそも、日本企業が中国へ進出した理由は、……

---

① 多くの企業が進出したから。
② 同業社が進出したから。
③ 中国の人件費が安いと聞いたから。
④ 日本の取引会社に強要されたから。
⑤ とりあえず、進出すれば後でどうにかなると思ったから。

なんとも情けない進出理由です。

おやっ！　どこかで見た理由ではないでしょうか？

そうです！項目1-1-2で解説したラーメン店の原価管理の事例です。老舗のラーメン店の近くにラーメンチェーン店が新規参入してくるのに、「どうにかなるよ！」とか「とにかくやってみよう！」という「どんぶり勘定」の気構えしかないのです。

この「どんぶり勘定」の考えは、前述した進出理由と重なることに気がつきましたか？すべては、「どんぶり」というキーワードで括れるかもしれません。

1-6-1. 中国生産の効果：こうすれば儲かる！樹脂製の定規

項目1-5-5で算出した樹脂製定規の設計見積りは、「139.2指数（円）/本」……これでは、100円ショップは大赤字です。項目1-4で解説した公式1-4-1から判断して、139 − 33 = 106指数（円）……目標値の33指数（円）を大幅にオーバーしています。

50 cmのステンレス製定規の場合、「材料費」が非常に高いのでここに着目しました。例えば、図表1-3-1に示す長さ510 mmを310 mmにして計算しましたが、樹脂製50 cm定規の場合は、「加工費」と「型費」に着目します。

ここで、公式1-3-3を再度、掲載します。

公式1-3-3：
（再掲載）　　　設計見積り ＝ 材料費 ＋ 加工費 ＋ 型費（台当たり）
　　　　　　　　　・材料費：これは、ほぼ世界共通である。
　　　　　　　　　・加工費：ほぼ、人件費に相当する。
　　　　　　　　　・台当たりの型費：型費／生産台数

【Ⅰ．中国生産における材料費を求める】
中国生産でも、設計見積りとしての材料費はほぼ不変です。したがって、項目1-5-2と同じ値になります。
　　　材料費：32.1指数（円）

【Ⅱ．中国生産における加工費を求める】
注目すべきはここです。設計見積りにおいて、「加工費」とは、「人件費」を意味しています。中国の人件費は、いろいろな説がありますが、ここでは、代表的な「日本の1/10」を採用します。

項目1-5-3の【Ⅴ．加工費を求める】を参照して、
加工費：52.1指数（円）× 1/10 = 5.2指数（円）

【Ⅲ．中国生産における型費（台当たり）を求める】
型費とは、実はそのほとんどが人件費で占められています。もちろん「型」ですから、金型の材料費も含まれますが、設計見積りでは無視できます。
項目1-5-4を参照して、
型費：55指数（円）× 1/10 = 5.5指数（円）

【Ⅳ．まとめ】
以上をまとめると、
① 材料費：32.1指数（円）
② 加工費：5.2指数（円）
③ 1本当たりの型費：5.5指数（円）

④ 合計：42.8指数（円）/本

早速、街の100円ショップに出向いてみましょう。
50 cmの透明ピンクや透明グリーンの樹脂製定規が陳列されています。「約43指数（円)/本」で、理想値の33円に対しては、10円オーバーですが販売は可能です。

1-6-2. 中国生産の無駄：儲からない！ステンレス製の定規

樹脂製定規の原価「139.2指数（円）／本」を「42.8指数（円）／本」にした立役者は、「中国生産」です。つまり、50cmステンレス定規の原価51.4指数（円）をもっと下げるためには、「中国生産」をすればよいのではないでしょうか？

それでは、50cmのステンレス製定規（中国生産の場合）を見積ってみましょう。

【Ⅰ．中国生産における材料費を求める】

中国生産でも、設計見積りとしての材料費はほぼ不変です。したがって、項目1-3-2と同じ値になります。

　　材料費＝体積 × 2.25×10^{-3} ＝ 40.2指数（円）

【Ⅱ．中国生産における加工費を求める】

設計見積りにおいて、「加工費」とは、「人件費」をほぼ意味しています。中国の人件費には、いろいろな説がありますが、ここでは、代表的な「日本の1/10」を採用します。

項目1-3-3の【Ⅴ．加工費を求める】を参照して、

　　加工費：6.2指数（円）× 1/10 ＝ 0.6指数（円）

【Ⅲ．中国生産における型費（台当たり）を求める】

型費とは、実はそのほとんどが人件費で占められています。もちろん「型」ですから、金型の材料費も含まれますが、設計見積りでは無視できます。

項目1-5-4を参照して、

　　型費：5指数（円）× 1/10 ＝ 0.5指数（円）

【Ⅳ．まとめ】

以上をまとめると、

　① 材料費：40.2指数（円）
　② 加工費：0.6指数（円）
　③ 1本当たりの型費：0.5指数（円）

　---

　④ 合計：41.3指数（円）／本

樹脂製定規の原価「139.2指数（円）／本」を「約43指数（円）／本」にしたのに対して、ステンレス製定規の場合は、「51.4指数（円）／本」を「41.3指数（円）／本」にしました。

皆さんは、この効果をどのように思いますか？
　ステンレス製定規の場合でも中国生産したいですか？ これが冒頭で解説した以下の文章であり、そして、中国進出に失敗した一つの原因と思います。

> 　日本企業の中国進出ブームが頂点に達した頃、日本のある有名な技術情報誌に、「日本企業の約50％が中国進出に失敗！」という記事がありました。また、ある専門家によれば、約65％が「失敗」もしくは、「撤退」という言葉で表現しています。

見積り力　設計見積りができなければ、中国進出もできない。

以下のイラストをじっくり見てください。
　樹脂に次ぐ、100円ショップにおける板金商品ですが、ここまで理解できた皆さんは100円ショップにおける「樹脂商品」と「板金商品」の設計見積りができると思います。
　いくつかを購入し、設計見積りにトライアルしてみましょう。

1-7 ▶▶▶ 目で見る！第１章のまとめ

　図表1-7-1は、第1章の「目で見る」まとめです。
　少なくとも、図面もない、現物もない設計段階で「およそいくら」の設計見積りの重要性を理解できましたか？

　もし、50cmの樹脂製定規を製造販売するならば、設計以前に中国生産工場（生産体制）を立ち上げなくはなりません。図面ができてからでは遅いのです。

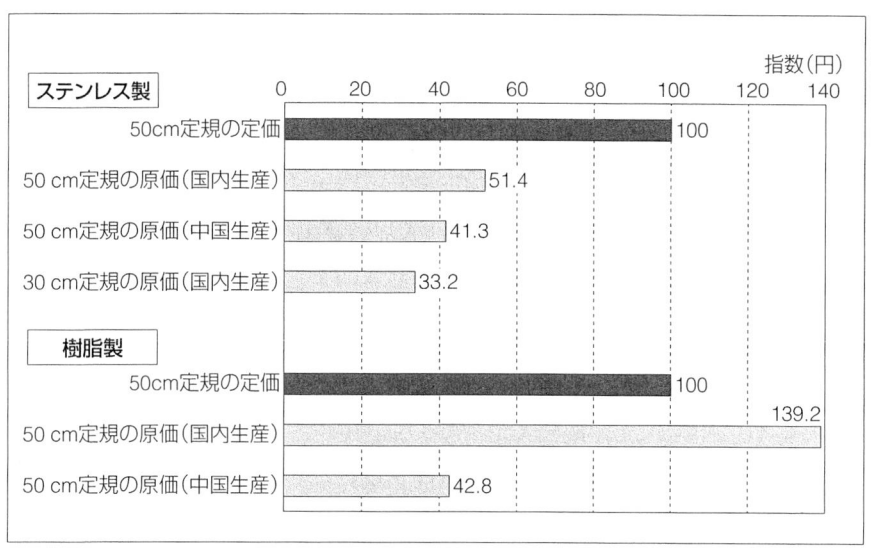

```
指数（円）
                        0   20   40   60   80  100  120  140
ステンレス製
50cm定規の定価                                    100
50cm定規の原価（国内生産）          51.4
50cm定規の原価（中国生産）       41.3
30cm定規の原価（国内生産）     33.2

樹脂製
50cm定規の定価                                    100
50cm定規の原価（国内生産）                                139.2
50cm定規の原価（中国生産）       42.8
```

図表 1-7-1　目で見る第１章のまとめ

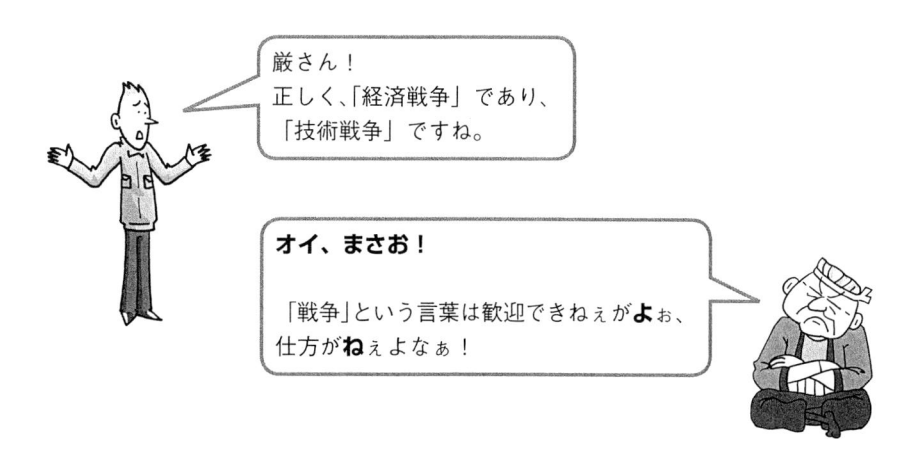

> 厳さん！
> 正しく、「経済戦争」であり、「技術戦争」ですね。

> **オイ、まさお！**
> 「戦争」という言葉は歓迎できねぇが**よ**ぉ、仕方が**ね**ぇよなぁ！

第１章　設計見積りができないとこうなる！

儲かる見積り力・チェックポイント

【第1章における儲かる見積り力・チェックポイント】
　第1章における「儲かる見積り力・チェックポイント」を下記にまとめました。
理解できたら「レ」点マークを□に記入してください。

〔項目1-1：見積りができなければラーメンもできない〕
① 設計見積りとは、図面もない現物もない設計段階で、およそいくらで
　あるかの原価を算出すること。　　　　　　　　　　　　　　　　　□

② 設計見積りができなければ、すべては「言い値、付け値」の世界になる。
　　　　　　　　　　　　　　　　　　　　　　　　　　　　　　　　□

③ 技術者の四科目は、QCDPaであり、「C」は気合いやがんばりではな
　く、理論的アプローチが必要である。　　　　　　　　　　　　　　□

④ 原価管理とは、製造原価の目標値を設定し、何度も見直しを繰り返し
　て目標値に近づける行為のこと。　　　　　　　　　　　　　　　　□

〔項目1-2：図面を描く前の「設計見積り」とは〕
① 設計見積りとは、「設計見積り＝材料費＋加工費」である。また、加工
　費≒人件費である。　　　　　　　　　　　　　　　　　　　　　　□

〔項目1-3：100円ショップのステンレス製定規のコストはいくら?〕
① 板金部品は、工程表を作成できないと「設計見積り」ができない。　□

② 技術者なら、量産効果の「見える化」である図表1-3-4に注目しよう!　□

③ 型費を原価に含める場合、設計見積りとは、
　「設計見積り＝材料費＋加工費＋型費（台当り）」となる。　　　　　□

〔項目1-4：定価とコストの一般関係〕
① 原価（コスト）＝定価×1/3の関係式がある。（ここでいう関係式とは
　職人の目安である）　　　　　　　　　　　　　　　　　　　　　　□

〔項目1-5：100円ショップの樹脂製定規のコストはいくら?〕
① 「樹脂化」は、低コスト化手段とは限らない。　　　　　　　　□

② 「設計見積り」とは、図面を描く前の重要なプロセスである。　□

〔項目1-6：中国で生産する効果と無効果〕
① 設計見積りができなければ、中国進出もできない。　　　　　　□

　チェックポイントで70％以上に「レ」点マークが入りましたら、第2章へ行きましょう。

　　筆者からのお願いです。

　　第1章の項目1-1-1に記載される物品に関する価格関連の用語は、技術者として必須の単語です。
　　もう一度、復習をお願いします。

第2章
板金／樹脂／切削部品の加工知識と設計見積り（復習）

- 2-1　お客様は次工程
- 2-2　見積りができれば低コスト化設計ができる
- 2-3　機械加工部品の分類
- 2-4　塑性加工とは
- 2-5　目で見る！第2章のまとめ
  〈儲かる見積り力・チェックポイント〉

厳さん！

「**ついてきなぁ！加工知識と設計見積り力で『即戦力』**」で板金・樹脂・切削部品の加工法や設計見積りを勉強しました。でも、ちょっとだけ復習をやりませんか？

オイ、まさお！ 大賛成だぜぃ！

そんじゃ**よぉ**、今からオイラも自己研鑽だぁ！

ついてきなぁ！

【注意】
第2章に記載されるすべての事例は、本書のコンセプトである「若手技術者の育成」のための「フィクション」として理解してください。

第2章
板金／樹脂／切削部品の加工知識と設計見積り（復習）

2-1 ▶▶▶ お客様は次工程

「設計のお客様は次工程である加工現場」……この設計概念は、書籍「ついてきなぁ！加工知識と設計見積り力で『即戦力』」（日刊工業新聞社刊）のメインコンセプトです。

本書も、このコンセプトを踏襲しますので、ここで改めて解説しましょう。

2-1-1. 設計のお客様は次工程である加工現場

筆者は、大学院生や、ある企業の中堅技術者教育を請け負っています。そこでよく「設計者にとってのお客様は誰ですか？」と質問します。すると、誰もが商品を購入してそれを実際に使用する人、つまり、「エンドユーザー」と回答する場合が多いのですが、これは無難な優等生の回答です。

しかし、本書では**図表2-1-1**に示すように「お客様は次工程」と考えてください。次工程とは加工現場であり、そこで働く作業者や技能工たちを意味します。

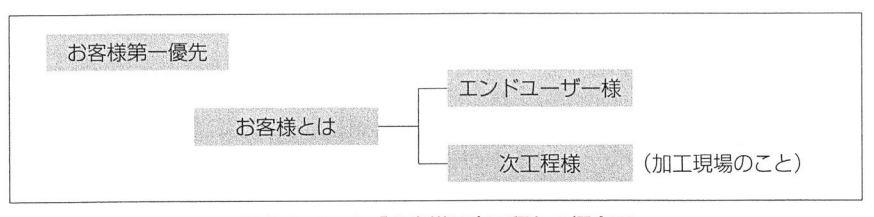

```
お客様第一優先
          ┌── エンドユーザー様
  お客様とは ─┤
          └── 次工程様　（加工現場のこと）
```

図表2-1-1 「お客様は次工程」の概念図

日本企業の工場を訪問すると、正門や受付けの近くにISOの看板とともに、「お客様第一」や「顧客第一主義」などの看板やポスターが目につきます。これらの看板や企業理念は、戦前からも存在したそうです。しかし、日本中の会社でこのスローガンが掲げられたのは、1960年代の高度成長時代からと聞いています。

さて、設計者にとっての「お客様」は誰なのでしょうか？

「お客様は神様です！」……この場合の「お客様」は、商品を購入する人や実際に使う人、つまり、「エンドユーザー」を意味します。

しかし本書では、設計という実務において、設計のお客様は「次工程」である加工現場なのです。
　この概念を常に持っていれば、いい加減で無責任な図面は出せないはずです。
　それでは、どうしたら加工法を理解した低コスト化設計ができて、即戦力になれるのでしょうか？

　例えば商品に関してですが、お客様（エンドユーザー）の要求がどのような機能で、どのようなデザインで、どのような価格かを知らないままで商品化ができるでしょうか？
　一方、出図のとき、「お客様は次工程」と考えた場合、入手困難な材料を指定したり、加工限界を知らぬまま芸術的な形状や自由な精度の公差を盛り込んだ図面を出すことが許されるでしょうか？

> **お**ぉーと、うれしいこと聞い**ち**まったぜぃ！
> **オイラ**の仲間も昔から**お**んなシよ。
>
> つまり、大工の「客」は、左官屋の山チャンと、水道工事のクロと電気屋の欽チャン、ってとこだ**な**ぁ。
>
> **や**つらの作業のしやすさが**よ**ぉ、住みやすさにつながってんのよ。

> 厳さん！
> 大工の世界でも、「次工程はお客様！」
> ……なんですね！

見積り力　設計のお客様は、次工程である加工現場である。

第2章　板金／樹脂／切削部品の加工知識と設計見積り（復習）

ちょいと茶でも……

加工現場を知る

「お客様は次工程」とのことで、その「お客様」をより深く理解するために、近年、企業やセミナーで「工場見学」や「加工現場実習」などが催されています。

しかし、そこに参加した受講者にヒアリングすると、見学を終えたその当日は「感動」があるそうですが、翌日、そして、一週間もすればオールクリアだそうです。

これでは、小学生の「社会科見学」以下の価値です。

ただし、「社会科見学」はしっかりした目的を有しています。その目的は子供たちに感動を与えることですが、技術者がこれでは困ります。
感動のほか、実務経験の足しにしてもらいたいものです。
そのために、当事務所では**図表2-1-2**と**図表2-1-3**に示すような簡単なフローを多くのクライアントに推奨しています。
図中における右側が、単なる「工場見学」です。そこで得るものは感動と面白さだけです。

次に、図中における左側のフローを順に解説します。
① この教育活動は、「工場見学会」という単なる見学ではなく、業務上の課題に対する「現場確認会」と称する。
② 事前教育として、書籍「ついてきなぁ！加工知識と設計見積り力で『即戦力』」と本書、または、その他の教材ビデオで予習をする。
③ 現在抱えている業務上、および、前記の事前教育から課題を抽出する。そして、「現場確認会」の必要性を把握する。
④ 上記までのフローを、「目的意識を持つ」と表現する。
⑤ 現場確認会を実施する。
⑥ レポートを提出する。また、レポートに基づいた「課題とその解決法」を参加者同士で議論する。

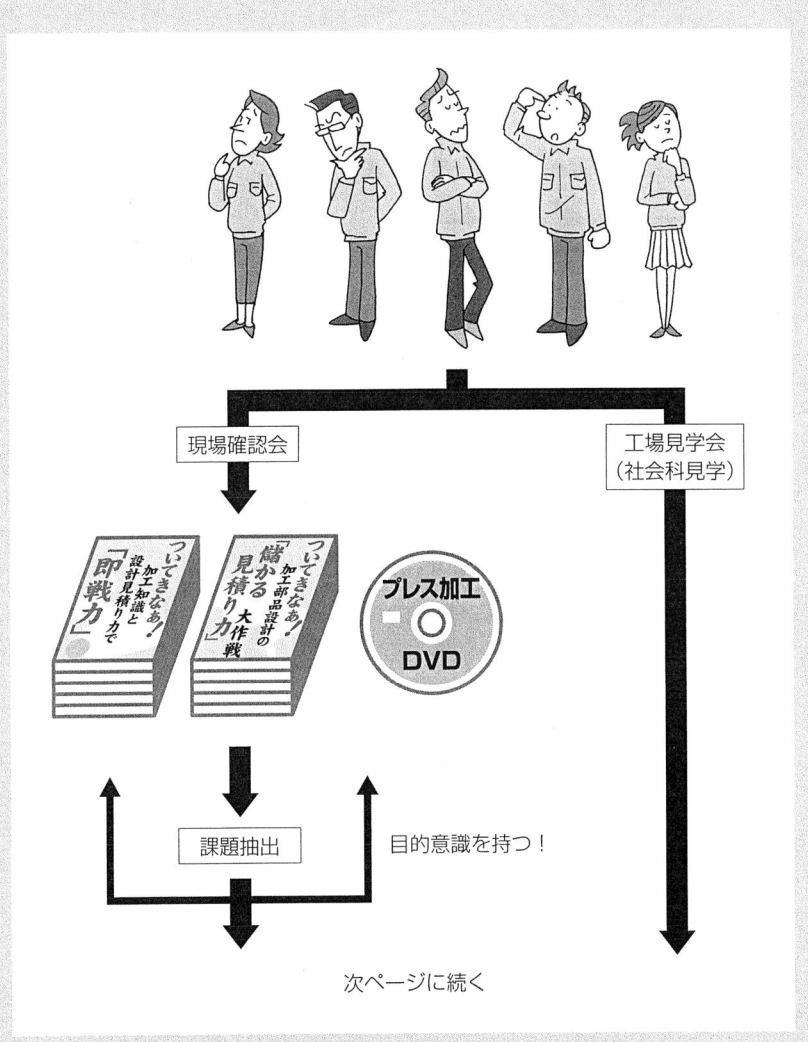

図表 2-1-2　工場見学会と現場確認会の比較（その1）

　事前に課題を抽出すること、それによって、目的意識を有することが重要です。

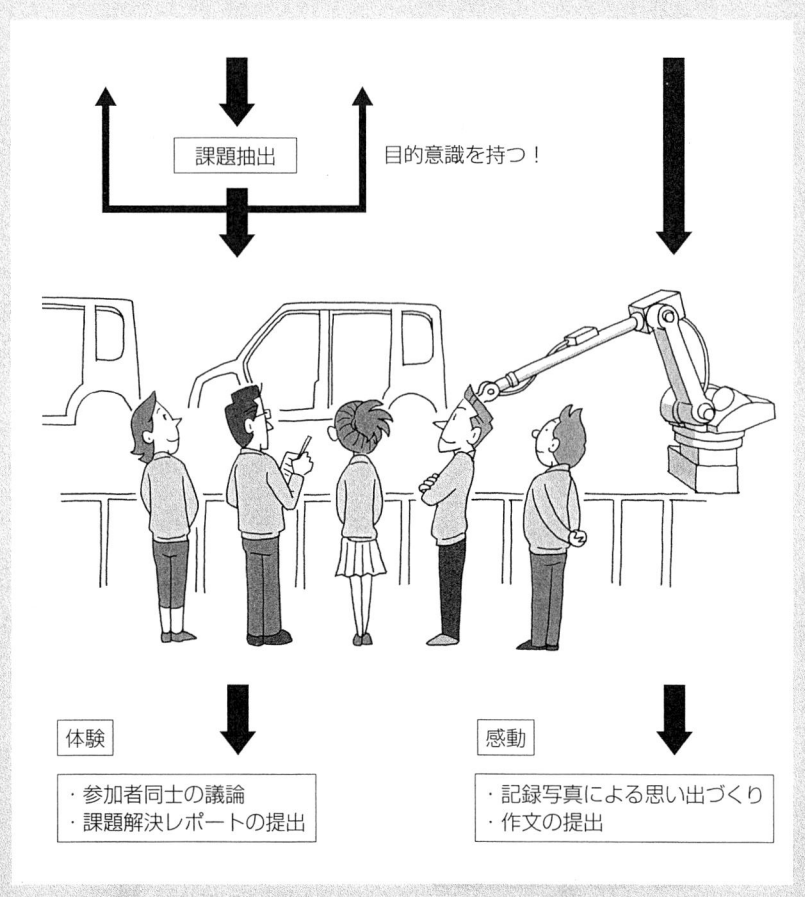

図表 2-1-3　工場見学会と現場確認会の比較（その2）

　「工場見学会」は大変歓迎される技術者教育です。したがって、もうひと工夫して「現場確認会」にしてみませんか？

2-1-2. 加工法の得手不得手だけ理解すればよい

「最近の若手技術者は加工現場を知らない」……社内の会議や飲み会で、よくこの言葉を聞きませんか？ 若手技術者には気持ちのよい言葉ではありません。

その対策手段として、前述の「現場確認会」などが実施されていますが、多くのお客様で確認会を受け入れることは容易ではありません。また、若手技術者もなかなか時間をとれません。

そこで、書籍「ついてきなぁ！加工知識と設計見積り力で『即戦力』」のコンセプトを踏襲する本書では、「お客様」にとっての得手不得手の情報を記載しています。そして、各種の加工法に関する「得手不得手」を、確認会の前に理解しましょう。

より一層「お客様」を知る最良の方法は、「お客様」である加工現場へ出向き、直に、その加工作業者や生産技術者に相談することです。

「最近の若手技術者は加工現場を知らない」……実は、「最近の若手技術者は加工現場に来ない」だったのです。

彼ら（加工現場）は、あなた（設計者）が来るのを待っています。

見積り力　迷ったら、次工程の「お客様」を積極的に訪問しよう！

> 職人ってヤツは**よ**ぉ、**い**っつも「不安」がつきまとっているんだ**ぜ**ぃ！
> これがプロって**も**んよ。
>
> わかったか、まさお！

> 厳さんでも、そうだったんですか！

2-1-3. お客様とのルールを守る

　お客様のことをある程度は理解できたら、次は、皆さんとお客様との間には「ルール」が存在することを理解しましょう。

　ここでいうルールとは、お互いに守らなくはいけない「社会ルール」と同じです。例えば、……

　　① 親会社と子会社
　　② 雇用者と被雇用者
　　③ 夫と妻
　　④ 親と子
　　⑤ 教師と生徒

　簡単に思いつく「社会ルール」の存在例が浮かびます。そして、**図表2-1-4**に示す設計側と加工側、ここにもルールが存在します。

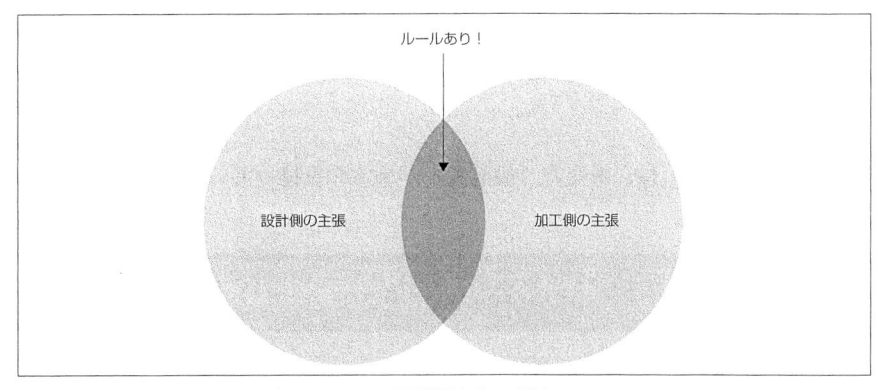

図表2-1-4　設計側と加工側とのルール

　そのルールとは、「加工しやすいルール」です。

　例えば、書籍「ついてきなぁ！加工部品設計で3次元CADのプロになる！」にも掲載した**図表2-1-5**に示す「リブに関する樹脂加工のルール」です。樹脂製カバーなど広い面を有する部位には、強度補強上からリブを設けます。

　図中、左上の図のように、いくら補強といっても無闇に太くて長いリブを設計すると、リブの反対側、つまり、カバーの表面に「ヒケ」や「ソリ」が発生します。

　そのようなことがないように、図中の下の図では、いくつかの「加工ルール」が記載されています。

このルールを遵守すれば、「ヒケ」や「ソリ」が発生せずに樹脂加工、つまり、射出成形が可能です。

これが、「お客様とのルール」です。

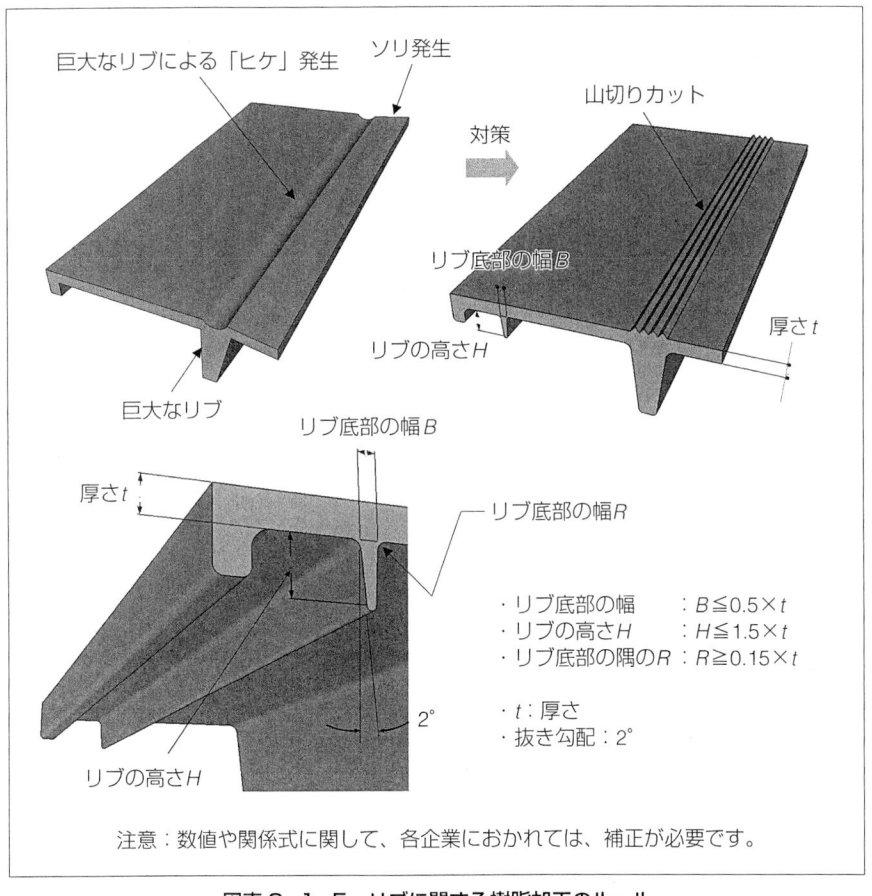

- リブ底部の幅　：$B ≦ 0.5 × t$
- リブの高さH　：$H ≦ 1.5 × t$
- リブ底部の隅のR　：$R ≧ 0.15 × t$

- t：厚さ
- 抜き勾配：2°

注意：数値や関係式に関して、各企業におかれては、補正が必要です。

図表2-1-5　リブに関する樹脂加工のルール
(出典：ついてきなぁ！加工部品設計で3次元CADのプロになる！：日刊工業新聞社刊)

なんのこれっしき、……
大工の世界じゃ**よぉ**、**あっ**たりめぇだろがぁ、**あん**？

ちょいと茶でも……

雇用三原則と設計三原則

　会社を経営する側の人を「雇用者」といい、雇われる人を「被雇用者」といいます。やさしくいえば、社長と従業員です。

　中国における日系企業では、「中国人の定着率が低い」といわれていますが、そうでない事例を紹介します。当事務所では、「中国人の定着率が高い」という日本企業を調査しました。

　ここの雇用者は、以下に示す「雇用三原則」を常に、しかも、同時に満たさなくては被雇用者の定着はあり得ないと主張します。また、被雇用者にも「雇用三原則」を常に満たせるよう、自身も努力することを指導していました。

> さて、その「雇用三原則」とは、
>
> ① 好きであること（その仕事が好きである）
> ② ルールが存在すること（雇用者と被雇用者、被雇用者同士、社会生活でのルールなどが確立していること）
> ③ Pay for Performance（仕事の成果に対しての金銭、もしくは、それに相当する喜びが得られること）

なるほどと、容易に納得できる「雇用三原則」と思います。

　また、十分なデータは収集できていませんが、「中国人の定着率が低い」という企業に関して、以下の結果を得ています。

① 国内の日本人技術者の定着率も低い。
② 特許出願が低迷している。
③ 初任給だけが高い。
④ 商品のCMが少なく、企業のイメージCMが多い。
⑤ コンプライアンスや環境保護をむやみに主張している。

「あっ、うちの会社？」と、社員なら予測できるかもしれません。

実は、この「雇用三原則」が設計にも当てはまります。それは、以下に示す「設計三原則」です。

> ① 設計が好きであること（出図してから部品の完成を、子供のように楽しみに待てること）
> ② 加工側とのルールを理解（お客様とのルールを守る）
> ③ Pay for Performance

以上、二つの「三原則」を**図表2-1-6**にまとめました。

枠なし：雇用三原則
枠あり：設計三原則

Pay for performance
Pay for performance

仕事が好きであること
設計が好きである

「三つ同時」がキーポイントですね！

雇用と被雇用者間にルールが存在すること
加工側とのルールを理解していること

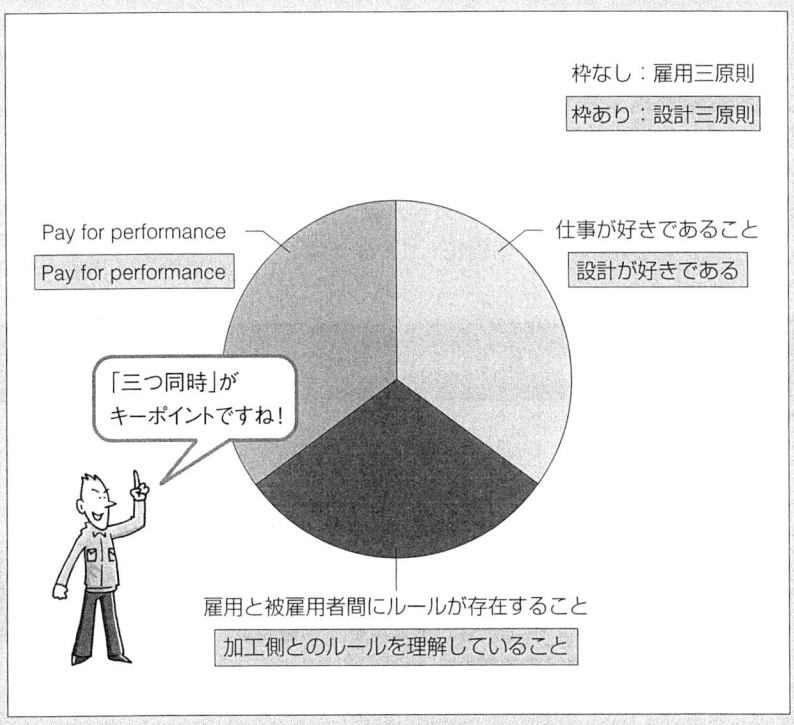

図表2-1-6　雇用三原則と設計三原則

以上が同時に満たされれば、理想的な設計者像といえます。「同時」が重要なキーワードです。

特に本項は、「②（ルール）」を満たすことを優先しています。

2-2 ▶▶▶ 見積りができれば低コスト化設計ができる

　当事務所のクライアント企業では、開発初期から低コスト化活動が開始します。また、量産開始前や量産中でも低コスト化活動が実施されています。
　前者は、予定のコスト目標に到達できなかったときに、チームを組んで何とか目標達成へとアイデアを抽出し、量産へと向かいます。

　後者は、円高や材料の高騰、または、競合が低価格で参入してきたときに、一層の低コスト化で対抗しなくてはなりません。前者同様に全力でアイデアを抽出します。自動車や家電品や事務機器のマイナーチェンジが代表的です。

　ここで日本企業独特の弱点が露呈します。それは、……

　いずれの場合も、最良のアイデアがその場でいくらコストダウンができたのか、なかなか算出できていないのです。効果が円単位で出せないと、なんとなく張り合いがない検討会になっていく雰囲気を何度も感じました。
　逆に、自分やチームが必死に抽出した低コスト化設計のアイデアが、その場でいくらコストダウンできたかとわかれば、まるで子供のように生き生きとした目とクリアな頭脳で活動が活性化していきます。

見積り力　その場で見積りができれば低コスト化設計が活性化する

> **オメェ**、まさか！見積りができねぇーて**かぁ**？
> そんじゃ、大工もメシが食えねぇってもんだろ！
>
> んだけど、シンペエ（心配）はいらねぇーって**もん**よ。
> おいらに、……**ついてきなぁ！**

> おっ……
> お願いします！

2-2-1. 板金・樹脂・切削加工について

図表2-2-1は、筆者の書籍や論文で何度か登場する材料別分析結果です。

つまり、本書の対象である「100台／月～10万台／月」の代表格である日本の電気・電子機器、例えば、家電品やOA機器を構成する板金、樹脂、切削部品に関するコストと部品点数の分析です。

優れた機械系技術者になるためには、切削加工の知識も重要ですが、優先順位からすれば板金加工や樹脂加工に精通した方が「近道」と読み取れるデータでもあります。

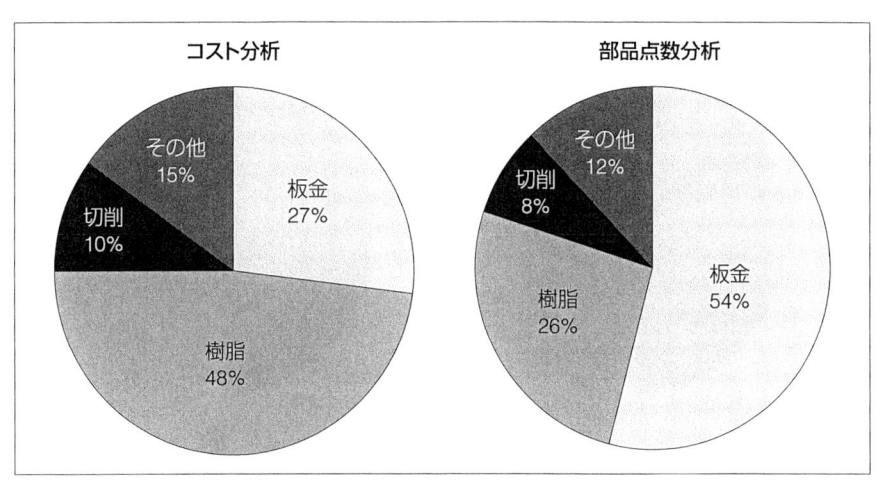

コスト分析
- 板金 27%
- 樹脂 48%
- 切削 10%
- その他 15%

部品点数分析
- 板金 54%
- 樹脂 26%
- 切削 8%
- その他 12%

図表2-2-1 電気・電子機器における機械系部品のコスト分布と部品点数分布
（出典：ついてきなぁ！加工部品設計で3次元CADのプロになる！：日刊工業新聞社刊）
（出典：ついてきなぁ！材料選択の「目利き力」で設計力アップ：日刊工業新聞社刊）

電気・電子機器に限らず、造船、レーダー、自動車も主な材料は板金、樹脂、切削部品で構成されています。

そこで、書籍「ついてきなぁ！加工知識と設計見積り力で『即戦力』」では、各加工法に関する加工限界などの得手不得手から設計見積りまでを解説しました。目指したものは、主要な加工法に注力した若手技術者の「即戦力」です。

2-2-2. 電気・電子機器とEVの部品構成

因みに自動車は、内燃機関のエンジンを代表に切削部品の占める割合が大きいのですが、筆者は隣国にてEV開発を指導してきた経験から、図表2-2-1と同等となることを確認しています。

注：本書では電気自動車（EV：electric vehicle）を「EV」と記述しました。

それでは、ガソリン自動車がEVになったときの部品点数の分析を、**図表2-2-2**で確認してみましょう。

A
- 銑鉄 1.8%
- その他 3.2%
- 炭素鋼 6.8%
- 合金鋼 6.9%
- 非鉄 9.6%
- 樹脂 19.6%
- 板金 52.1%

書き換え →

B
- その他 3.2%
- 切削 25.1%
- 板金 52.1%
- 樹脂 19.6%

ガソリン乗用車
1台当たりの部品点数：10の4乗

DCブラシレスモータ（2モータ）
バッテリと制御装置を後方移動

↓ 隣国のEV開発

C
- その他 6.2%
- 切削 6.1%
- 樹脂 32.1%
- 板金 55.6%

隣国のEV
1台当たりの部品点数：10の3乗

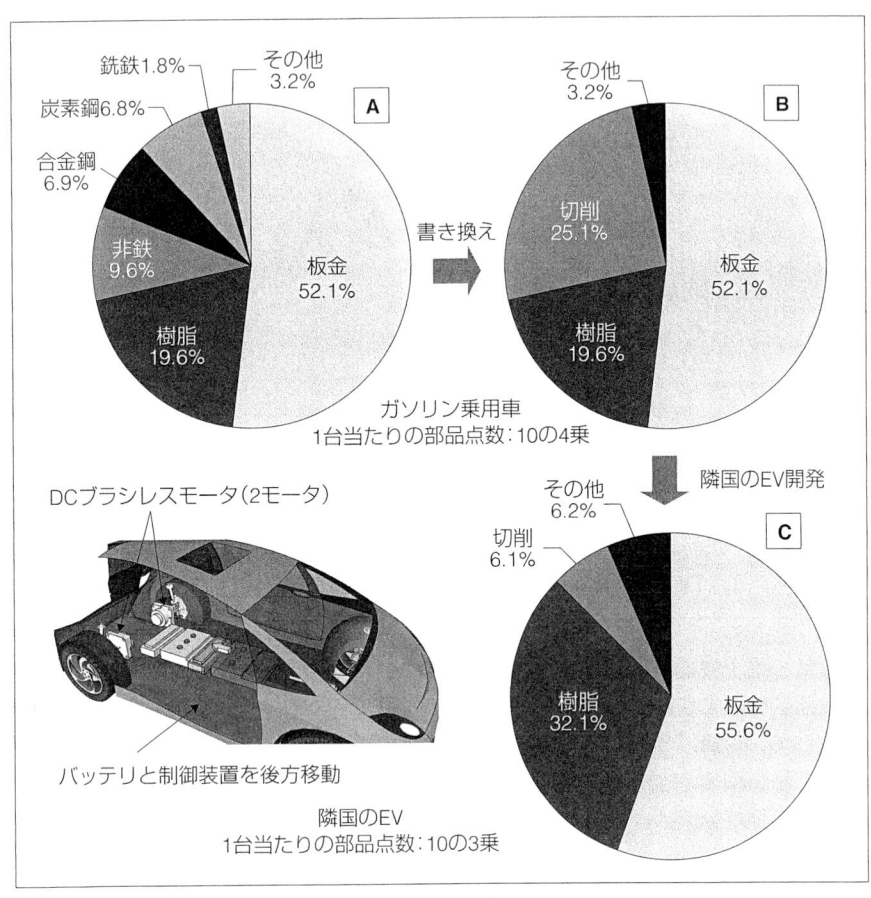

図表2-2-2　EVの材料別の部品点数分析
（出典：ついてきなぁ！材料選択の「目利き力」で設計力アップ：日刊工業新聞社刊）

図中のA図は、現在のガソリン自動車に関する材料別の部品点数分析です。

板金部品の占有率に改めて驚きます。

図中のB図は、「非鉄」、「合金鋼」、「炭素鋼」、「銑鉄」を「切削」の単語で括った単純な「書き換え図」です。あえてランキングをつけるならば、第1位：板金 ⇒ 第2位：切削 ⇒ 第3位：樹脂 ……となります。

図中のC図は、隣国のEVチームに協力を得て分析したEVに関する材料別の部品点数分析です。なんと、図表2-2-1の電子機器や家電品と同じ占有率です。切削部品の代表格であるエンジンとトランスミッション（変速ギア）が消滅し、モータと制御装置に代わったのです。

これで、EVが家電品になったことが「部品点数分析」から証明されました。

> **見積り力**　材料別の部品点数分析から、EVが電子機器や家電品の仲間入りをしたことが証明された。

EVにおける材料別の部品点数分析から、板金（55.6％）vs 樹脂（32.1％）のつば競り合いが始まったことも認識できたと思います。

第2章　板金／樹脂／切削部品の加工知識と設計見積り（復習）

ちょいと茶でも……

設計書が書けない日本人設計者

本書の「はじめに」で、以下に示す衝撃的な記事を掲載しました。

『世界の技術スカウトマンは、日本の設計者を決してスカウトしないという法則です。その理由は、三つあります。日本人設計者は、……
① 累積公差計算ができない。
② 自分で描いた図面のコストを見積れない。
③ そして、……設計書が書けない。』

それでは、**図表2-2-3**に隣国のEVを例に設計書の一部を紹介しましょう。これが「簡易設計書（DQD）」です。

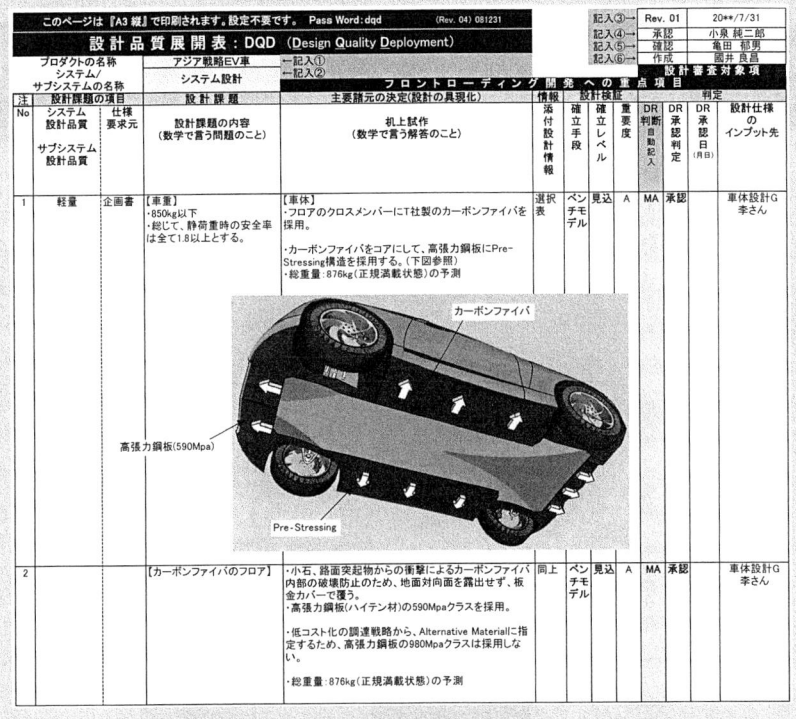

図表2-2-3 アジア戦略EVの設計書（DQD）
出典：ついてきなぁ！設計トラブル潰しに『匠の道具』を使え！：（日刊工業新聞社刊）

2-3 ▶▶▶ 機械加工部品の分類

『機械加工を種々の方向から分類すると、たとえば、「切削加工」、「付加加工[注]」および、「塑性加工」の3種類に大きく分けられる』……このように分類する専門家がいますが、大変重要な加工法が抜けていると筆者は思います。

注：付加加工とは溶接や接着のこと。

それは、「樹脂加工」、もしくは、「樹脂成形」です。もう一度、図表2-2-1と図表2-2-2を見てください。

かつて筆者が若手技術者のときは、「機械系技術者は、鋳物設計ができて一人前」と言われてきましたが、今や、鋳物が樹脂に変わりました。
つまり、「樹脂設計ができて一人前」であり、さらに、「樹脂設計が機械設計を制す！」とまで言われる時代となりました。

> **見積り力**　「機械系技術は、樹脂設計ができて一人前」、「樹脂設計が機械設計を制す！」と言われる時代となった。

さて、本書では、**図表2-3-1**のように、機械部品をその加工法に従って分類しています。

まず、太い四角で囲った「板金加工」、「樹脂加工」、「切削加工」に関しては、書籍「ついてきなぁ！加工知識と設計見積り力で『即戦力』」の以下に示すコンセプトを遂行しました。

① 各加工法の使用頻度別ランキングにより、上位の加工法を熟知する。
② それらの加工法に関する得手不得手を理解する。
③ それらの加工法に関する加工限界を知る。
④ それらの代表的な材料、材料費を知る。
⑤ 加工部品のコストや型費を算出する。

次に本書では、図表2-3-1の丸で囲んだ「塑性（そせい）加工」に関して、前記のコンセプトを踏襲します。

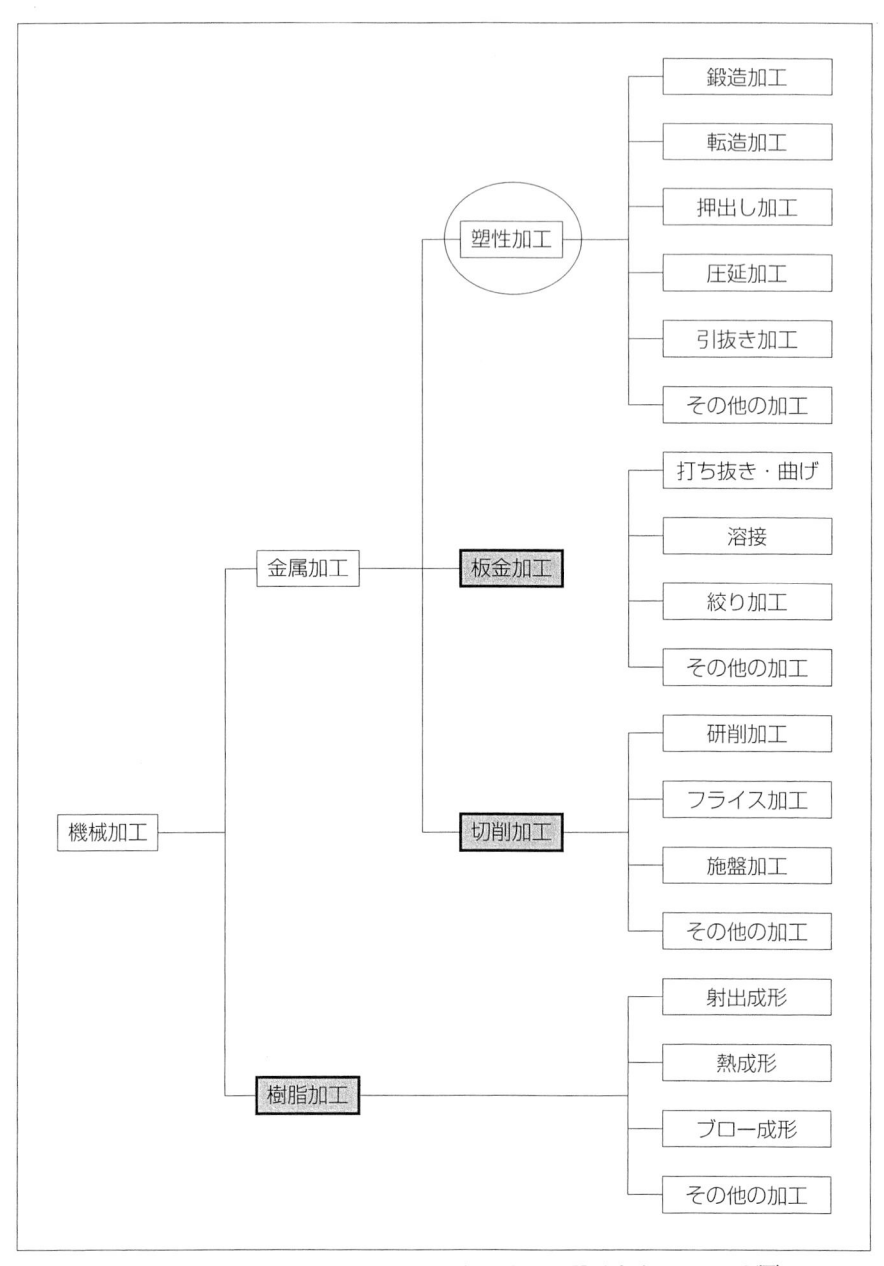

```
機械加工 ─┬─ 金属加工 ─┬─ 塑性加工 ─┬─ 鍛造加工
         │            │           ├─ 転造加工
         │            │           ├─ 押出し加工
         │            │           ├─ 圧延加工
         │            │           ├─ 引抜き加工
         │            │           └─ その他の加工
         │            │
         │            ├─ 板金加工 ─┬─ 打ち抜き・曲げ
         │            │           ├─ 溶接
         │            │           ├─ 絞り加工
         │            │           └─ その他の加工
         │            │
         │            └─ 切削加工 ─┬─ 研削加工
         │                        ├─ フライス加工
         │                        ├─ 施盤加工
         │                        └─ その他の加工
         │
         └─ 樹脂加工 ─┬─ 射出成形
                     ├─ 熱成形
                     ├─ ブロー成形
                     └─ その他の加工
```

図表2-3-1　機械部品の加工別分類（國井技術士設計事務所による分類）

それでは、「板金加工」、「樹脂加工」、「切削加工」に関して少しだけ復習しておきましょう。

2-3-1. 板金加工における即戦力の復習

まずは板金加工です。日本企業における使用頻度の高い順番に並べました。

図表2-3-2は、書籍「ついてきなぁ！加工知識と設計見積り力で『即戦力』」からの抜粋です。

板金加工は数多くありますが、「打ち抜き曲げ」、「溶接」、「絞り」の3種類でなんと、全体の63％を占めています。

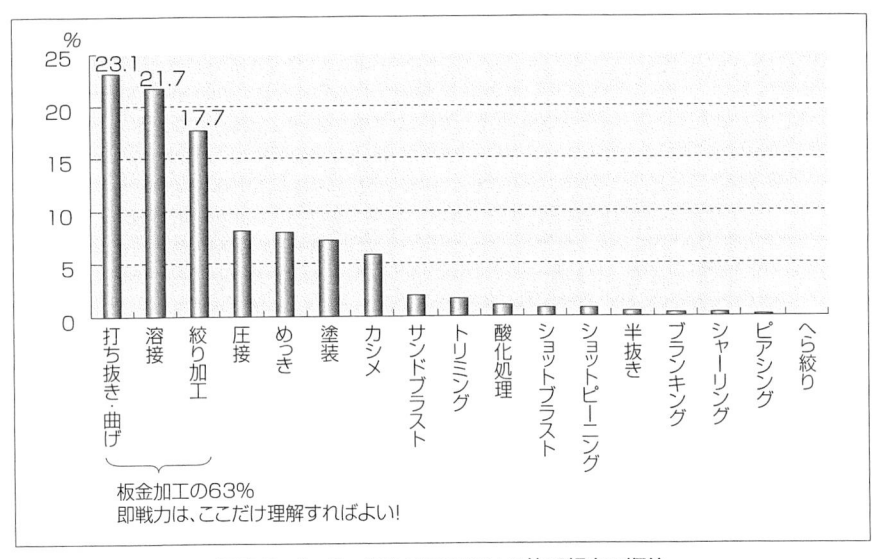

図表2-3-2　板金加工における使用頻度の順位
出典：ついてきなぁ！加工知識と設計見積り力で『即戦力』：（日刊工業新聞社刊）

- 打ち抜き・曲げ：23.1％
- 溶接：21.7％
- 絞り加工：17.7％

板金加工の63％
即戦力は、ここだけ理解すればよい！

> **見積り力**
> 板金加工は、「打ち抜き・曲げ」「溶接」「絞り」を理解すればよい。

> 若けりゃよぅ、ノコとよ、カンナとよ、カナヅチで十分ってもんよ。
> メカ屋も上の3つだとよ！カンタンじゃねぇかい！あん？

第2章　板金／樹脂／切削部品の加工知識と設計見積り（復習）

2-3-2. 溶接における即戦力の復習

　前項で、「打ち抜き・曲げ」と「溶接」と「絞り」を説明しましたが、溶接は工作における重要な接合の役割があります。

　ここで、子供の頃を思い出しましょう。夏休みの宿題でボール紙を使って模型を作ります。ハサミやナイフで切って、折り曲げて、そして、接着剤やテープで貼り付けます。板金も全く同じで、「打ち抜き」して、「曲げ」て、「絞り」を入れ、そして、接着ではなく「溶接」します。

　一方、溶接技術も多種存在し、**図表2-3-3**のように詳細分析して使用頻度の高い順に並べました。

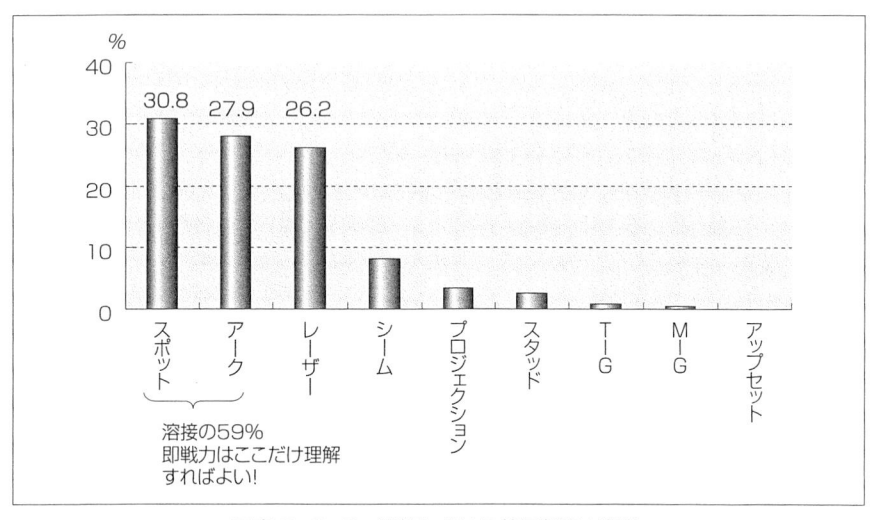

図表2-3-3　溶接における使用頻度の順位
（出典：ついてきなぁ！加工知識と設計見積り力で『即戦力』：日刊工業新聞社刊）

グラフ内訳：
- スポット：30.8%
- アーク：27.9%
- レーザー：26.2%
- シーム：約8%
- プロジェクション：約4%
- スタッド：約3%
- TIG：約1%
- MIG：約1%
- アップセット：約0%

（スポット＋アーク：溶接の59%　即戦力はここだけ理解すればよい！）

　溶接も奥が深いのですが、「スポット」と「アーク」を理解すれば、これだけで、「59点（%）」が採れることになります。まさしく、即戦力です。

　また、レーザー溶接も無視できない数値（%）ですが、レーザー溶接は「スポット」と「アーク」を学べばその応用で設計できます。

見積り力　溶接は、「スポット」と「アーク」だけを理解すればよい。

> 厳さん、確か、……
> 軽量級はスポット、重量級がアークと覚えるんでしたね？

> **オイ、まさお！**
> 急成長したじゃ**ね**ぇかい、**あん**？
>
> レーザー溶接はよぉ、将来のために、自己研鑽で勉強しておけ！無視するな！**これは命令だ！**

2-3-3. 樹脂加工における即戦力の復習

次は、「樹脂設計ができて一人前」、さらに、「樹脂設計が機械設計を制す！」と言われている樹脂加工（樹脂成形）です。

図表2-3-4は、日本企業における使用頻度の高い順番に並べました。

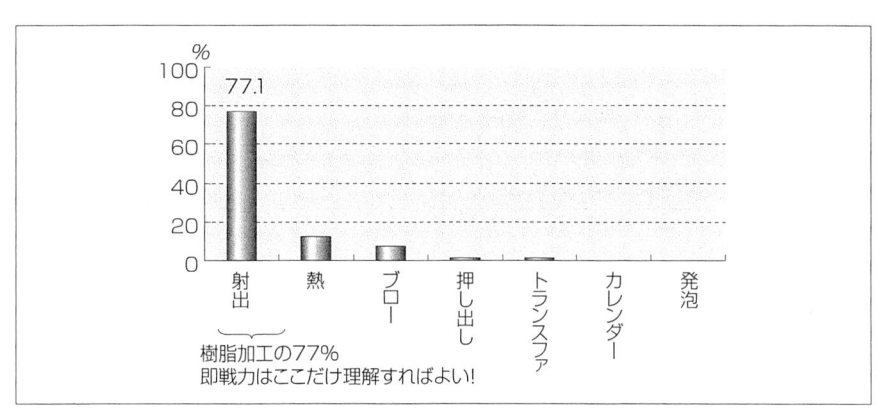

（グラフ：射出 77.1％、熱、ブロー、押し出し、トランスファ、カレンダー、発泡）

樹脂加工の77％
即戦力はここだけ理解すればよい！

図表2-3-4　樹脂加工における使用頻度の順位
（出典：ついてきなぁ！加工知識と設計見積り力で『即戦力』：日刊工業新聞社刊）

「射出」だけ理解すれば、これだけで、「77点（％）」が採れることになります。まさしく、即戦力です。

その他は、都度、図書館やWeb検索で調査すればよいのです。

> **見積り力** 　樹脂加工は、「射出」だけを理解すればよい。

2-3-4．切削加工における即戦力の復習

最後は切削加工です。**図表2-3-5**は、日本企業における使用頻度の高い順番に並べました。

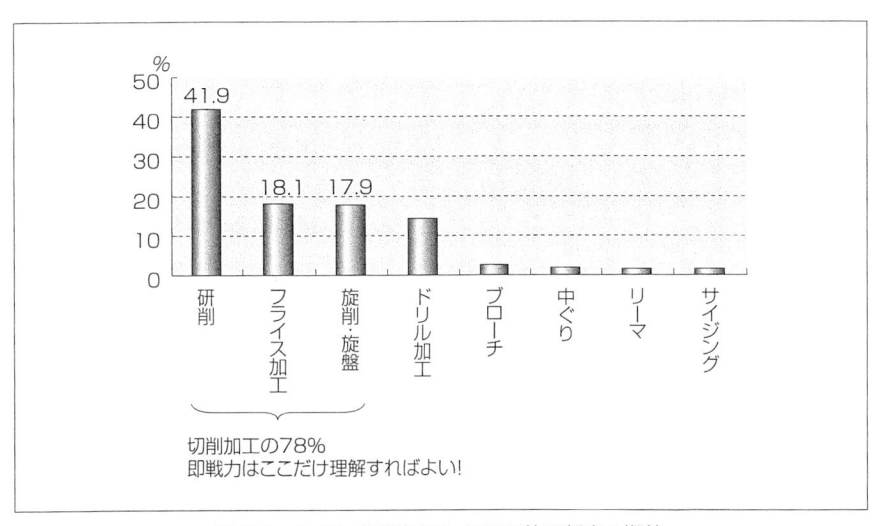

```
%
50
    41.9
40
30
20      18.1  17.9
10                  14.?
 0                       3?  3?  3?  3?
    研   フ    旋    ド    ブ   中   リ   サ
    削   ラ    削    リ    ロ   ぐ   ｜   イ
        イ    ・    ル    ｜   り   マ   ジ
        ス    旋    加    チ           ン
        加    盤    工                 グ
        工
    └──────────────┘
    切削加工の78％
    即戦力はここだけ理解すればよい！
```

図表2-3-5　切削加工における使用頻度の順位
（出典：ついてきなぁ！加工知識と設計見積り力で『即戦力』：日刊工業新聞社刊）

「研削」と「フライス加工」と「旋盤加工」を理解すれば、これだけで、「78点（％）」が採れることになります。ここを集中的に理解することが即戦力です。

その他は都度、図書館やWeb検索で調査しましょう。これが自己研鑽です。

また、家電や事務機器などの電子機器、および、自動車の場合、切削加工部品はコストが高いため「板金化」や「樹脂化」が低コスト化活動の常套手段になっています。

　月産数台の大型特殊機器、例えば、造船や大型レーダーや理化学機器でも、省エネのための質量低減による板金化、樹脂化を優先する時代となってきました。

> **見積り力**　切削加工は、「研削」「フライス」「旋盤」だけ理解すればよい。

> 厳さん！
> 僕ら若手技術者にとって、加工法をすべて理解することは、苦痛どころか、不可能です。

> **オイ、まさお！**
> 大工や料理人同様、必要な道具だけ覚えりゃ**いい**んだよ！
> これが職人**よ**ぉ！

2-4 ▶▶▶ 塑性加工とは

　それでは、図表2-3-1をもう一度みてください。前記の復習を終え、ここから本書の新たな加工法である「塑性（そせい）加工」に入ります。

　まず、塑性（そせい）とは、ある物質に力を加えて変形させたとき、その力を開放しても元の形状に決して戻らず、永久的に変形を生じたままの物質の特性を意味します。物質とは、本書では「機械材料」であり、「工業材料」のことです。

2-4-1. 塑性域と弾性域

ちょっと学問的に説明しましょう。

図表2-4-1は、有名な「軟鉄の応力－ひずみ線図」です。そして、「0 - σ_p」間、つまり、材料の比例限度内で応力が発生する外力が印加された場合は、図に示す「弾性域」であり、その外力をリリースすれば元の長さや形状に戻ります。図中で言えば、原点（0、ゼロ）に戻ります。

しかし、比例限度を超える外力が加わると、そこから先は「塑性域」と呼び、その材料は永久変形します。

S45Cの場合：570(N/mm²)（目安値、もしくは設計値）

「b」ではなく、「B」に注目

σ_p：比例限度
σ_e：弾性限度
σ_{yu}：上降伏点
σ_y：下降伏点
σ_B：引張り強さ
σ_z：破断強さ

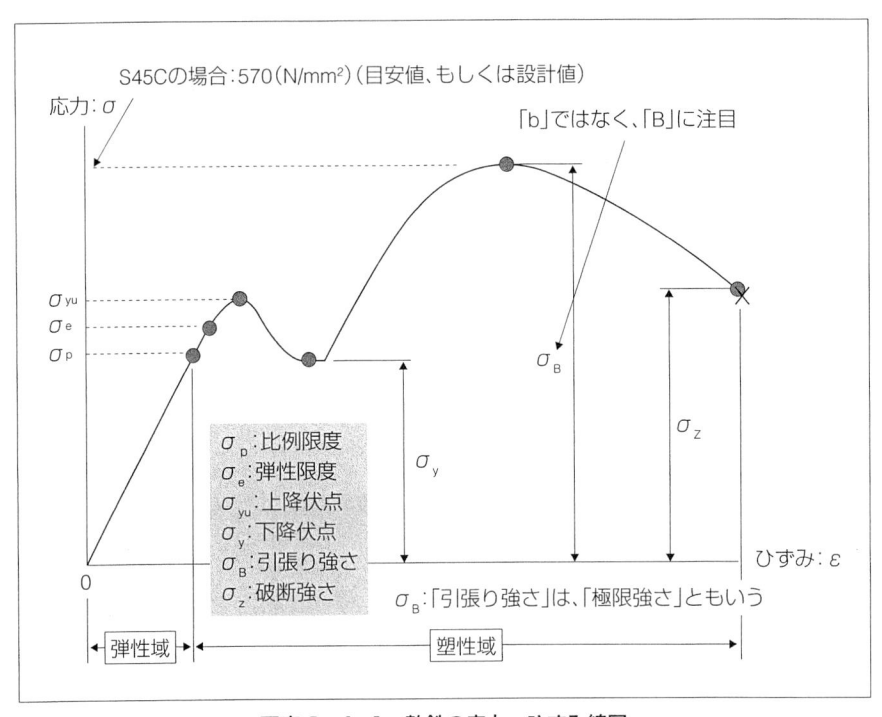

σ_B：「引張り強さ」は、「極限強さ」ともいう

図表2-4-1　軟鉄の応力－ひずみ線図

一方、ステンレスやアルミや銅材の場合の「応力－ひずみ線図」は**図表2-4-2**のカーブを描きます。前記同様に、「0 - σ_p」間の比例限度内で外力が印加された場合は、図に示す「弾性域」であり、その外力をリリースすれば元の長さや形状に戻ります。

しかし、比例限度を超える外力が加わると、そこから先は「塑性域」と呼び、その材料は永久変形します

応力：σ
C2600の場合：275（N/mm²）（目安値、もしくは設計値）

σ_p：比例限度
σ_e：弾性限度
σ_B：引張り強さ
σ_Z：破断強さ

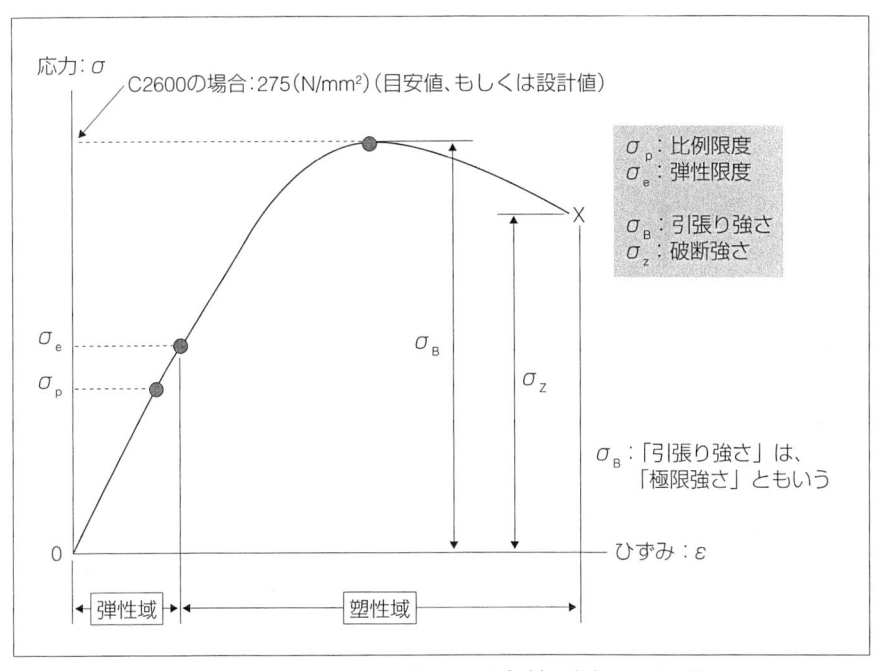

σ_B：「引張り強さ」は、「極限強さ」ともいう

ひずみ：ε

弾性域　塑性域

図表2-4-2　ステンレスやアルミや銅材の応力ーひずみ線図

> **見積り力**　塑性加工とは、材料の「応力ーひずみ線図」における「塑性域」を利用した加工法である。

2-4-2. 塑性加工における即戦力

　図表2-4-3は、当事務所のクライアント企業であり、「100台／月〜10万台／月」の代表格である家電品や事務機器などの電気・電子関連産業、そして、隣国のEVのデータをもとに解析した「塑性加工」に関する使用頻度順のランキングです。ただし、板金を材料とする「曲げ加工」や「絞り加工」は除いています。

　そして、業種にも左右されますが、本書の対象である前記の企業では、塑性加工に関しては、「鍛造加工」と「転造加工」を理解すれば、これだけで「57点（％）」が採れることになります。

第2章　板金／樹脂／切削部品の加工知識と設計見積り（復習）

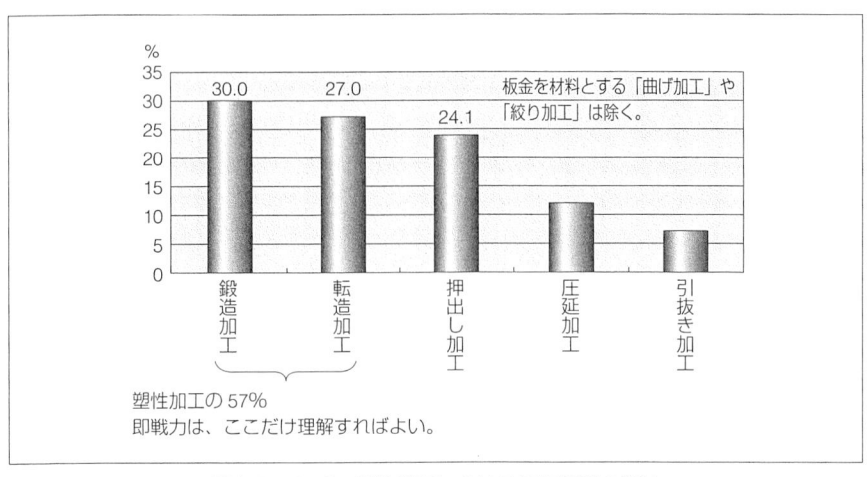

```
  %
35
30   30.0
         27.0                板金を材料とする「曲げ加工」や
25              24.1         「絞り加工」は除く。
20
15
10              
 5
 0
    鍛  転  押  圧  引
    造  造  出  延  抜
    加  加  し  加  き
    工  工  加  工  加
            工      工
```

塑性加工の57%
即戦力は、ここだけ理解すればよい。

図表2-4-3　塑性加工における使用頻度の順位

見積り力 | **塑性加工は、「鍛造加工」と「転造加工」を理解すればよい。**

厳さん！
機械加工っていろいろな加工法があるんで、びっくりしました。

おぉーと、驚いちゃいけねぇ**よ**ぉ！
オイラ大工には「押出し加工」は不可欠ってぇ**もん**よ。

なんたって、**アルミサッシ**の製造法よ！

2-5 ▶▶▶ 目で見る！第2章のまとめ

板金加工における使用頻度の順位（図表2-3-2）

工程	%
打ち抜き・曲げ	23.1
溶接	21.7
絞り加工	17.7
圧接	
めっき	
塗装	
カシメ	
サンドブラスト	
トリミング	
酸化処理	
ショットピーニング	
シーリング	
半抜き	
ブランキング	
シャーリング	
ピアシング	
へら絞り	

溶接における使用頻度の順位（図表2-3-3）

工程	%
スポット	30.8
アーク	27.9
レーザー	26.2
シーム	
プロジェクション	
スタッド	
TIG	
MIG	
アップセット	

樹脂加工における使用頻度の順位（図表2-3-4）

工程	%
射出	77.1
熱	
ブロー	
押し出し	
トランスファ	
カレンダー	
発泡	

切削加工における使用頻度の順位（図表2-3-5）

工程	%
研削	41.9
フライス加工	18.1
旋削・旋盤	17.9
ドリル加工	
ブローチ	
中ぐり	
リーマ	
サイジング	

塑性加工における使用頻度の順位（図表2-4-3）

※板金を材料とする「曲げ加工」や「絞り加工」は除く。

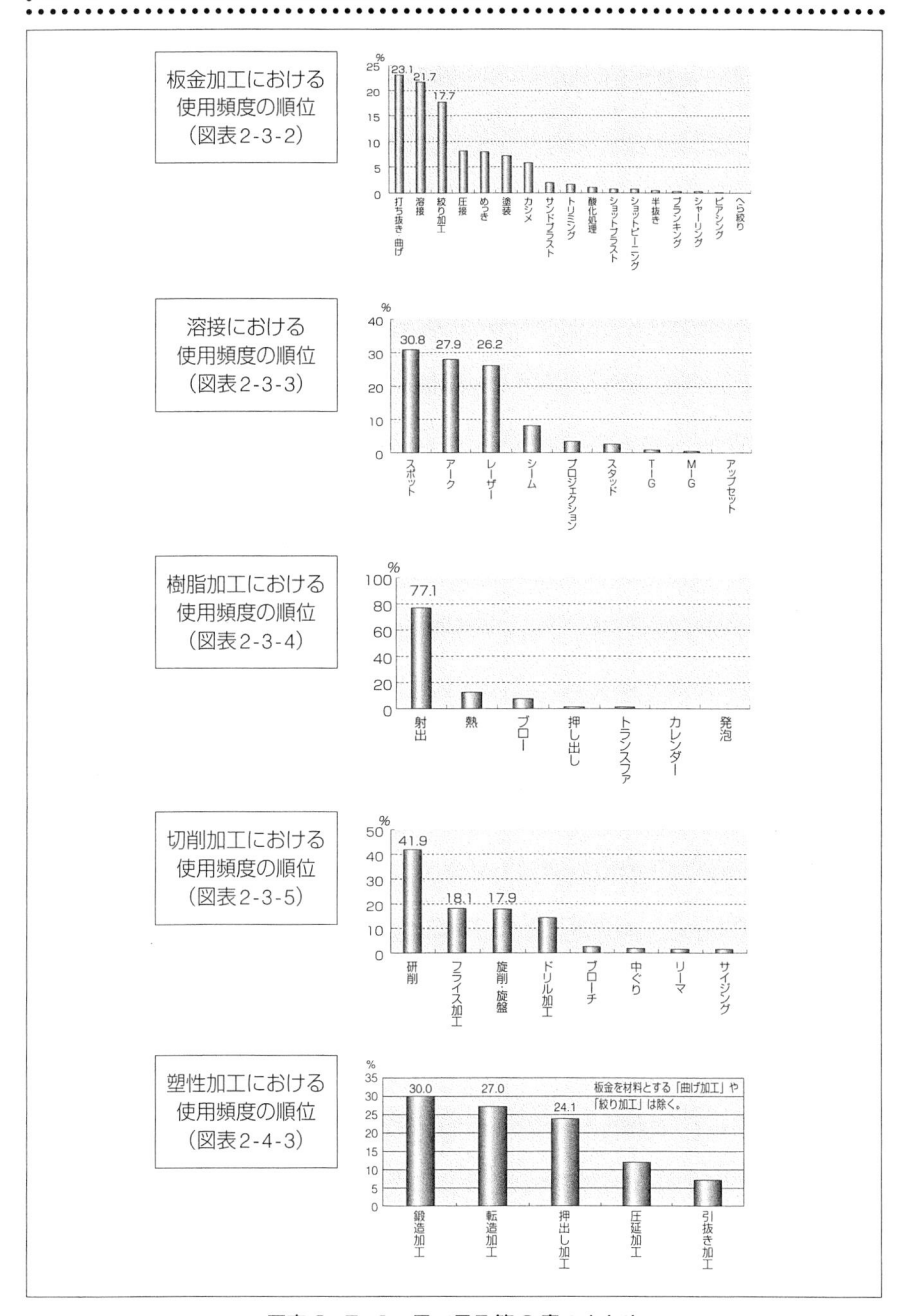

工程	%
鍛造加工	30.0
転造加工	27.0
押出し加工	24.1
圧延加工	
引抜き加工	

図表2-5-1　目で見る第2章のまとめ

儲かる見積り力・チェックポイント

【第2章における儲かる見積り力・チェックポイント】
　第2章における「儲かる見積り力・チェックポイント」を下記にまとめました。理解できたら「レ」点マークを□に記入してください。

〔項目2-1：お客様は次工程〕
① 設計のお客様は、次工程である加工現場である。　　　　□

② 迷ったら、次工程の「お客様」を積極的に訪問しよう！　□

〔項目2-2：見積りができれば低コスト化設計ができる〕
① その場で見積りができれば低コスト化設計が活性化する。　□

② 材料別の部品点数分析から、ＥＶが電子機器や家電品の仲間入りをしたことが証明された。　　　　　　　　　　　　　　　　□

〔項目2-3：機械加工部品の分類〕
① 「機械系技術は、樹脂設計ができて一人前」、「樹脂設計が機械設計を制す！」と言われる時代となった。　　　　　　　　　　□

② 板金加工は、「打ち抜き・曲げ」「溶接」「絞り」を理解すればよい。　□

③ 溶接は、「スポット」と「アーク」だけを理解すればよい。　□

④ 樹脂加工は、「射出」だけを理解すればよい。　□

⑤ 切削加工は、「研削」「フライス」「旋盤」だけ理解すればよい。　□

〔項目2-4：塑性加工とは〕
① 塑性加工とは、材料の「応力―ひずみ線図」における「塑性域」を利用した加工法である。　□

② 塑性加工は、「鍛造加工」と「転造加工」を理解すればよい。　□

　チェックポイントで70％以上に「レ」点マークが入りましたら、第3章へ行きましょう。

厳さん！
板金／樹脂／切削部品の復習があったので、すごく助かりました。

そして、新たに塑性加工を理解しました！

おぉーと、まさお！
なんか、やる気満々じゃ**ね**ぇかい。

うれしいって**もん**よ。

見積り力

第3章
ヘッダー／転造の加工知識と設計見積り

3-1　お客様の道具（加工法）を知る
3-2　ねじの加工
3-3　お客様の得手不得手を知る
3-4　ヘッダー加工の形状ルール
3-5　ヘッダー加工用の材料選択
3-6　加工限界を知る
3-7　部品コストの見積り方法
3-8　見積り演習で実力アップ
3-9　ヘッダー加工のもうひとつの応用例
3-10　目で見る！第3章のまとめ
〈儲かる見積り力・チェックポイント〉

厳さん！僕は、……

「**ついてきなぁ！加工知識と設計見積り力で『即戦力』**」……この本で板金／樹脂／切削部品を勉強しました。でも、その他の部品はどうすればいいのですか？

オイ、まさお！いい質問だぁ。大工だって**よぉ**、柱の木材や屋根瓦も重要だけど**よぉ**、釘やねじも多用**すっからなぁ**。そんじゃ、オイラに**ついてきなぁ**！

【注意】
第3章に記載されるすべての事例は、本書のコンセプトである「若手技術者の育成」のための「フィクション」として理解してください。

第3章 ヘッダー／転造の加工知識と設計見積り

3-1 ▶▶▶ お客様の道具（加工法）を知る

3-1-1. 頻度の高い加工法

　ここからは、書籍「ついてきなぁ！加工知識と設計見積り力で『即戦力』」（日刊工業新聞社刊）の板金加工、樹脂加工、切削加工に続く他の加工法を解説していきます。

　大昔、ねじやシャフトは、旋盤による切削で加工するのが基本でした。しかし、19世紀前半、大量生産を目的とする低コスト化の要求と技術の進歩で、切削加工を不要とする「塑性（そせい）加工」で、容易に製造ができるようになりました。

　それが、「ヘッダー加工（冷間圧造加工）」と「転造加工（ねじの加工）」です。前項の図表2-4-3をもう一度見てみましょう。そこには、塑性加工の使用頻度ランキングがあり、その第1位が「鍛造加工」、第2位が「転造加工」となっています。

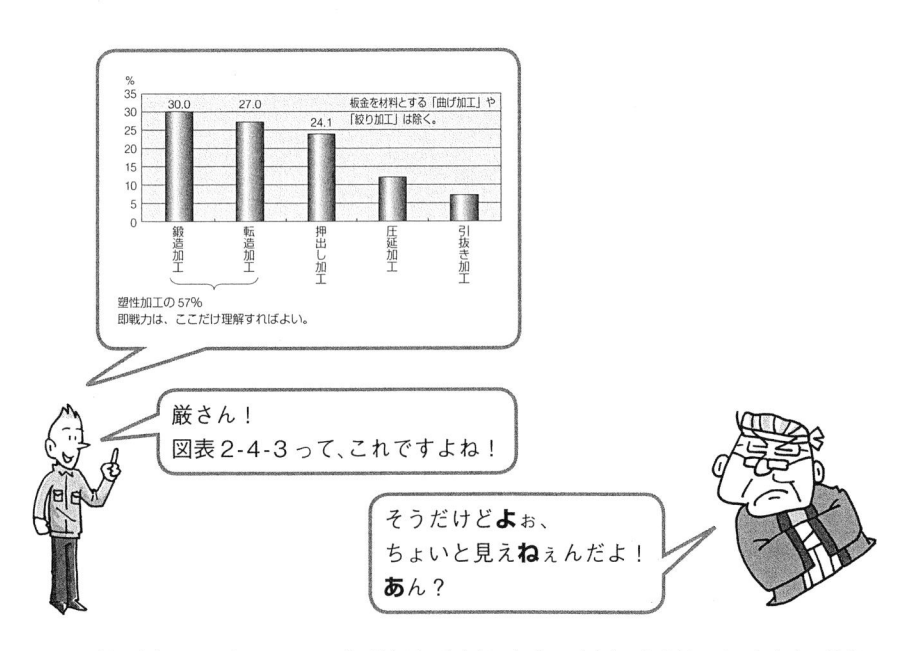

（グラフ：鍛造加工 30.0％、転造加工 27.0％、押出し加工 24.1％、圧延加工、引抜き加工。板金を材料とする「曲げ加工」や「絞り加工」は除く。塑性加工の57％　即戦力は、ここだけ理解すればよい。）

厳さん！
図表2-4-3って、これですよね！

そうだけど**よ**ぉ、
ちょいと見え**ね**ぇんだよ！
あん？

　まず鍛造加工ですが、これも詳細な分類があり、例えば「熱間鍛造」と「冷間鍛造」に分類されます。前者の代表例が日本人なら誰もが知っている「日本刀」の製造方法です。その職人を「刀工」や「鍛冶屋」や「鍛冶職人」といいます。現在は、職人でもあり、芸術家でもあるでしょう。

一方、「冷間鍛造」の代表例が、「ヘッダー加工」です。しかし、ヘッダー加工は、「冷間圧造加工」といわれる場合もあり、「ヘッダー加工（冷間圧造加工）」という具合に（　）つきで書かれる場合が多いと思います。
　ビジネスや技術論文では、「ヘッダー加工」の呼び名だけで十分です。

3-1-2. お客様とのルール（単語を覚える）

　図表3-1-1で、「お客様」との打ち合わせに必要なビジネス用語を覚えましょう。これらの単語を知らないと技術コミュニケーションがとれません。語学と同じで外国へ行ってトイレにも行けないし、食事や宿泊もできないことに相当します。
　次ページ以降に詳細を説明しますので、まずは単語自体を覚えましょう。

大分類	小分類	用途	材料名称	得手不得手	公差計算法
塑性加工	ヘッダー加工	・小物スタッド ・小物シャフト ・段付軸 ・凹部 　（ねじ頭部の＋－）	SUSXM-7 SUS303 SUS304 SUS410 SUS416 SUS430 SWCH SCM435 A1050 A2011 A5052 A5056 C1100 C2700 チタン合金 （注1）	【設計で登場する不得手順位】 ① クラック（割れ） ② 強度不足 ③ 外観不良 ④ 破損、亀裂 ⑤ 精度不良	・分散加法 ・二次加工がある場合、NC機なら分散加法、汎用機なら、その二次加工部にP-P法を適用。 （注2）
	転造加工	・溝 ・ローレット加工 　（山谷のある格子模様）			

注1）材料に関しては、項目3-5を参照。
注2）公差計算法の欄は、書籍「ついてきなぁ！加工知識と設計見積り力で『即戦力』」を参照。

図表3-1-1　塑性加工の種類と用途

3-1-3. ヘッダー加工とは

　書籍「ついてきなぁ！加工知識と設計見積り力で『即戦力』」で解説した板金の場合、平板という2次元の世界から、曲げや絞りによる3次元の世界への変身であるため、即戦力としての加工法に関する基本的知識が必要でした。

また、樹脂はペレットと呼ぶ材料の粒から流体へと変身し、そこから射出による複雑な3次元の世界へと変身するので、板金以上の加工法知識が必要となります。

　そして切削ですが、棒材という単純な3次元材料を削って3次元の部品を作り、3次元の金属ブロックや鋳物を削って単純な3次元の部品を作ります。
　加工現場では無限に近いノウハウや職人技が存在しますが、即戦力を求める設計者にとって板金や樹脂ほどの知識は必要ありません。しかし、「お客様は次工程」の概念は、板金や樹脂同等に重要です。

> **見積り力**
> 板金加工は2次元から3次元への変身。樹脂加工は、1次元の流体から3次元への変身。切削加工は、3次元から3次元へ。変身なし。だから、最も単純な加工法。

　さて、設計プロセスに関する低コスト化のコツは、どんな部品も、コスト／精度安定性／環境性を狙って、まずは、「板金でできないか？」と考えます。
　次に、形状が複雑で、防錆性や軽量化など素材の特性が十分に発揮できるときに「樹脂」を選択します。
　さらに、高精度や高剛性が必要なときや、耐久性や耐摩耗性など「金属切削部品」の特性が十分に発揮できるときに、切削加工を選択します。したがって、最後に選択されるのが切削加工です。「最後の選択」というくらいですから、コスト高を覚悟しなくてはなりません。切削加工はコストが弱点なのです。

　そこで登場したのが「ヘッダー加工」です。コスト高の切削加工の弱点を金属の「塑性変形」を利用して補います。

3-1-4. 身近に見るヘッダー加工の応用例
　切削加工は高精度、高剛性、高耐久性を提供し、大量生産というよりも小ロット生産を得意としています。したがって、コスト高でもある部品です。
　一方、本書は即戦力版であり、低コスト化設計を提唱しています。そこで、生産量が多ければの条件つきですが、切削品に代用できる「ヘッダー加工」が低コスト化に寄与します。

その代表的な部品が、**図表3-1-2**に示す「スタッド（Stud）」や「シャフト（Shaft）」と呼ばれる軸系部品です。

　この後の項では、ヘッダー加工に関する詳細な形状ルールを解説しますので、図表3-1-2では、ヘッダー加工で製造できる部品の概略的な形状や大きさを理解しておいてください。

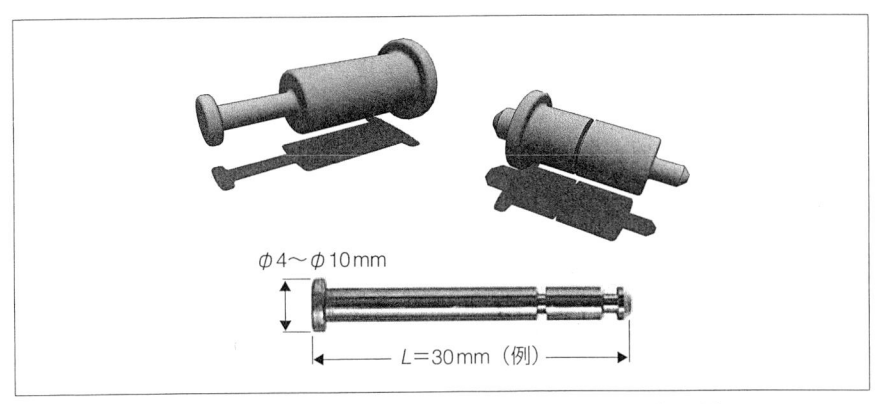

図表3-1-2　代表的なスタッド（または、シャフト）の例

見積り力　ヘッダー加工は、切削加工の弱点を補う加工法であり、「低コスト」、「小物部品」、「大量生産」がキーワードである。

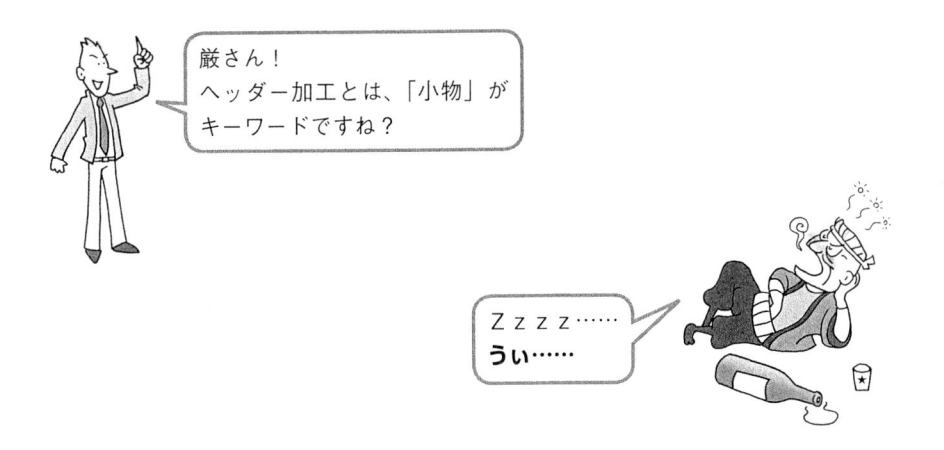

厳さん！
ヘッダー加工とは、「小物」がキーワードですね？

Ｚｚｚｚ……
うぃ……

第３章　ヘッダー／転造の加工知識と設計見積り

さて、「スタッド（Stud）」とは、辞書を引くと『鋲（びょう）、または、機械や建築で使う植え込みボルト』と解説されています。スタッドレス・タイヤ（Studless Tire）は、そのスタッドがないタイヤという意味です。
　このスタッドを回転軸の役割で使用するとき、「シャフト（Shaft）」と名づける場合がありますが、これは規則でも慣例でもありません。便宜上のネーミングで、発砲スチロールを断熱材と呼ぶ場合や、緩衝材と呼ぶのと同じです。

　それでは早速、身近な商品で観察してみましょう。
　図表3-1-3は、事務用品の「穴開けパンチ機」です。ここで示すヘッダー加工による部品が「パンチ上下シャフト」です。

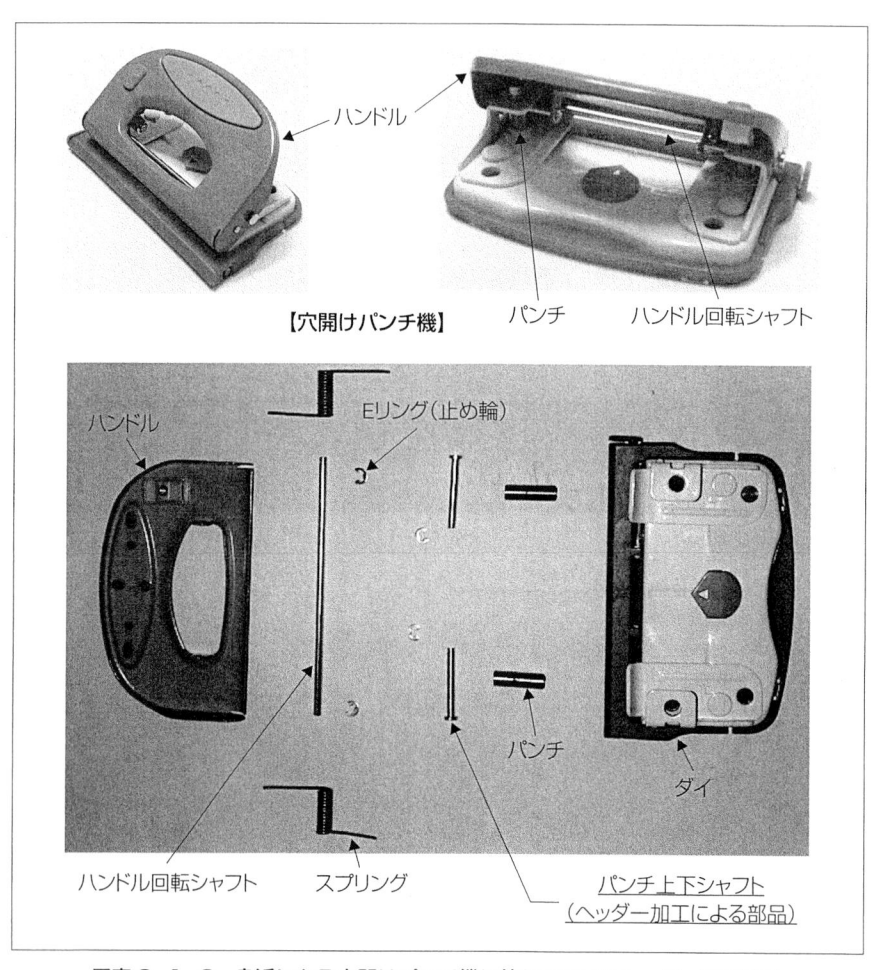

図表3-1-3　身近にある穴開けパンチ機に使われているヘッダー加工部品

もう少し詳しく解説しましょう。**図表3-1-4**は、穴開けパンチ機に使われているシャフト類の拡大写真です。

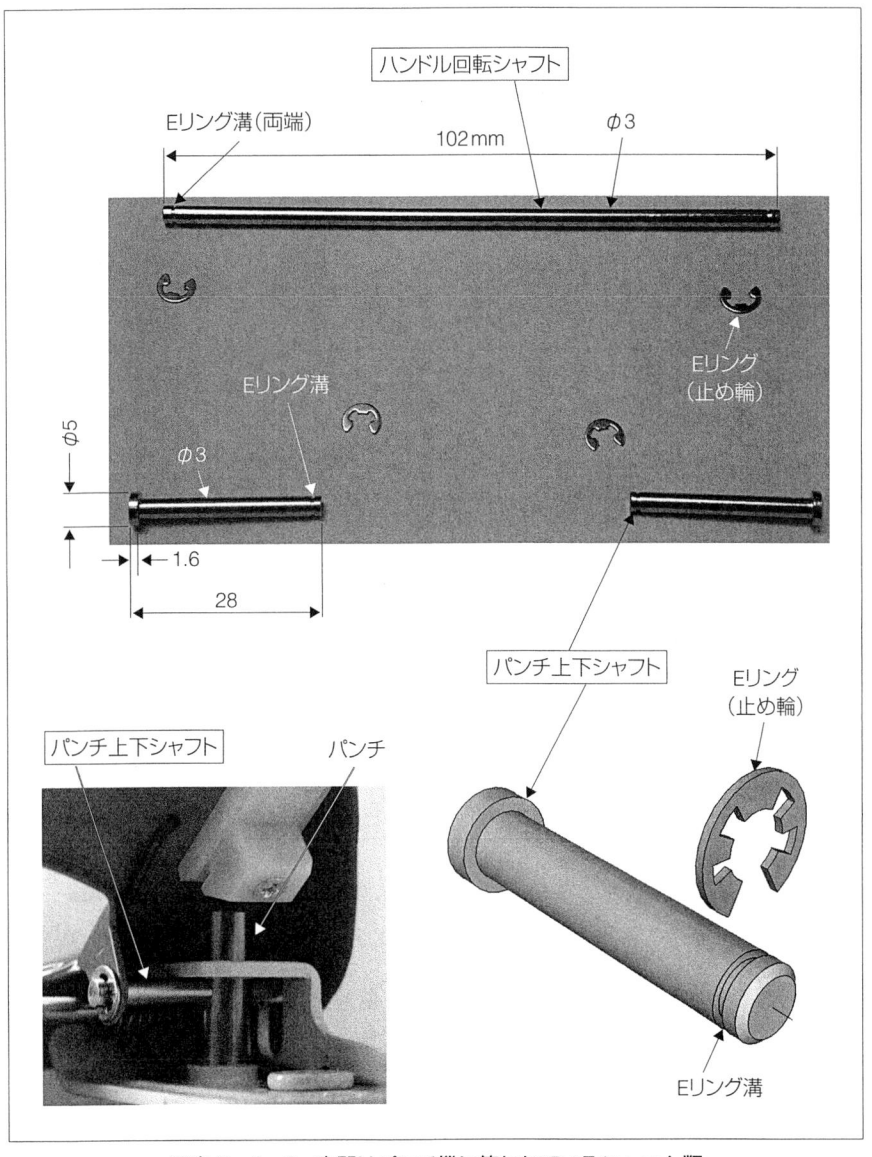

図表3-1-4　穴開けパンチ機に使われているシャフト類

まず、「ハンドル回転シャフト」ですが、長さが102 mmもあり、ヘッダー加工としては不適切です。ただし、102 mmのヘッダー加工が不可能というわけではありません。安定加工や安定供給の面からは、ヘッダー加工が可能な長さは90 mm以内が理想です。

　しかも、溝が両端にありますがフランジなどの段がないストレート形状のため、外径φ3の素材（生材、なまざい）をそのまま使用し、両端の溝だけを切削する旋盤加工でコスト的には十分と思います。

　ヘッダー加工でいくか？旋盤加工で切削するか？　ある事例で試算してみました。項目3-8に期待してください。

> 厳さん！
> 「モノづくり」って、理屈どおりにできているんですね。感激しました。

> いいこと言ってくれるじゃ**ね**ぇかい。まさお君**よ**ぉ。

　一方、2本の「パンチ上下シャフト」は、長さがヘッダー加工としては理想的な28 mmであり、幅1.6 mmで外径φ5の段を有しています。これを現場では「段付き」、もしくは、「段付きシャフト」と呼んでいます。

見積り力　ストレートではないフランジなどの段があるシャフトを、「段付き」や「段付きシャフト」と呼ぶ。

3-1-5. ヘッダー加工の方法

図表3-1-5は、マグロのづけ丼とヘッダー加工を比較して説明する図です。

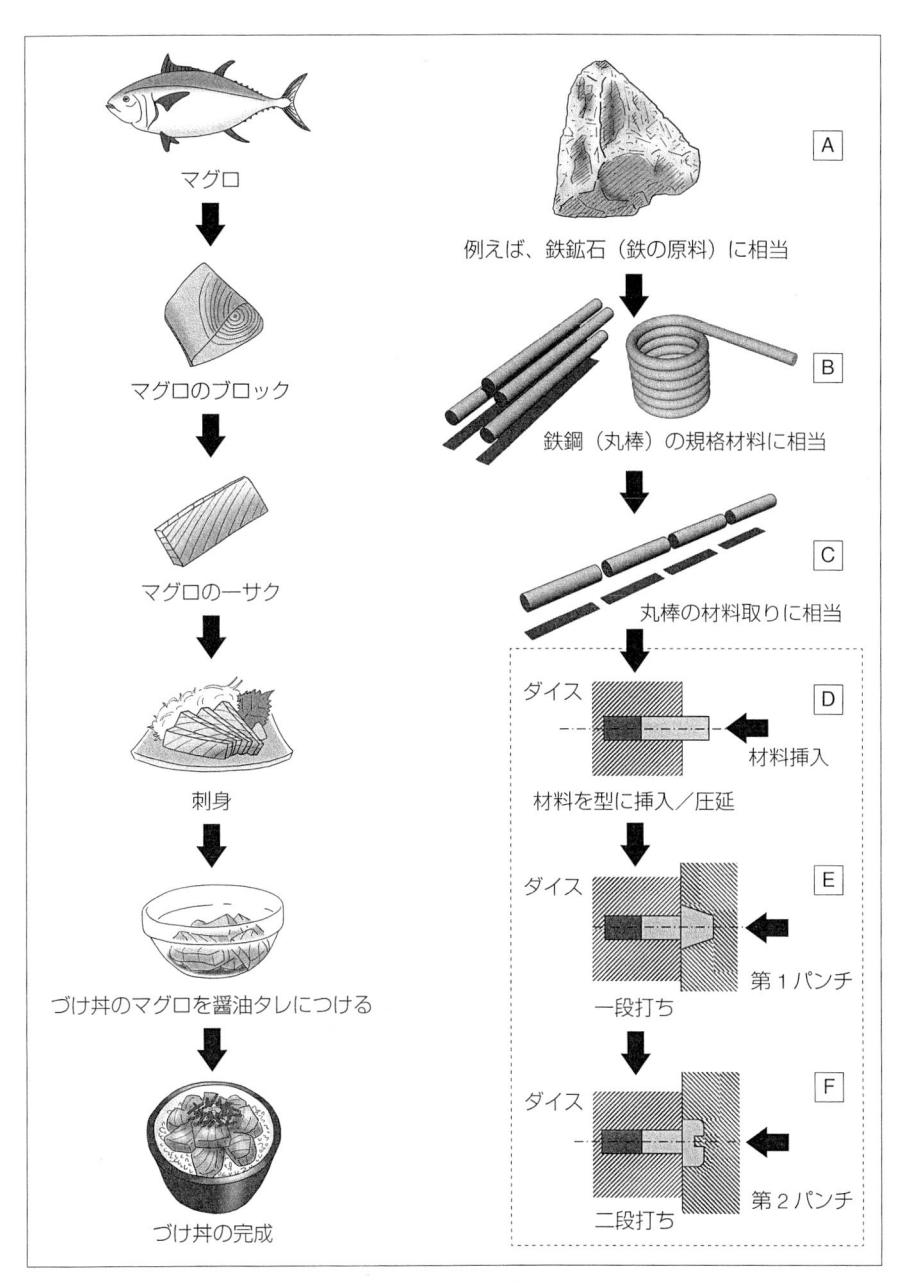

図表3-1-5　ヘッダー加工の説明図

それでは、図表3-1-5を詳しく解説しましょう。

筆者は、書籍やセミナーで、「設計を料理に、設計者を料理人」に例えて解説します。この図でも、ヘッダー加工による部品ができるまでを、大海を泳ぐ「マグロ」からおいしい「マグロのづけ丼」までを対比して表現しています。

---

① 原料である A の鉄鋼石から、ヘッダー加工用の鋼材（主に丸棒） B を圧延で製造する。これは鉄鋼メーカーの商品である。

② B の規格材料は、直線の棒も描かれているが、巨大なロールに巻き取られているコイル状の場合が多い。

③ C におけるヘッダー加工の工場では、適切な長さに切断する。ただし、 B の状態のままヘッダー加工機にセットする場合が多い。この場合、ヘッダー加工機の中で自動的に切断される。

④ D 、 E 、 F がヘッダー加工の工程を示している。料理同様に、一度に製造するのではなく、少しずつステップを踏んで行く工程に注目してほしい。

⑤ D では、前記③の材料をダイスに挿入する。

⑥ E では、 F を形成するために、第1パンチで一度、円錐台に絞る。

⑦ F では、ねじ頭の形状を整えるとともに、「＋（プラス）や－（マイナス）」の溝を第2パンチで形成する。

重複しますが、「ヘッダー」とは、「冷間圧造加工」のことです。「冷間」といっても材料や環境を冷やすのではなく、常温で加工します。この中で最も一般的なものが図表3-1-5に示した「2段打ちヘッダー」であり、「ダブルヘッダー」とも呼びます。

ただし、5段が限度です。「限度」とは「可能」と判断しがちですが、「困難」を意味します。これを実務知識といいます。

さて、工程 F の後は、ねじの転造加工を施し、＋（プラス）ねじや－（マイナス）が完成します。転造に関しては、次項で取り上げます。

3-1-6. 転造加工とは

前項で解説した「ヘッダー加工」の代表が「ねじ」です。しかし、らせん状のねじ部は、直線運動の「ヘッダー加工」では製造不可能です。そこで「転造加工」が登場します。

確か「転造加工」は、塑性加工の使用頻度ランキングでは第2位だったような気がします。

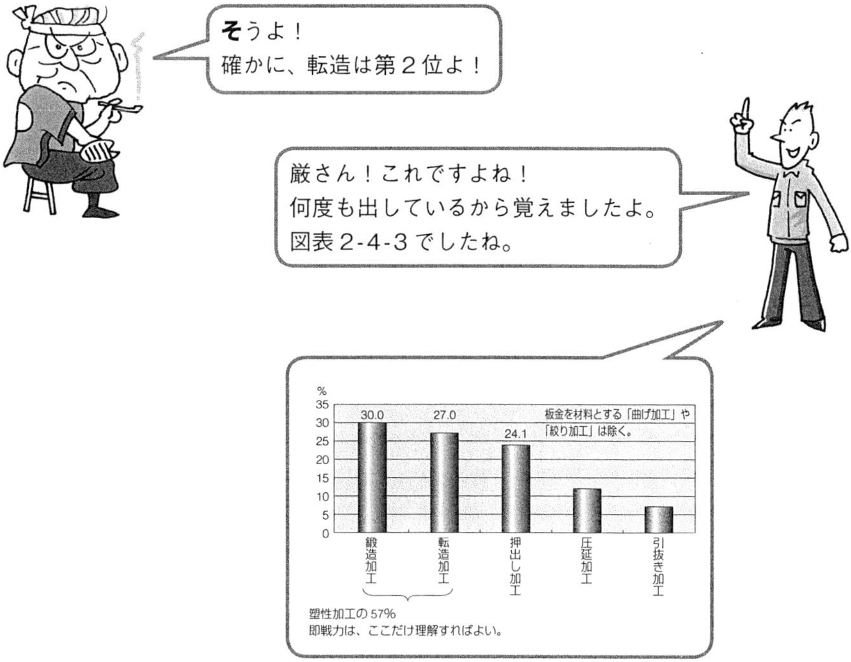

そうよ！
確かに、転造は第２位よ！
厳さん！これですよね！
何度も出しているから覚えましたよ。
図表2-4-3でしたね。
%
35
30
25
20
15
10
5
0
30.0
27.0
24.1
板金を材料とする「曲げ加工」や
「絞り加工」は除く。
鍛造加工
転造加工
押出し加工
圧延加工
引抜き加工
塑性加工の57%
即戦力は、ここだけ理解すればよい。

繰り返しますが、「ヘッダー加工」とは、材料の水平方向（もしくは、垂直方向）で塑性加工を施し、水平方向（もしくは、垂直方向）に取り出します。水平方向や垂直方向の表現は、まとめて「軸方向」と呼びます。

しかし、格子状に山谷を形成する「ローレット加工」や「ねじ加工」は、軸方向に容易には取り出せません。

そのような場合は、「ヘッダー加工」⇒「転造」の順で「転造加工」を施します。**図表3-1-6**は、ねじの転造を説明しています。上部を「平ダイス転造」、下部を「丸ダイス転造」と呼んでいます。

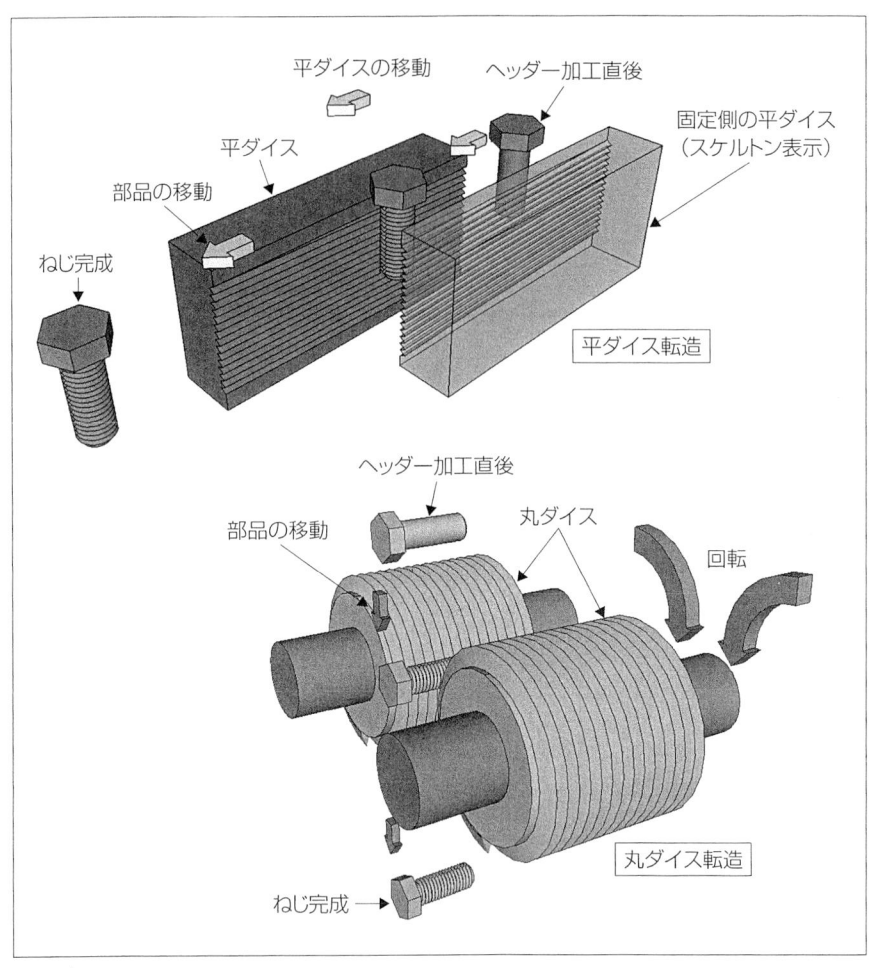

図表3-1-6　ねじの転造加工

3-1-7. 転造加工の方法

転造加工は各種ありますが、大きくは、「平ダイス転造」と「丸ダイス転造」に分類されます。

まず平ダイスは、対向する一対のダイスのうち一方（スケルトン表示側）を固定し、他方を往復運動させることで塑性加工を行います。ヘッダー加工後の部品は、図表3-1-6のように一端から挿入されて他方で排出されます。

単純で、高生産性に優れています。

次に丸ダイス転造ですが、対向する一対のダイスは、円筒状であり、丸ダイス転造、もしくは、ローラーダイスとも呼ばれています。

ダイスが円筒形のため、以下の利点を有しています。

　　① 装置をコンパクトにできる。
　　② 部品の加工面を長くできる。
　　③ ねじの他、ローレット加工（山谷のある格子状の模様）にも応用。
　　④ 生産性は、平ダイスよりも劣る。

安価で安定供給のヘッダー加工は、部品の標準化や共通化が重要です。

> **見積り力**　切削部品の標準化や共通化は、「型品」へ移行することが低コスト化のポイントである。例）切削加工からヘッダー加工へ。

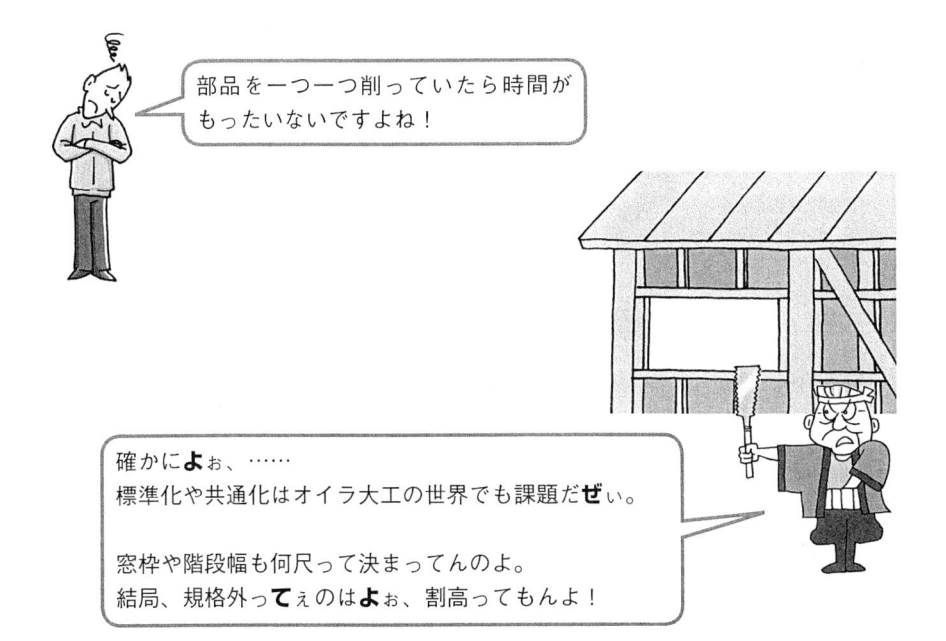

部品を一つ一つ削っていたら時間がもったいないですよね！

確かに**よ**ぉ、……
標準化や共通化はオイラ大工の世界でも課題だ**ぜ**ぃ。

窓枠や階段幅も何尺って決まってんのよ。
結局、規格外っ**て**ぇのは**よ**ぉ、割高ってもんよ！

第3章　ヘッダー／転造の加工知識と設計見積り

3-2 ▶▶▶ ねじの加工

ねじの頭部は傘のような形状をしており、「＋（プラス）形状」や「－（マイナス）形状」の溝が設けられています。その本体には、精密なピッチである螺旋形状（スクリュー）が施されています。しかも、表面はピカピカです。

私たちの生活の周辺に存在するねじですが、よくよく観察しますとても複雑な形状であり、図表3-2-1に示すように多種多様のねじが存在しています。

ねじの種類	外観形状	簡単な説明
フォーミング		・ねじ端部の面がおむすび形状（三角形）となっている。この形状により、理想的なめねじ加工とねじ込みが可能となっている。
小ねじ		・日曜大工店でも販売されている一般的なねじ。 ・頭が「＋（プラス）形状」や「－（マイナス）形状」の溝がある。
セムス		・「ねじ＋平ワッシャ」、「ねじ＋ばねワッシャ」、「ねじ＋平ワッシャ＋ばねワッシャ」がセットになっている。 ・セットになっているため、組立て作業の効率が向上する。
六角ボルト		・日曜大工店でも販売されている一般的なねじ。 ・ねじの頭が正六角形となっている。
TP		・ねじ頭部に皿ばねワッシャ形状の大きな座面を有する。 ・これにより、緩み止め機能を有する優れたねじである。
デルタイト®		・前述のフォーミングねじであり、ねじ専門メーカーであるC社の商標登録品。 ・ねじ先端部にガイド用のテーパをつけ、その円周上の3個所に数山にわたってスプーン状にえぐられた凹部を設けてある。 ・塑性変形によってめねじを成形するねじであり、やっかいな切り子（材料のカス）が出ない。
止めねじ		・例えば、ハウジングの中にシャフトを挿入する場合、ハウジング側からの止めねじでシャフトを固定するときに使用する。 ・先端形状は、平面、山形、半球状など各種ある。

図表3-2-1　多種多様のねじとその特徴

3-2-1. 切削加工によるねじの製造

ここで、図表3-2-2を見ながら、旋盤の切削加工による「ねじ」の製造を想像してみましょう。

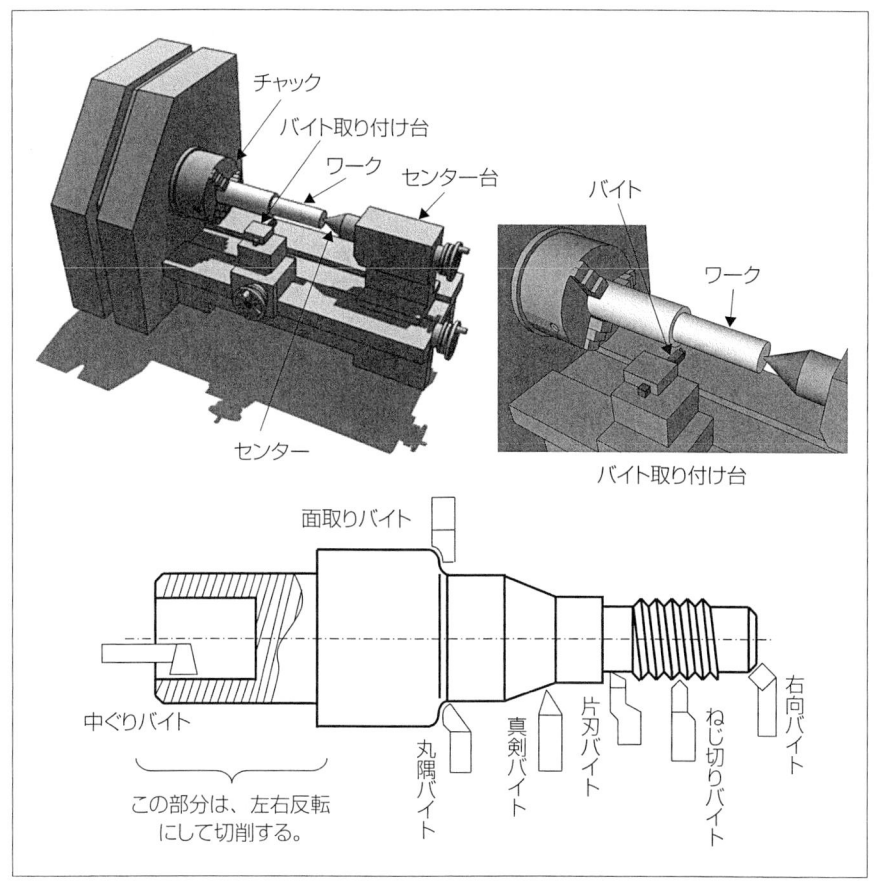

図表3-2-2　旋盤と代表的なバイト（旋盤の刃物）の用途別種類

旋盤の加工材料となる「丸棒」を旋盤の左側に位置する「チャック」にセットして、「片刃バイト」で外径を切削した後、「ねじ切りバイト」でねじを切ります。
以上の「段取り」と「切削加工」で、たった一本のねじが製造できるわけです。

このように簡単に説明しただけでも、ねじは高価な部品であると想像がつきます。

また、前述のねじの頭部で、「-（マイナス）形状」の溝は、フライス加工などの切削加工が可能であると想像ができますが、「＋(プラス)形状」の溝は切削加工では困難と推定できます。

3-2-2. ヘッダー加工と転造加工によるねじの製造

『ねじの頭部で＋(プラス)形状の溝は、切削加工では困難』と前述しました。しかし、図表3-2-3に示す身の周りにある文具や家電品で使うねじならば、ヘッダー加工と転造加工によって容易に製造され、数円／個の安価で提供されているのです。

さらに、大量購入の場合は、「量産効果」が発生し、前述の価格の1／5から1／10になる場合もあります。

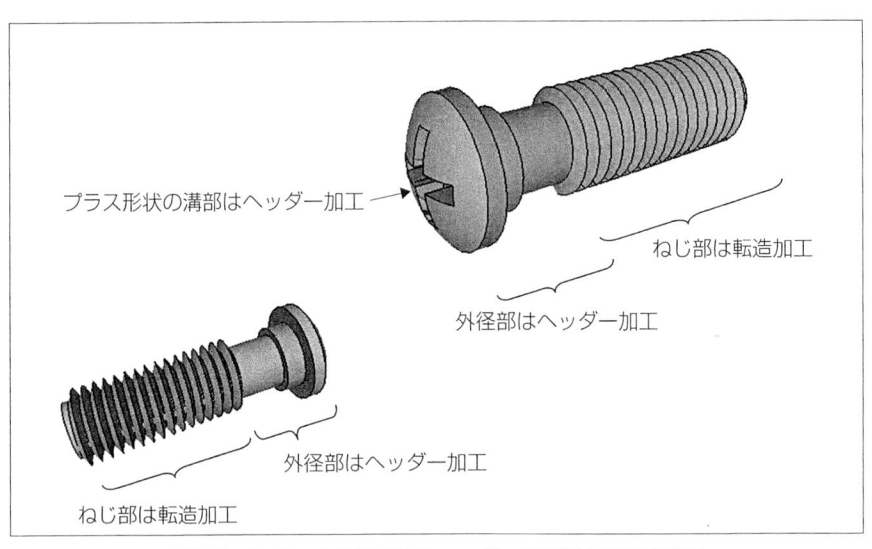

図表3-2-3　ねじにおけるヘッダー加工部と転造加工部

次に図表3-2-4の上部は、ヘッダー加工や転造加工による軸系部品の応用例です。軸の外径はもちろん、テーパーや凹部はヘッダー加工を施します。

また、図中のねじの他、ローレット（手でつかむときの滑り止め用の格子模様）や止め輪用の溝は、ヘッダー加工後の「転造加工」で製造します。

一方、**図表3-2-4**における下部の写真は、身近に見る各種のヘッダー加工や転造加工を紹介しています。

- ローレット（転造加工）
- 溝（転造加工）
- テーパー（ヘッダー加工）
- ねじ（転造加工）

材質やサイズに関しては後述する

- 凹部（ヘッダー加工）

- 航空会社が乗客へ配布するイヤーホン
- ジャック部（ヘッダー加工）
- オーディオ用ジャック

拡大写真

- あや目のローレット加工（転造加工）
- 平目のローレット加工（転造加工）

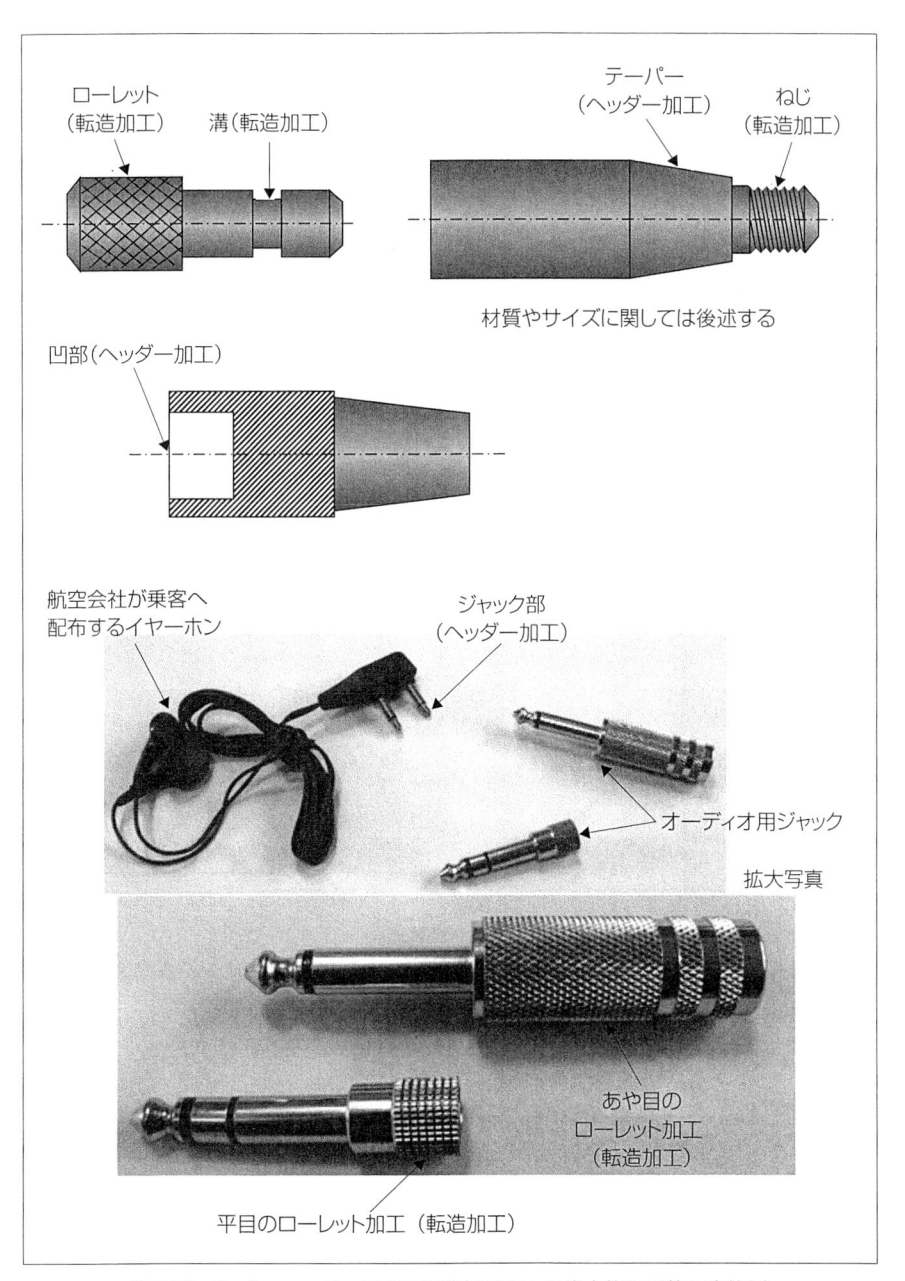

図表3-2-4　ヘッダー加工や転造加工による代表的な形状と実施例

3-3 ▶▶▶ お客様の得手不得手を知る

「ヘッダー加工」と「転造加工」の大略が理解できたならば、次に、これらに関する「得手不得手」を図表3-3-1にまとめておきました。図表3-1-1同様に、お客様と打合わせするときに必要なビジネス用語です。

また、公差計算の欄にも注目してください。

型を起こすことを「型起工（かたきこう）」といいますが、「ヘッダー加工」も「転造加工」も型を有するので分散加法[注1]が適用されます。しかし、二次加工[注2]において、汎用機による切削工程が追加されればP-P法[注3]に、NC機のようにコンピュータ制御された切削工程が追加されれば分散加法が適用できます。

注1：書籍「ついてきなぁ！加工知識と設計見積り力で『即戦力』」を参照。
注2：ヘッダー加工だけでは不可能な形状や精度を、切削加工などで実施することを「二次加工」、もしくは「後加工（あとかこう）」という。
注3：注1と同じ。

大分類	小分類	用途	材料名称	得手不得手	公差計算法
塑性加工	ヘッダー加工	・小物スタッド ・小物シャフト ・段付軸 ・凹部 （ねじ頭部の＋－）	SUSXM-7 SUS303 SUS304 SUS410 SUS416 SUS430 SWCH SCM435 A1050 A2011 A5052 A5056 C1100 C2700 チタン合金 （注1）	【設計で登場する不得手順位】 ①クラック（割れ） ②強度不足 ③外観不良 ④破損、亀裂 ⑤精度不良	・分散加法 ・二次加工がある場合、NC機なら分散加法、汎用機なら、その二次加工部にP-P法を適用。 （注2）
	転造加工	・溝 ・ローレット加工 （山谷のある格子模様）			

注1）材料に関しては、項目3-5を参照。
注2）公差計算法の欄は、書籍「ついてきなぁ！加工知識と設計見積り力で『即戦力』」を参照。

図表3-3-1　塑性加工の種類と得手不得手

見積り力

ヘッダー加工部品に二次加工がない場合は、「分散加法」が適用され、二次加工がある場合は、その部分にだけ「P-P法」が適用される。ただし、NC加工機の場合は、全てに「分散加法」が適用される。

3-3-1. 設計ポイントはたったの3つ

　書籍「ついてきなぁ！加工知識と設計見積り力で『即戦力』」における機械加工部品の設計の設計ポイントを覚えていますか？

---
　① 板金設計：せん断、引張り、圧縮……たったの3つ。
　② 樹脂設計：熱、流動、型開閉……たったの3つ。
　③ 切削加工：熱変形、加工変形、応力集中……たったの3つ。

そして、ヘッダー加工も、……
　　④ ヘッダー加工：塑性変形、応力集中、型開閉……たったの3つです。

　この3つのバランスをとればよいのです。
　ヘッダー加工も奥は深いのですが、即戦力としてのキーワードは前述の3つしかありません。複雑に説明する書籍もあるようですが、即戦力としては、これで十分です。その代わり、徹底して理解してください。
　以降、その一つ一つを説明していきます。

見積り力

ヘッダー加工の設計ポイントは、たった3つしかない！
塑性変形 / 応力集中 / 型開閉

> 即戦力として……
> どの加工も3つに絞れるとは気が楽ですね。
>
> 勉強意欲が沸いてきますし、復習も超カンタン！

> 加工側のノウハウってのは**よ**ぉ、数え切れねぇくらいあるって**もん**よ！
> **ん**だから、まずはポイントだけ押さえちまい**なっ**てぇの！

第3章　ヘッダー／転造の加工知識と設計見積り

3-3-2. 塑性変形の故障モードとその影響

それでは、ここから「塑性変形」、「応力集中」、「型開閉」に関する設計ポイントに入ります。

そのポイントとは、この設計で次工程の「お客様」に迷惑がかからないだろうか？とか、この設計が最良の低コスト設計であろうか？と気遣いを持つことが重要です。そして、チェックすべきポイントはどこにあるのかを本項は案内します。

まずは、ヘッダー加工と転造加工に限らず、塑性加工全般に共通する「塑性変形」からです。

工程	加工	故障モード	故障の影響	図
冷間圧造工程	段付き加工	・クラック（割れ） ・強度不足 ・外観不良	・クラック（割れ） ・強度不足 ・外観不良	① ② ③

クラック（割れ）：①
強度不足：②

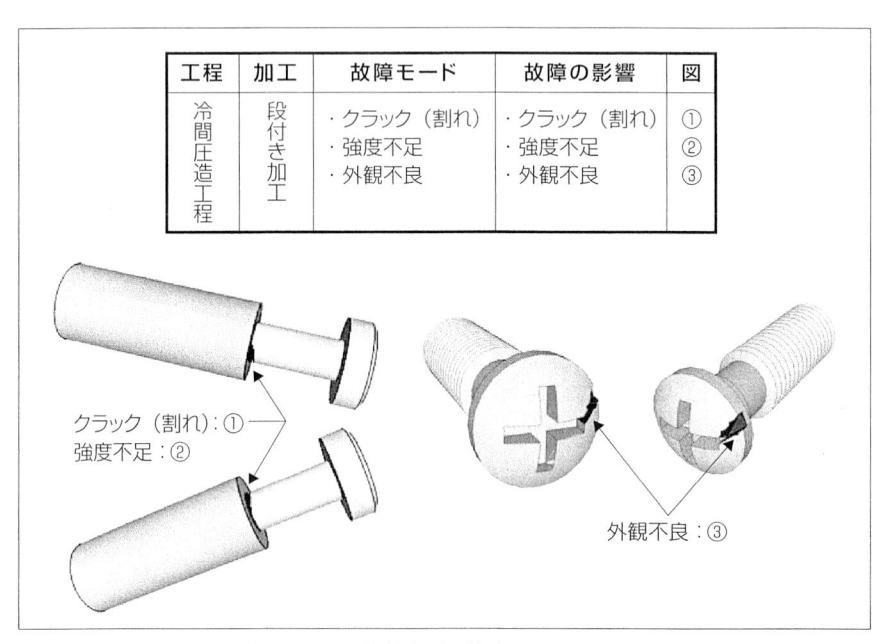

外観不良：③

図表3-3-2　塑性変形の故障モードとその影響

図表3-3-2に示すように、塑性変形から連想する故障モード（トラブルの現象）は、「クラック（割れ）」や「強度不良」や「外観不良」が代表的です。

実は樹脂加工における設計ポイントの一つに「熱」がありました。故障モードが「熱」である故障の原因も、「クラック（割れ）」、「強度不足」、「外観不良」の三つがありました。

樹脂加工の場合は、ペレットと呼ばれる小粒状の原料をヒータで加熱し、ドロドロの流動体にします。この流動体を型の隅々まで行き渡せるために、流動体全体に圧力を加えるので「射出成形」と呼んでいます。

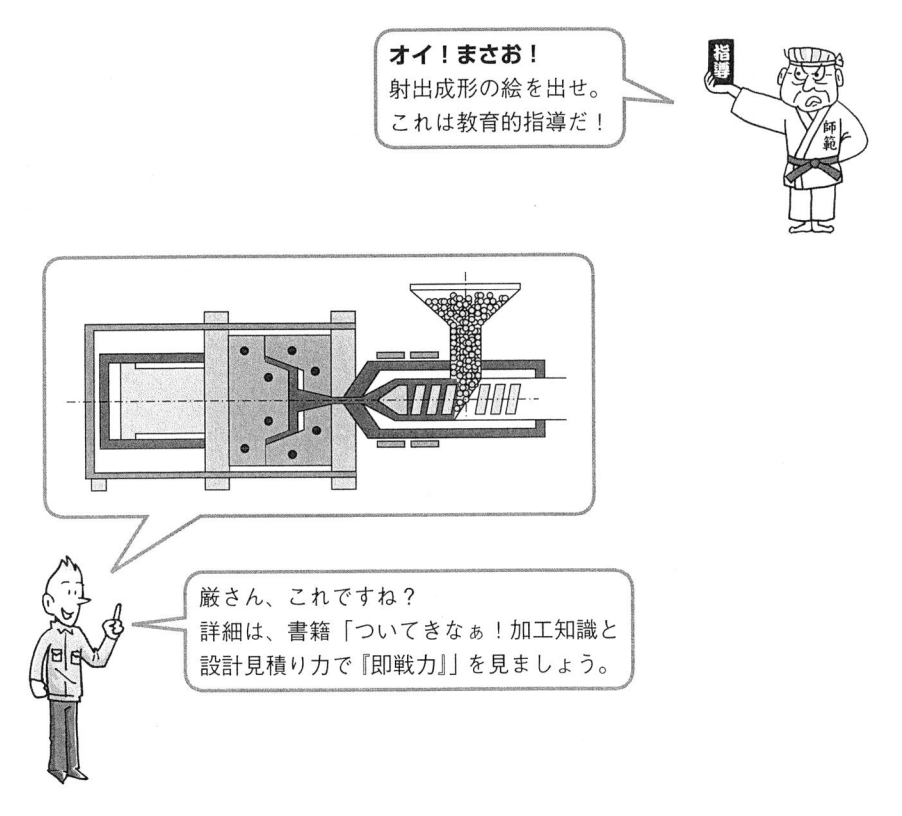

オイ！まさお！
射出成形の絵を出せ。
これは教育的指導だ！

厳さん、これですね？
詳細は、書籍「ついてきなぁ！加工知識と設計見積り力で『即戦力』」を見ましょう。

　これらの設計的対策ですが、ヘッダー加工も樹脂加工も同じです。それは、「断面急変部の回避」と「ルールを守ること」です。後で解説しましょう。

3-3-3. 応力集中の故障モードとその影響

　次のキーワードは応力集中です。
　応力集中はクラック（割れ）や部品の破損を招き、場合によっては、人命を奪う場合もあります。
　筆者は、段付き軸には「逃げ溝」が必須と説明していますが、その隅部からはクラックが入りやすく、破損まで至る場合もあります。
　それでは、**図表3-3-3**を見てみましょう。

工程	加工	故障モード	故障の影響	図
冷間圧造工程	段付き加工	・応力集中	・クラック（割れ） ・破損	④⑤ —

逃げ溝

クラック：④

逃げ溝（幅2以下、深さ0.5以下）

R0.5(2)　深さ

逃げ溝の隅にR0.5(2)を設けて、断面急変を回避する。

クラックから破損へ：⑤

テーパや隅部Rを設けて、断面急変を回避する。

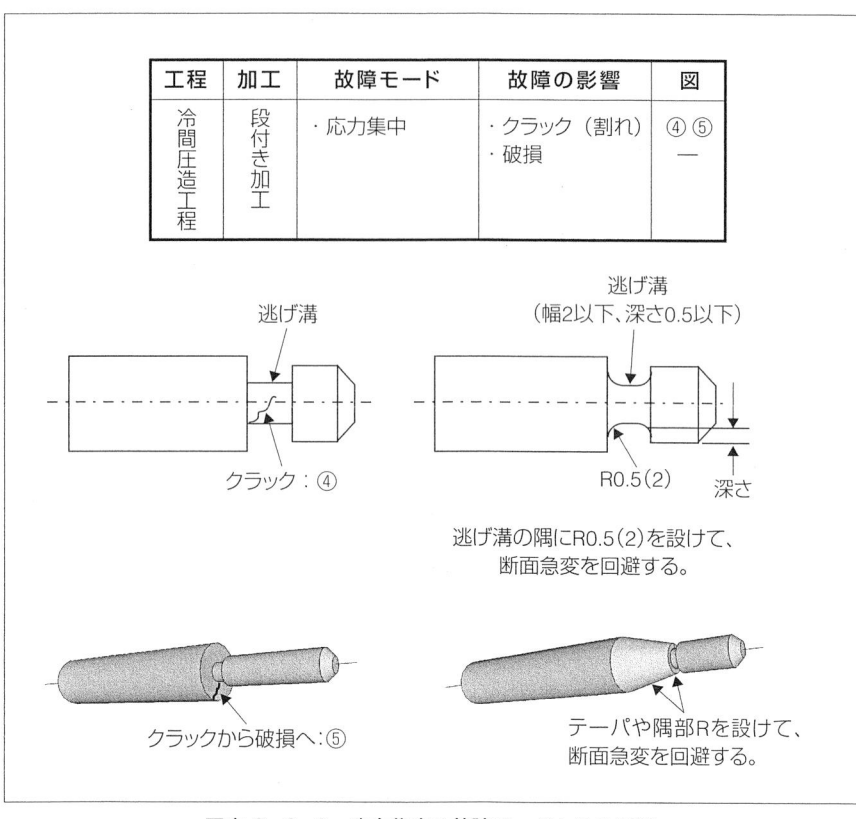

図表３-３-３　応力集中の故障モードとその影響

　クラック（割れ）や破損、これらの設計対策として、必ず、逃げ溝の隅はRを設けることがポイントになります。

　ただし、Rの表面にバイト目などを残した場合、そのバイト目からクラックが入り、せっかくのRも効果を失います。また、大きな段差はテーパでつなぎます。

　本項としての設計ポイントは、「断面急変部」を避けることです。

見積り力　軸設計は『断面急変部』を回避するのがコツ！

　それでは、「断面急変部の回避」を「ちょいと茶でも」で見てみましょう。

ちょいと茶でも……

職人のワザ：断面急変部の探索とその回避策

図表3-3-4でクラックや破損の対策を解説しましょう。

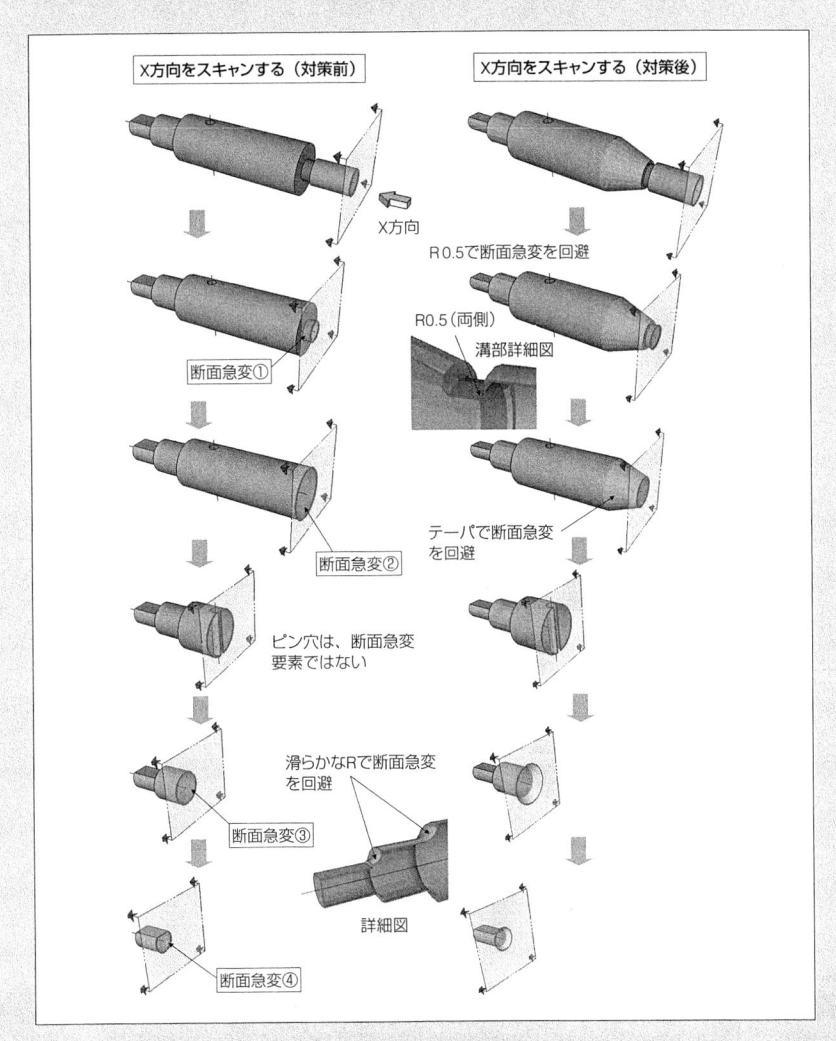

図表3-3-4　断面急変部の探索とその回避策
(出典：ついてきなぁ！加工部品設計で3次元CADのプロになる！：日刊工業新聞社刊)

第3章　ヘッダー／転造の加工知識と設計見積り

それでは、図表 3 - 3 - 4 を用いて具体的な例を説明します。
　軸受け挿入部を X 方向の右から左へ少しずつスキャンすると、軸径が急に細くなる逃げ溝部で「断面急変①」を迎えます。スキャンを少し進めると、中央部の外径部に差し掛かります。ここで「断面急変②」を発見できます。

　さらにスキャンを進めると、ピン穴の断面に差し掛かります。ピン穴は、円筒形状のため断面急変要素ではないと判断し、スキャンを先に進めると、「断面急変③」と「断面急変④」を発見できます。

　『ピン穴は、円筒形状のため断面急変要素ではないと判断』と説明しましたが、例えば、軸の外径が φ 10 で、ピン穴径 φ 5 のとき、「断面急変」と捉えた方が無難です。

　さて「断面急変」とは、「断面形状が急に変化した」と単純に理解してください。最大許容応力や安全率のように数値化できるものではなく、概念です。概念とは、「物事について大まかに把握するさま」をいいます。

　このまま何の検討もなく出図すれば、切削加工の現場では作業性が悪く、軸の加工中から破損や変形の原因となります。いわゆる、加工現場泣かせの図面となるでしょう。また、この図面で無理やりに量産化すれば、断面急変部にクラック（割れたヒビ）が入り、部品が破損する場合もあります。

【回避するための具体的な対策】
　「断面急変部」を探索した後は、それを回避します。つまり、C面、R部、スロープ、テーパなどの「道具」を使って、急変部をなだらかな面に変更すればいいのです。
数学的な用語で言えば、「不連続面を連続面に変える」と表現できます。

見積り力　**軸設計の断面急変部の回避策は、「C」と「R」と「テーパ」である。**

3-3-4. 型開閉の故障モードとその影響

図表3-3-5に示す最後のキーワードは「型開閉」です。

左右、もしくは、上下に分かれる二つの型があるからこそ、そこには特有の課題が埋もれています。

ヘッダー加工による部品には段付きが多く、その一般例は「2段」です。項目3-1-7では、『ただし、5段が限度です。限度とは可能と判断しがちですが、困難を意味します。これを実務知識といいます。』と記述しましたが、段を重ねる毎に精度も低下するのが一般的です。

工程	加工	故障モード	故障の影響	図
型開閉	段付き加工	・開閉不良 ・位置不良	・精度不良	⑥

L_1とL_2とL_3は精度が出にくい寸法:⑥

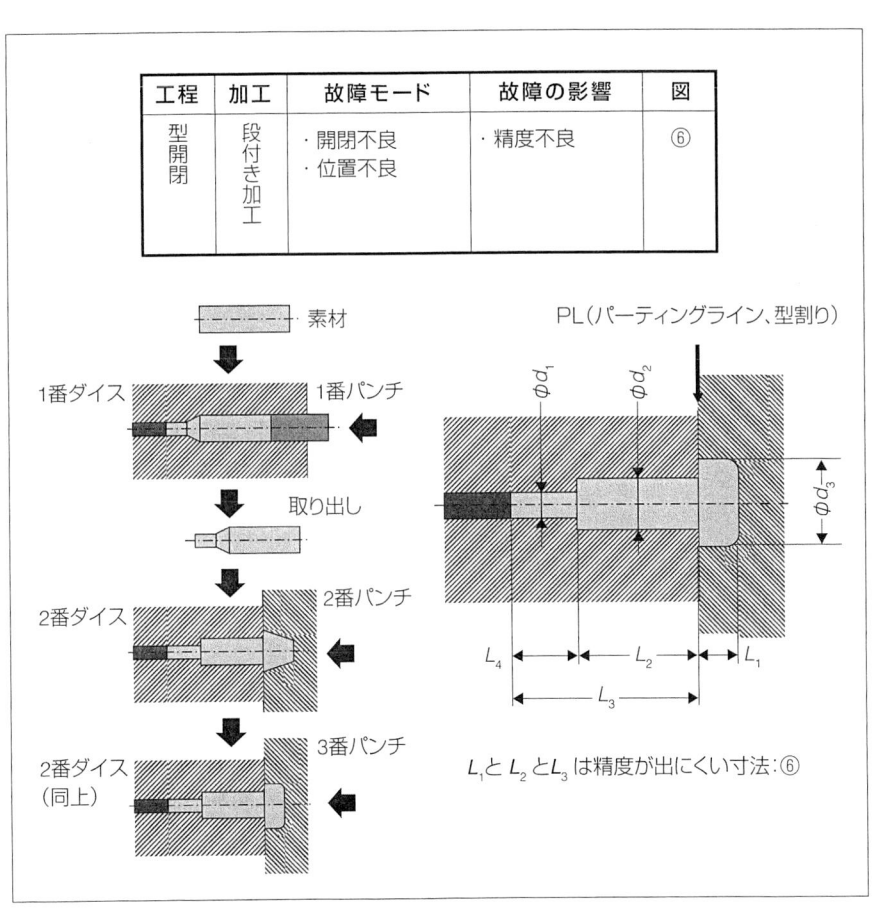

図表3-3-5 型開閉の故障モードとその影響

「左右、もしくは、上下に分かれる二つの型があるからこそ、そこに課題が埋もれています。」と前述しましたが、それを解説しましょう。

樹脂部品の射出成形は、「パーティングラインを基準とする加圧方向の寸法精度が出にくい」といわれていますが、ヘッダー加工も同じです。

図表3-3-5におけるPL（パーティングライン、型割り）を基準にした寸法L_1、L_2、L_3は、寸法精度が出にくい箇所です。パーティングラインは、0（ゼロ）にしたいのですが、面当てという型の構造上、どうしても隙間をもってしまいます。また、ヘッダー加工のときの「加圧」によっても型が開く傾向があり、ますます、0（ゼロ）にはできないのです。

図表3-3-6に「寸法精度の出やすい箇所」と「寸法精度の出にくい箇所」をまとめておきました。

部品の寸法精度		
寸法	一つの型の中で決定する寸法 （寸法精度が出やすい）	二つの型で公差が累積する寸法 （寸法精度が出にくい）
L_1		●
L_2		●
L_3		●
L_4	●	
ϕd_1	●	
ϕd_2	●	
ϕd_3	●	

図表3-3-6　寸法精度が出やすい箇所と出にくい箇所の分類

この特性を知っている設計者と知らない設計者は、製造上、そして、コスト上にも大きな差が出てきます。つまり、L_1、L_2、L_3の寸法精度を他の部分と同じ精度で設計するとコスト高になります。「型費はここで決まる」と言っても過言ではありません。

「コスト上に大きな差」とはヘッダー加工部品、型費、検査費、損失費などでコスト高となる要素が一つでもあると、「お客様は次工程」の中で雪ダルマ式にコスト高になっていくことを意味します。

では、その対策を説明しましょう。実は簡単です。

前もって加工側の企業を決定しなくてはなりませんが、決定済みという前提ならば、ある程度、部品形状が決まったら型屋、つまり、「お客様は次工程」のお客様との打ち合わせをすればよいのです。「ある程度、形状が決まったら」とは、ラフなスケッチ、デッサンで十分です。

見積り力 一つのコスト高の要素が次工程の中で雪ダルマ式に上昇する。

見積り力 ヘッダー加工の精度は、パーティングラインの位置で決まる。

もしかして**よ**ぉ……
メカ屋という奴らは、どうも、おいら大工とおんなシじゃ**ね**ぇかい？

職人**っ**てぇのはなぁ……理屈じゃ**ね**ぇっての！
わかんなきゃ、人様に聞**け**ってぇの！

厳さん、わかりました。
どんどん、外へ出ていきます！

第3章 ヘッダー／転造の加工知識と設計見積り

3-4 ▶▶▶ ヘッダー加工の形状ルール

　ヘッダー加工に関する「故障モード」とその「故障の影響」の対策として、項目3-3-2では、『これらの設計的対策ですが、ヘッダー加工も樹脂加工も同じです。それは、「断面急変部の回避」と「ルールを守ること」です。』と記述しました。そして、前項では、「断面急変部の回避」の対策を解説しました。

　さて、次の対策手段は、後者の「ルールを守ること」です。一体、どのようなルールのことでしょうか？

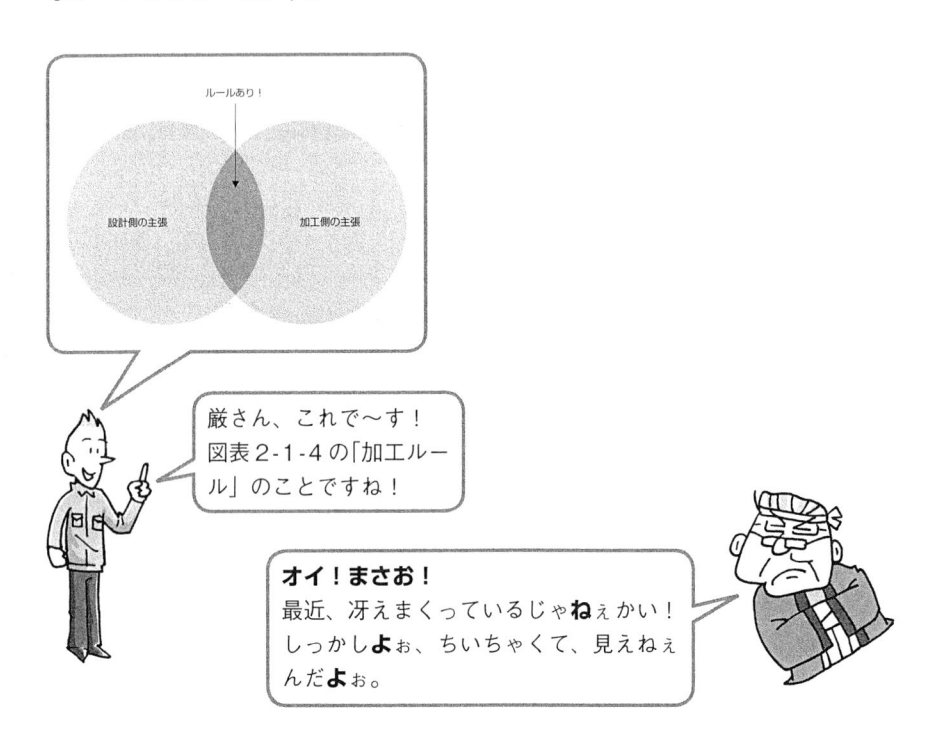

> 厳さん、これで～す！
> 図表2-1-4の「加工ルール」のことですね！

（図：ルールあり！／設計側の主張／加工側の主張）

> **オイ！まさお！**
> 最近、冴えまくっているじゃ**ね**ぇかい！
> しっかし**よ**ぉ、ちいちゃくて、見えねぇんだ**よ**ぉ。

　ヘッダー加工は型を用いた成型品ですから、切削よりはるかに低コストです。しかし、その利点を得るためには、書籍「ついてきなぁ！加工知識と設計見積り力で『即戦力』」で解説した板金／樹脂／切削部品と同様に「形状のルール」が存在します。

　次項は、ヘッダー加工の代表的な形状ルールです。ただし、数多く存在するヘッダー加工業者毎にルールが存在しています。詳細は「お客様」と打ち合わせましょう。

3-4-1. ヘッダー加工の単純な形状ルール

　ヘッダー加工には大きく分類して「前方押出し加工」と「据え込み加工（すえこみかこう）」が存在します。前者は、素材を絞って素材よりも径の細い軸を部分的に塑性する加工法であり、後者は、その逆、つまり、素材の径よりも拡大する径を部分的に塑性する加工法です。

　まずは、「前方押出し加工」の形状ルールを**図表3-4-1**に示します。

形状ルール

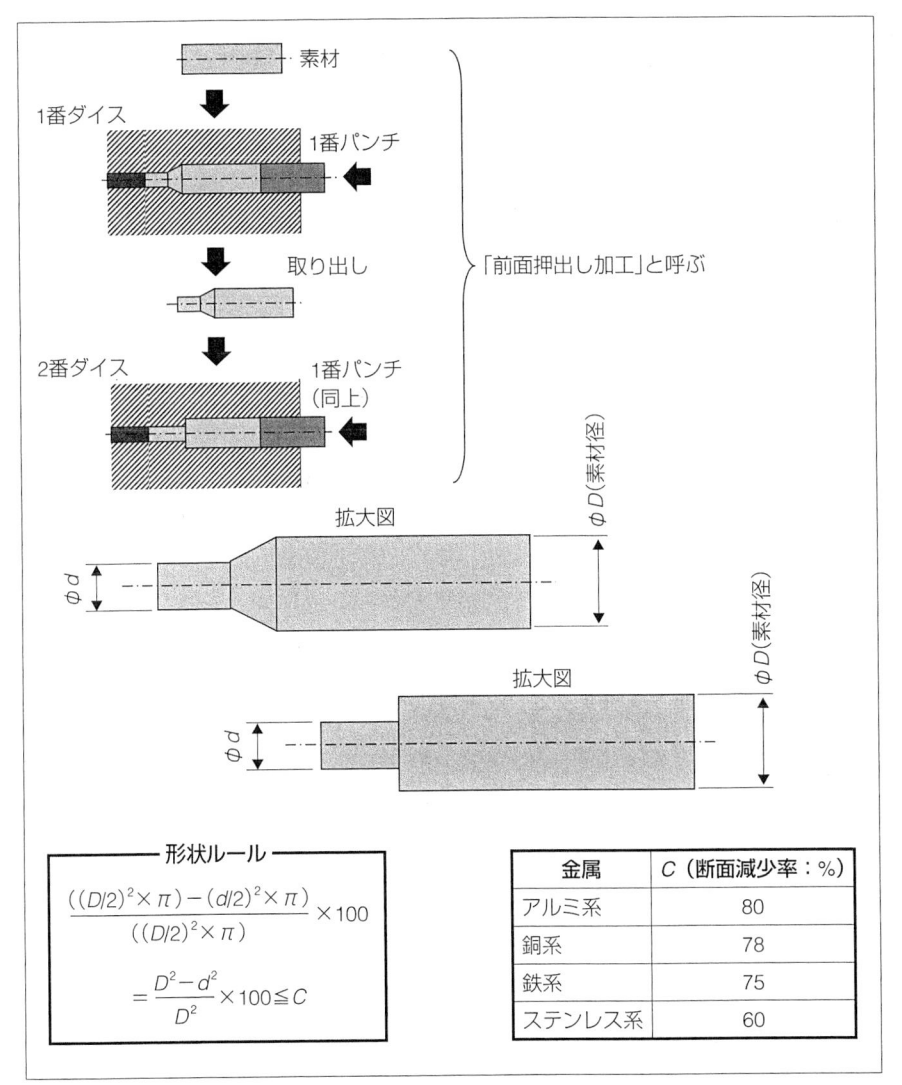

$$\frac{((D/2)^2 \times \pi) - (d/2)^2 \times \pi)}{((D/2)^2 \times \pi)} \times 100$$

$$= \frac{D^2 - d^2}{D^2} \times 100 \leqq C$$

金属	C（断面減少率：%）
アルミ系	80
銅系	78
鉄系	75
ステンレス系	60

図表3-4-1　前方押出し加工における形状ルール
（注意：すべての値は参考値です。各企業においては確認が必要です。）

断面減少率Cは、大雑把な材料別の値を図中に掲載しました。設計目安としての活用をお願いします。
　一方、**図表3-4-2**は、その実施例です。設計の目安としての利用に注目してください。

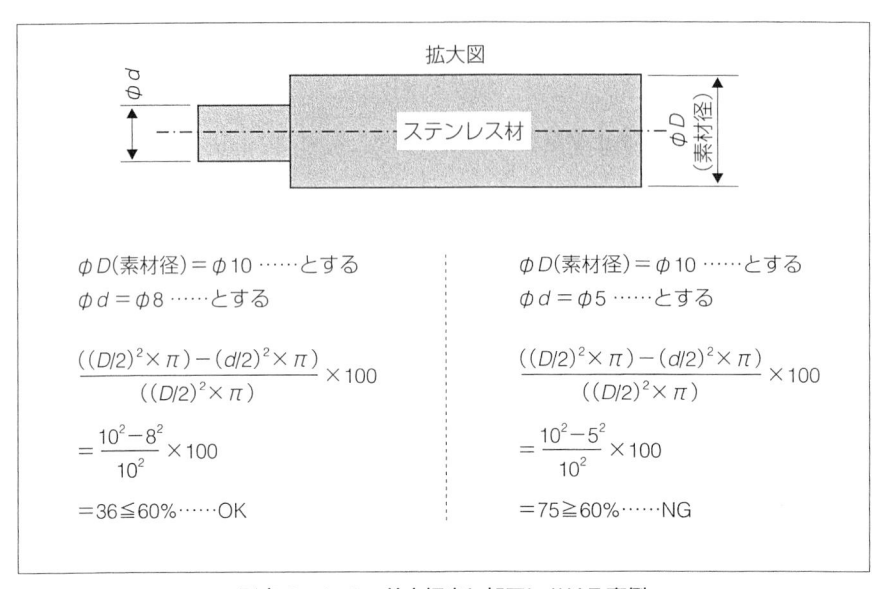

拡大図

ステンレス材

ϕD（素材径）

ϕD（素材径）＝$\phi 10$ ……とする
$\phi d = \phi 8$ ……とする

$$\frac{((D/2)^2 \times \pi) - ((d/2)^2 \times \pi)}{((D/2)^2 \times \pi)} \times 100$$

$$= \frac{10^2 - 8^2}{10^2} \times 100$$

$=36 \leqq 60\%$ ……OK

ϕD（素材径）＝$\phi 10$ ……とする
$\phi d = \phi 5$ ……とする

$$\frac{((D/2)^2 \times \pi) - ((d/2)^2 \times \pi)}{((D/2)^2 \times \pi)} \times 100$$

$$= \frac{10^2 - 5^2}{10^2} \times 100$$

$=75 \geqq 60\%$ ……NG

図表3-4-2　前方押出し加工における事例

見積り力　ヘッダー加工の形状ルールは、「前方押し出し加工」と「据え込み加工」とに分けて使用する。

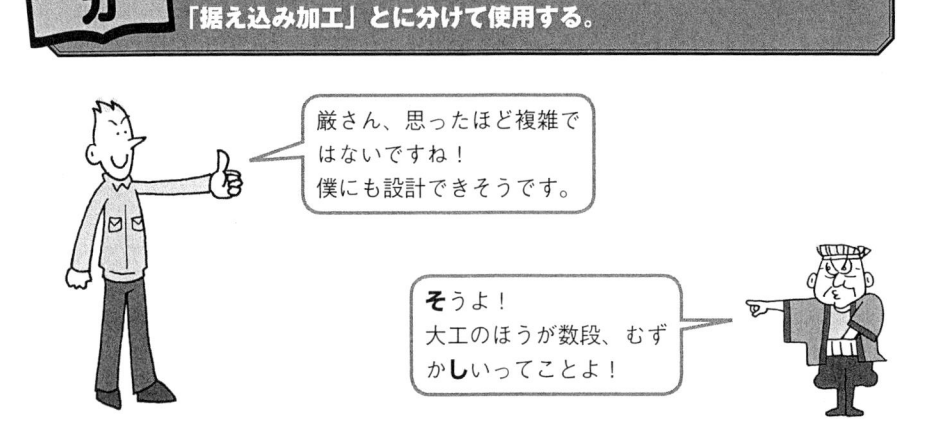

厳さん、思ったほど複雑ではないですね！
僕にも設計できそうです。

そうよ！
大工のほうが数段、むずか**し**いってことよ！

次に、据え込み加工における形状ルールを**図表3-4-3**に示します。ヘッダー加工としては、こちらの加工法が多用されています。なお、設計の目安につき、材料別の規制はありません。

図中の説明：

- 2番ダイス → 2番パンチ
- 2番ダイス（同上） → 3番パンチ
- 「据え込み加工」と呼ぶ
- 取り出し
- ϕd（素材径）
- 拡大図　ϕD、H、頭部

$L=$ 頭部を塑性する体積を満たすための素材（ϕd）の長さ
$d=$ 素材の径
据え込み比＝頭部据え込み比＝ $\dfrac{L}{d}$

$$L = \frac{((D/2)^2 \times \pi) \times H}{((d/2)^2 \times \pi)} = \frac{D^2 \times H}{d^2}$$

左右項をdで割ると …… $\dfrac{L}{d} = \dfrac{D^2 \times H}{d^3}$

―― 形状ルール ――
$2 < \dfrac{L}{d} \leq 3.5$ ……①

―― 形状ルール ――
$\dfrac{L}{d} \leq 3.5$ ……②

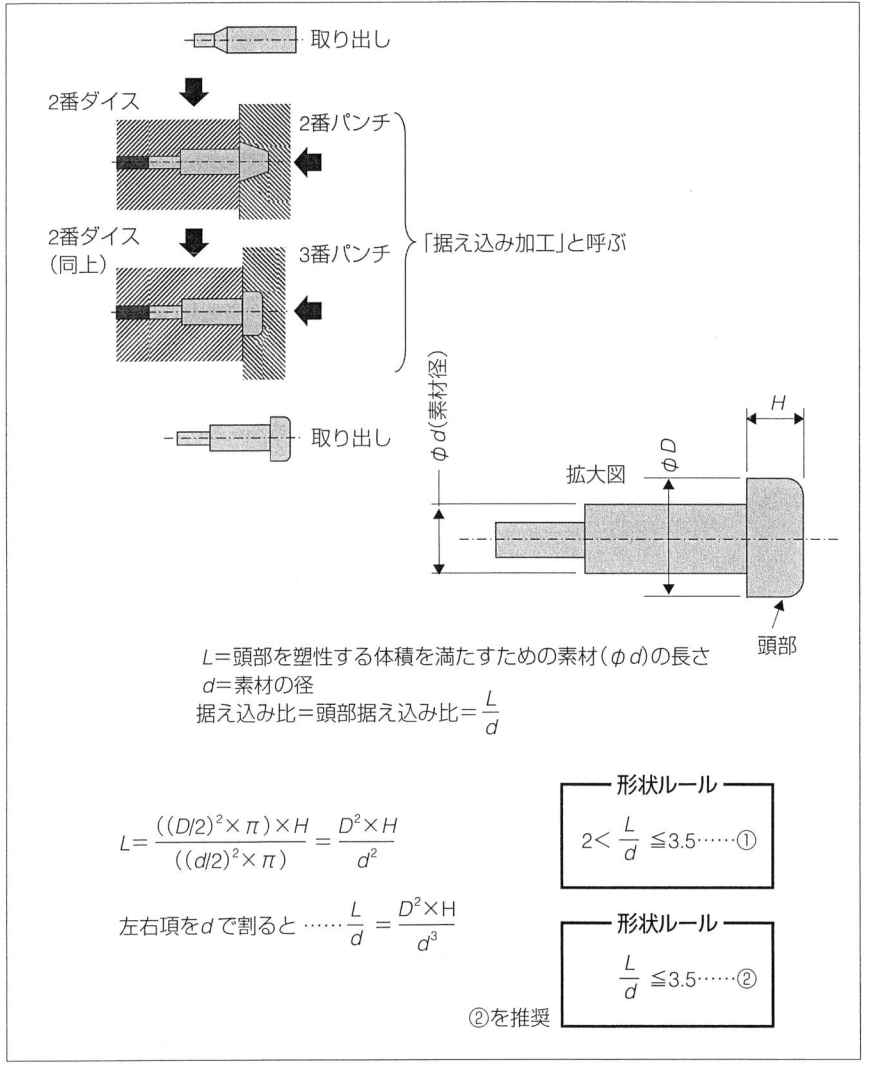

②を推奨

図表3-4-3　据え込み加工における形状ルール
（注意：すべての値は参考値です。各企業においては確認が必要です。）

前方押出し加工のときと同様に、**図表3-4-4**は、その実施例です。設計の目安として利用してください。

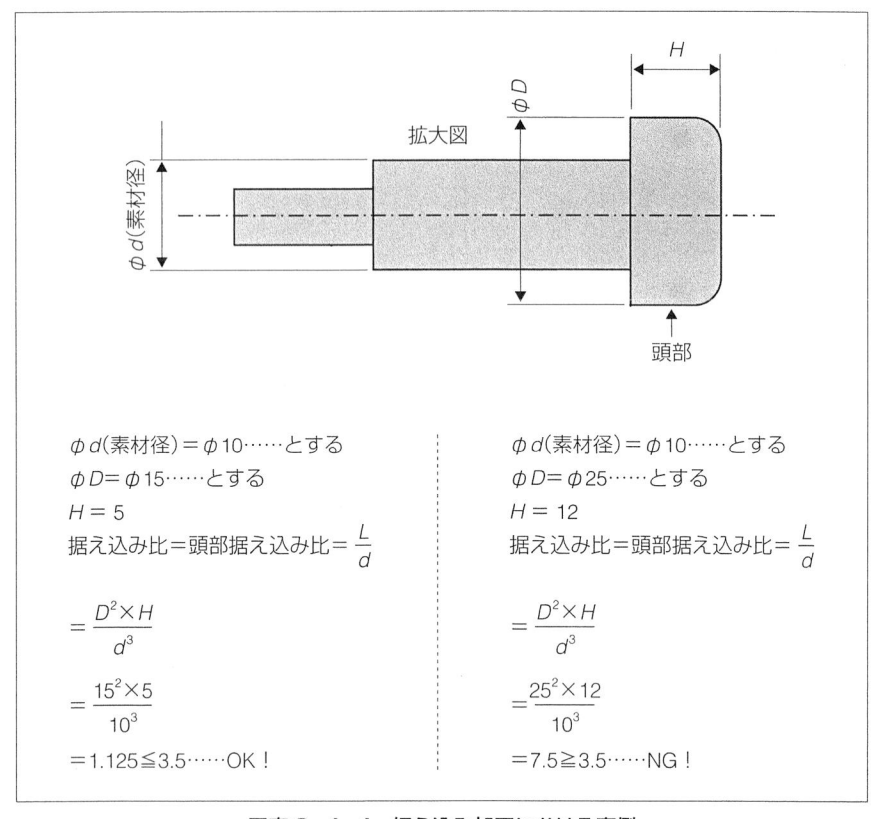

ϕd(素材径)＝$\phi 10$……とする
ϕD＝$\phi 15$……とする
$H = 5$
据え込み比＝頭部据え込み比＝$\dfrac{L}{d}$

$= \dfrac{D^2 \times H}{d^3}$

$= \dfrac{15^2 \times 5}{10^3}$

$= 1.125 \leqq 3.5$……OK！

ϕd(素材径)＝$\phi 10$……とする
ϕD＝$\phi 25$……とする
$H = 12$
据え込み比＝頭部据え込み比＝$\dfrac{L}{d}$

$= \dfrac{D^2 \times H}{d^3}$

$= \dfrac{25^2 \times 12}{10^3}$

$= 7.5 \geqq 3.5$……NG！

図表3-4-4　据え込み加工における事例

3-4-2. ヘッダー加工の複雑な形状ルール

　ヘッダー加工の部品の多くは2段ですが、**図表3-4-5**のような「3段＋転造加工」で製造される部品も決して少なくはありません。前項同様、設計目安としての活用をお願いします。

	一般的なルール（目安）	備考
ϕd_1	2〜10 mm H10級　Ra1.6	H7級も可
ϕd_2	$d_2 \geqq d_1$ H10級　Ra1.6	H7級も可
ϕd_3	$d_3 = d_2 + 2$	—
ϕd_g	$d_g \geqq d_1 - 2 \times t$	—
t	$t \geqq 0.4$	—
L_1	$L_1 \leqq L_2$ で、$L_2 + L_3 + L_4 \leqq 90$ mm を満たす L_1 であればよい。	—
L_2	$d_1/2 + L_1$	—
L_3	2〜4 mm	—
L_4	1〜8 mm	—
テーパ	15°以下	—
段数	2段までが最適	5段が限度

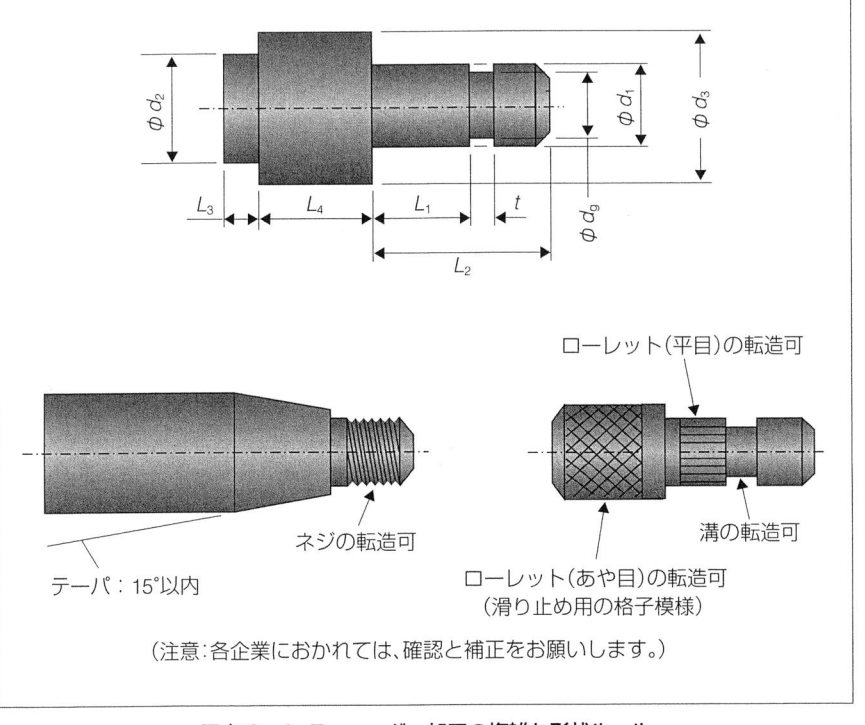

テーパ：15°以内
ネジの転造可
ローレット（平目）の転造可
溝の転造可
ローレット（あや目）の転造可
（滑り止め用の格子模様）

（注意：各企業におかれては、確認と補正をお願いします。）

図表 3-4-5　ヘッダー加工の複雑な形状ルール

図表3-4-5は、代表的なルールですが、ルール外は加工不可能というわけではありません。したがって、図中には「一般的なルール（目安）」と表記しています。皆さんは、「お客様」毎に確認をお願いします。
　それでは早速、図表3-4-5の形状ルールを使ってシャフトを設計してみましょう。

① $\phi d_1 = \phi 10$ …… とします。
② $\phi d_2 = \phi 12$ …… とします。（$\phi d_2 \geqq \phi d_1$）
③ $\phi d_3 = \phi 14$ …… （$\phi d_3 = \phi d_2 + 2$）

④ $\phi d_g = \phi 8^{+0.09}_{0}$ …… とします。（$\phi d_g \geqq \phi d_1 - 2 \times t$）
　　（寸法と公差はE型止め輪に対応）

⑤ $t = 1.05^{+0.1}_{0}$ …… とします。（寸法と公差はE型止め輪に対応）
⑥ $L_1 = 12$ …… とします。
⑦ $L_2 = 17$ …… （$(\phi d_1 / 2) + L_1$）
⑧ $L_3 = 3$ …… とします。
⑨ $L_4 = 6$ …… とします。
　最大長 $= L_2 + L_3 + L_4 = 17 + 3 + 6 = 26$ mm $\leqq 90$ mm

図表3-4-6にその一例を示します。繰り返しますが、図表3-4-5のルールは一例であり、ルール外は加工不可能というわけではありません。ルールといっても法則や公式ではありません。設計の「目安」です。

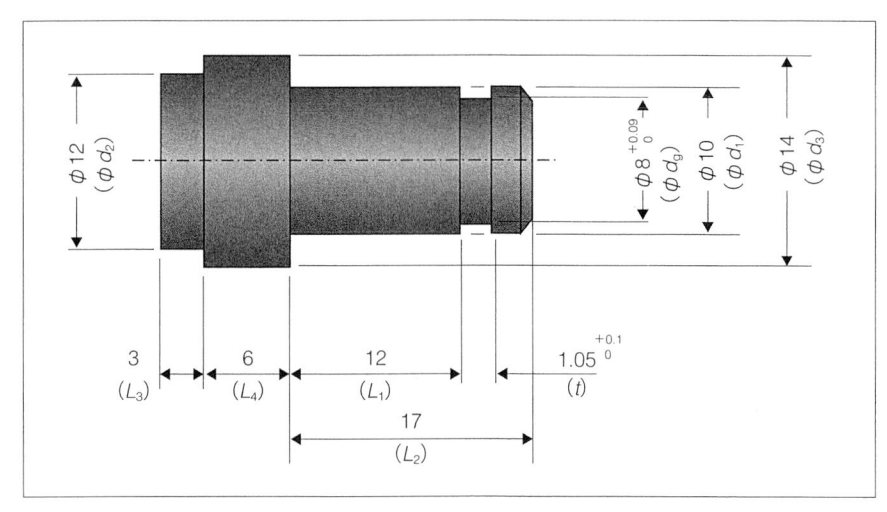

図表3－4－6　ヘッダー加工によるシャフト設計の一例

3-5 ▶▶▶ ヘッダー加工用の材料選択

3-5-1. 最重要ルール（最も怖いのが規格）

図表3-5-1は、規制の著しい切削、およびヘッダー加工材料に関する規格を取り上げました。

設計で最も怖いのが規格です。規格を知らずに設計行為に走ると、すべてが「やり直し」となります。とくに、めっきや添加剤の使用は注意が必要です。

各種条件	国際的／国家的規格	各企業での規格	補足
環境	・RoHS指令	・RoHS対応	・Cdフリー材の使用 ・鉛フリー材の使用規制
	・グリーン購入法	・グリーン調達 ・グリーン購入	・ニッケルめっきに注意（キチンと調査すること） ・クロムフリー材の使用
	・リサイクル法	・リサイクル	・異種金属同士を溶接しない ・異種金属同士をカシメない
安全	・IEC60950 4.6.2項	・各企業の 安全設計ガイド ・セーフティガイド	・防火エンクロージャ構造 ・鋭利部露出禁止 ・地絡防止
保守	―	・各企業の 保守設計ガイド	・鋭利部露出禁止

図表3-5-1 ヘッダー加工用材料の規格（一例）
（注意：すべては参考記載です。各企業においては確認が必要です。）

> **見積り力**　設計実務の中で最も怖いのが規格であり、とくに、材料規格は常に最新の情報入手が必須である。

3-5-2. 材料の大分類

材料選択は設計実務の第一歩です。入手性の良くない材料選択は、設計者としてはあまりにも「無責任」であり、「お客様」泣かせとなります。

したがって、材料選択には技術の「Q（Quality：品質）」、「C（Cost）コスト」、「D（Delivery：期日）」が求められます。

因みに当事務所では、Q（Quality：品質）、C（Cost）コスト、D（Delivery：期日）、Pa（Patent：特許）の「Q、C、D、Pa」を「技術者の四科目」と呼んでいます。

また、Paを除く「QCD」を「技術者の主要三科目」と呼び、クライアント企業における指導要綱にしています。

それでは、**図表3-5-2**でヘッダー加工用材料の概要から把握しましょう。
まず、ヘッダー加工用材料は、「ステンレス系」、「鉄系」、「アルミ系」、「銅系」、そして、最近注目されている「チタン系」の5つに分類できます。

材料記号	材料分類	コスト係数：C（丸棒）	補足
SUSXM-7	ステンレス系	3.89	・SUSXM-7は、ヘッダー加工用の材料であり、本書の推奨材料。 ・耐食性： （優良）SUSXM-7 ＞ SUS304 ＞ SUS303 　　　　　＞ SUS430 ＞ SUS410
SUS303		3.69	
SUS304		3.38	
SUS410		2.20	
SUS416		2.46	
SUS430		2.25	
SWCH	鉄系	0.82	・冷間圧造用炭素鋼 ・BAMやRoHS指令などの環境対応に注意。
SCM435		0.98	・クロムモリブデン鋼
A1050	アルミ系	3.65	・軽量シャフトや、リベットに使われる。
A2011		3.65	
A5052		3.65	
A5056		3.65	
C1100	銅系	6.22	・電気部品に使われる場合が多い。
C2700		6.22	・精密ギアに使われる。
チタン合金	チタン	56.2	・一桁違うコスト係数に注目！

図表3-5-2　ヘッダー加工用材料の大分類
（注意：すべては参考記載です。各企業においては確認が必要です。）

3-5-3. 材料の詳細情報

それでは、詳細な理解に入ります。
ヘッダー加工用材料に関して、まずは、部品点数の分析結果[注]から最も使用されている「ステンレス系」の情報を**図表3-5-3**で見てみましょう。

（注）材料の使用量ではなく、部品の点数（≒図面の枚数）による使用分析のこと。書籍「ついてきなぁ！材料選択の『目利き力』で設計力アップ」（（日刊工業新聞社刊）参照。

SUS*** の場合
【目安】比重：7.9　縦弾性係数：193 kN/mm²、横弾性係数：75 kN/mm²
　　　　線膨張係数：下表、ポアソン比：0.30、熱伝導率：下表

線膨張係数：×10⁻⁶/℃	
SUSXM-7	16.7
SUS303	17.2
SUS304	17.3
SUS410	10.4
SUS416	10.4
SUS430	10.4

熱伝導率：W/(m・K)	
SUSXM-7	17
SUS303	16
SUS304	16
SUS410	30
SUS416	30
SUS430	25

【耐食性】　(←優良) SUSXM-7 ＞ SUS304 ＞ SUS303 ＞ SUS430 ＞ SUS410

					Q	C	D
No	記号	サイズ (mm)【目安】	引張強さ (N/mm²)【目安】	降伏点 (N/mm²)【目安】	特徴	コスト係数	入手性
[1]	SUS XM-7	【丸鋼径】3.0-24	480	175	SUS304をベースにした冷間加工用のオーステナイト系ステンレス鋼。耐食性良好。冷間加工性良好。本書のお勧め材料。	3.89	良好
[2]	SUS 303	【丸鋼径】3.0-17	520	210	オーステナイト系ステンレス鋼。快削ステンレスと呼ばれ、切削性良好。SUS304に硫黄を添加して快削性と耐焼付き防止性を向上。冷間加工よりも切削用としてお勧め。または、「冷間加工後に切削加工を追加」にもお勧め。耐食性はSUS304に劣る。	3.69	良好
[3]	SUS 304	【丸鋼径】3.0-17	520	210	(参考材料) オーステナイト系ステンレス鋼。冷間加工による硬化が著しく、<u>最近はあまり使用されない</u>。ただし、切削用としてはダントツに使用されている。書籍「ついてきなぁ！材料選択の「目利き力」で設計力アップ」を参照。	3.38	良好
[4]	SUS 410	【丸鋼径】3.0-17	440	205	マルテンサイト系ステンレス鋼。耐食性はよくない。冷間加工性は良好。	2.78	良好
[5]	SUS 416	【丸鋼径】3.0-17	540	345	切削性は最良。「冷間加工後に切削加工を追加」にお勧め。	2.21	良好
[6]	SUS 430	【丸鋼径】3.0-17	420	210	フェライト系ステンレス鋼。加工性良好。耐食性はSUS304に劣る。	2.25	良好

図表3-5-3　ステンレス系のヘッダー加工用材料の特性
(注意：すべては参考記載です。各企業においては確認が必要です。)

次は、かねてからの定番である「鉄系」、そして、教科書には必ず掲載される「SWCH材」などのヘッダー加工を**図表3-5-4**で紹介します。とくに、安価な点に注目してください。

SWCHの場合
【目安】比重：7.8　縦弾性係数：200 kN/mm^2、横弾性係数：81 kN/mm^2
　　　　線膨張係数：12 × 10^{-6}/℃、ポアソン比：0.29、熱伝導率：45W/(m・K)

SCM435の場合
【目安】比重：7.9　縦弾性係数：206 kN/mm^2、横弾性係数：82 kN/mm^2
　　　　線膨張係数：11 × 10^{-6}/℃、ポアソン比：0.30、熱伝導率：46W/(m・K)

No	記号	サイズ(mm)【目安】	引張強さ(N/mm^2)【目安】	降伏点(N/mm^2)【目安】	特徴	C コスト係数	D 入手性
[7]	SWCH	【丸鋼径】3.0-24	420	340	【特徴】冷間圧造用炭素鋼、安価、鉄系では代表的な材料、SWCHの中でも多種存在する。SWCHの前段階材料を「SWRCH」というが、材料メーカー以外の技術者には無関係。	0.82	良好
[8]	SCM435	【丸鋼径】3.0-38	930	785	【特徴】クロムモリブデン鋼と呼ばれる。高温環境でも強度低下しない。加工性良好、焼入れ性、溶接性、仕上り面良好、安価。	0.98	良好

図表3-5-4　鉄系のヘッダー加工用材料の特性
（注意：すべては参考記載です。各企業においては確認が必要です。）

> そうか！
> 鉄系の主役は「SWCH」ってやつか！

> そうよ！
> 大工の**命**、釘とねじの材料よ！

次は、「アルミ系」です。図表3-4-1で示した「断面減少率」では、ダントツの「80％」を示していることから、大きな形状変形、大きな塑性変形が可能な材料です。**図表3-5-5**でその材料特性を把握しましょう。

A****の場合
【目安】比重：2.7　縦弾性係数：70 kN/mm²、横弾性係数：25 kN/mm²、線膨張係数：24 × 10⁻⁶/℃
　　　　ポアソン比：0.33、熱伝導率：下表、導電率：下表

熱伝導率：W/(m・K)	
A1050	220
A2011	150
A5052	135
A5056	120

導電率：IACS%	
A1050	61
A2011	39
A5052	35
A5056	29

			Q			C	D
No	記号	サイズ (mm)【目安】	引張強さ (N/mm²)【目安】	疲れ強さ (N/mm²)【目安】	特徴	コスト係数	入手性
[9]	A1050	【丸材径】3-160	100	40	【特徴】低強度、溶接性良好、深絞り性良好、加工性良好、耐食性あり。	3.65	良好
[10]	A2011	【丸材径】3.0-200	380	125	【特徴】快削アルミと呼ばれ、アルミの中でもとくに、切削性良好。ヘッダー加工後の二次加工用としても最適。	3.65	良好
[11]	A5052	【丸材径】3.0-200	255	120	【特徴】耐海水性、耐食性、加工性良好。中強度。	3.65	良好
[12]	A5056	【丸材径】3.0-200	290	140	【特徴】同上	3.65	良好

図表3-5-5　アルミ系のヘッダー加工用材料の特性
（注意：すべては参考記載です。各企業においては確認が必要です。）

　最後は、銅系材料と近年注目されている「チタン合金」です。
　ところで、以上の特性は、材料の研究者や材料専門の技術者が使う「物性値」ではありません。もし、物性値を各図表に記入するならば、ほとんどの項目が「空欄」になります。そして、前者の彼らにその理由を求めると、「その材料の物性値は、存在しない」と回答します。

　たとえば、「横弾性係数」や「降伏点」、「疲れ強さ」、「0.2％耐力」となると、ほとんどが空欄となります。

　さらに、「技術者の主要三科目」であるQCDに関しては、たとえば、教科書や各種専門書、セミナーテキストにおいて材料特性の「C」の情報は皆無です。「この材料は高い、安い」という表現です。ある人にとって10円でも「高い」場合もあれば、1億円でも「安い」と表現する場合もあります。

「技術者の主要三科目」の内、重要な「C」の情報が概念だけの表現になっているのです。これでは、筆者のような職人は仕事ができません。「空欄」では、設計審査において、承認と却下の判断ができません。したがって、本書の材料特性は、「物性値」ではなく、当事務所のクライアント企業の協力を得て入手した「設計値」が記載されています。

また、各特性項目は、CAE（Computor Adid Design、コンピュータを用いた設計支援）解析に必要最低限の技術情報です。それを材料の「目利き力」と呼びます。

C**** の場合
【目安】比重：8.4　縦弾性係数：110 kN/mm²、横弾性係数：41 kN/mm²、線膨張係数：17×10⁻⁶/℃
　　　　ポアソン比：0.35　熱伝導率：下表、導電率：下表

チタン合金の場合
【目安】比重：4.5　縦弾性係数：113 kN/mm²、横弾性係数：44 kN/mm²、線膨張係数：8.4×10⁻⁶/℃　ポアソン比：0.32　熱伝導率：下表、導電率：下表

熱伝導率：W/(m・K)	
C1100	390
C2700	117
チタン合金	21

導電率：IACS%	
C1100	97
C2700	27
チタン合金	3.1

			Q			C	D
No	記号	サイズ(mm)【目安】	引張強さ(N/mm²)【目安】	0.2%耐力(N/mm²)【目安】	特徴	コスト係数	入手性
[13]	C1100	【丸材径】3.0-160	245	70	【特徴】伝熱性、展延性、絞り加工性良好　導電性良好で、電気部品の用途が多い。耐食性にも優れるため、生地使用可。ニッケルめっきも良好。	622	良好
[14]	C2700	【丸材径】3.0-200	295	250	【特徴】展延性、絞り加工性良好。耐食性にも優れるため、生地使用可。ニッケルめっきも良好。	622	良好
[15]	チタン合金	【丸材径】3.0-160	900	825	【特徴】チタンといっても各種存在する。理想金属と呼ばれる。軽量、高強度、非磁性、耐食性、耐熱性、耐寒性、耐疲労性、耐摩耗性良し。超精密機器の部品に最適。金属アレルギーを起こしにくいため、医療材料、装身具等への需要あり。	56.2(高い)	要注意

図表3-5-6　銅系およびチタン合金のヘッダー加工用材料の特性
（注意：すべては参考記載です。各企業においては確認が必要です。）

ちょいと茶でも……

機械材料の「目利き力」

プロの代表格である技術の職人には、どのような種類の材料でも限られた予算の中で、より良いものを選ぶ「目利き力」が必要です。

これが、プロの技術の職人としての原点です。

そして、……

目利きが難しい材料の代表格が切削用材料、板金材料、樹脂材料です。

しかも、商品は3つの材料で90％を占め、「失敗」が許されない、まさしく、「目利き力」が問われています。

さて、その「目利き力」とは、

① 比重（Q）
② 縦弾性係数（Q）
③ 横弾性係数（Q）
④ 線膨張係数（Q）
⑤ ポアソン比（Q）
⑥ 熱伝導率（Q）
⑦ 比電気抵抗と IACS（Q）
⑧ 標準材料サイズ（Q）
⑨ 引張り強さ（Q）
⑩ 降伏点 / 疲れ強さ /0.2％耐力 / ばね限界値（Q）
⑪ 特徴 / 用途（Q、C、D）
⑫ コスト係数（C）
⑬ 入手性（D）

QCDとは……	
Q	Quality：品質
C	Cost：コスト、原価
D	Delivery：期日、納期、入手性

材料の命は、QCD です。

限られた条件の中で、最高の材料を選択するための「目利き力」が上記の13項目です。

出典：ついてきなぁ！材料選択の「目利き力」で設計力アップ：日刊工業新聞社刊

見積り力　技術者の「目利き力」とは、限られた条件の中で、最高の材料を選択するための力量。

3-6 ▶▶▶ 加工限界を知る

3-6-1. ヘッダー加工に関する長さの一般公差

材料に継ぐ次のルールは、加工精度です。

各社様々な「一般公差」を規定していますが、筆者の設計コンサルタントとしての経験からデータ処理をして**図表3-6-1**に統一しました。

図中の「板金」、「樹脂（並級）」、「樹脂（精級）」、「切削」のデータは、書籍「ついてきなぁ！加工知識と設計見積り力で『即戦力』」から転記しました。ヘッダー加工の長さは、安定製造と安定供給面からは、「90 mm以内」が限度です。90 mm以上が製造不可とは言いませんが、安定供給は困難です。

したがって読者の皆様は、この特性図を見ながらなるべく一般公差で部品設計ができるよう、低コスト化設計を施してください。無用な寸法公差はコストアップの元になります。

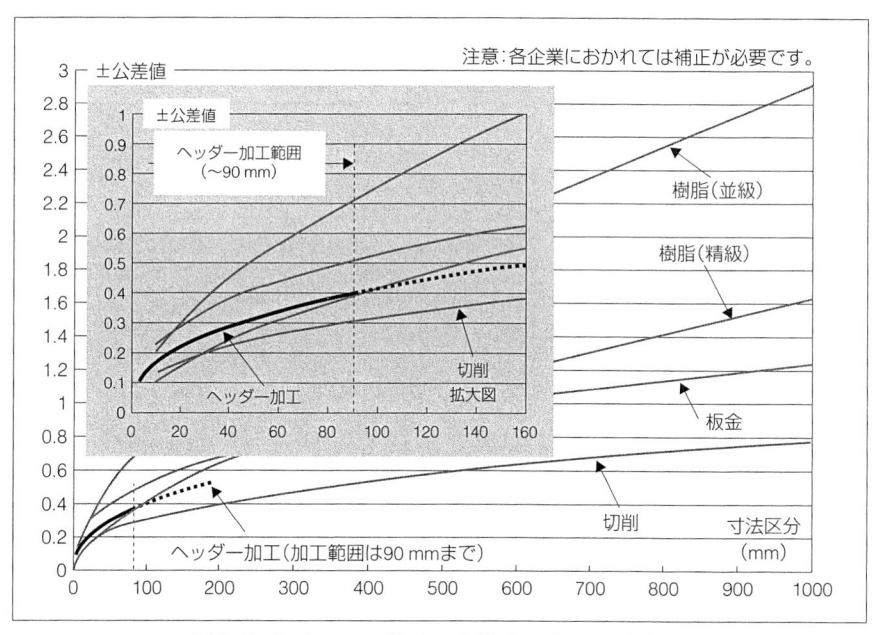

図表3-6-1　ヘッダー加工に関する長さの一般公差
（注意：すべては参考記載です。各企業においては確認が必要です。）

一方、即戦力とは、加工法の違いを単独で学習するのではなく、各種の加工法を「比較しながら、理解する」ことが重要です。図表3-6-1は、ヘッダー加工以外の加工法と比較しながら理解しましょう。

> **見積り力** 低コスト化設計をする場合なら、なるべく「一般公差」で設計する。

> **見積り力** 各種の加工法は、各種の特徴を比較法で理解すること。

3-6-2. ヘッダー加工の平面度と直角度と真直度

図表3-6-2に、ヘッダー加工の平面度と直角度と真直度の一般公差を示します。また、切削部品と比較して理解しましょう。切削のデータは、書籍「ついてきなぁ！加工知識と設計見積り力で『即戦力』」から転記しています。

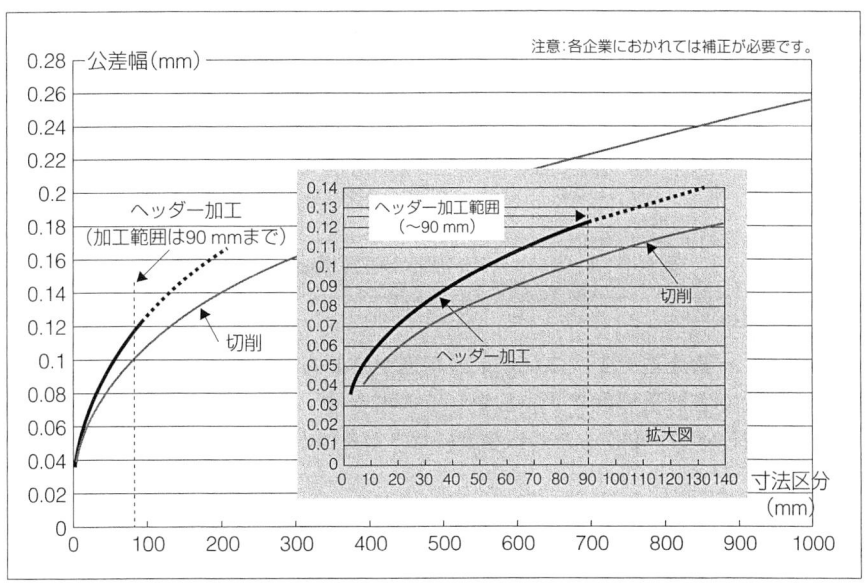

図表3-6-2　ヘッダー加工の平面度と直角度と真直度
（注意：すべては参考記載です。各企業においては確認が必要です。）

3-6-3. 角度の公差

図表3-6-3に、ヘッダー加工の角度に関する一般公差を示します。切削のデータは、書籍「ついてきなぁ！加工知識と設計見積り力で『即戦力』」から転記しています。

寸法区分0～15mmのところで、切削とヘッダー加工の線が交差していますが、これはデータ処理上の現象です。したがって、どちらが上か下か判別しにくく、実際には同等と理解してください。

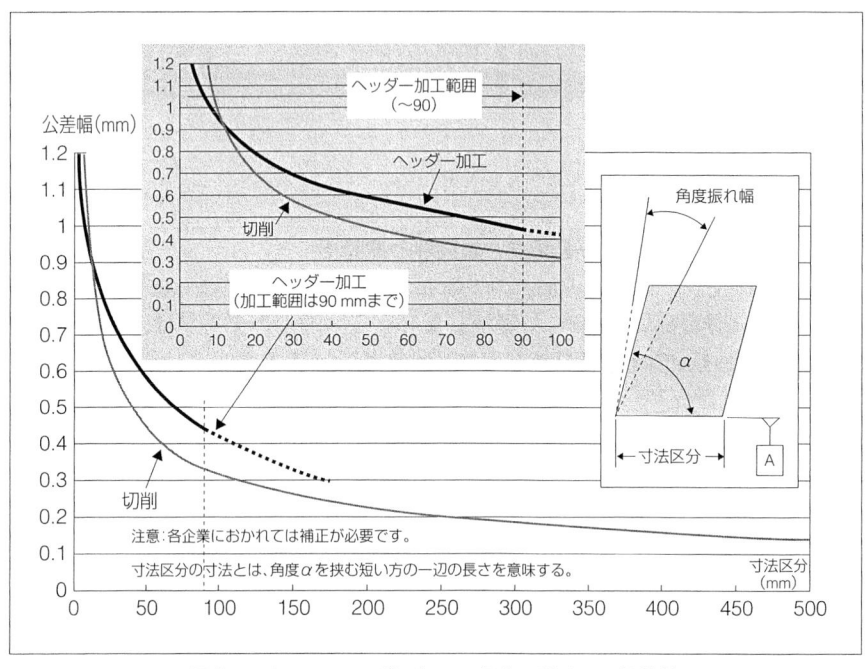

図表3-6-3　ヘッダー加工の角度に関する一般公差
（注意：すべては参考記載です。各企業においては確認が必要です。）

以上は、一般公差です。これ以上の精度が必要な場合、極端に言えばどんな厳しい精度でも製造可能です。しかしその場合は、金型の構造体の中で強制的に寸法の厳しい部分を作るために金型に大きな負担がかかります。

その結果、金型は短寿命となり、ヘッダー加工部品の単価に跳ね返ります。
低コスト化設計のコツは、なるべく一般寸法で設計し、どうしても精度が必要な場合、出図前に「お客様」と相談することが肝要です。

ちょいと茶でも……

ヘッダー加工の一般公差の値を開示できない？

ある情報サイトに、以下の記載がありました。

『軸長の公差は±何 mm で、軸径公差は±何 mm です。というような精度や公差に関する具体的な数値を出すことはできません。

その理由ですが、ヘッダー加工部品の形状や軸径やフランジ部の厚さ等によって寸法公差には違いがあり、その条件があまりにも多種多様すぎるからです。』

確かにそうですが、情報の開示や伝達には二通りの考え方があると思います。
① 数値だけが一人歩きして、誤解を生じる。したがって、データを開示しない方が無難と考える。
② とにかく、即戦力のためには、リスクを承知で知りたい。知らせたい。

①は、やはり、加工側の考えです。本書は、以下のコンセプトを貫いていますので、②の考えをスタンスにしています。

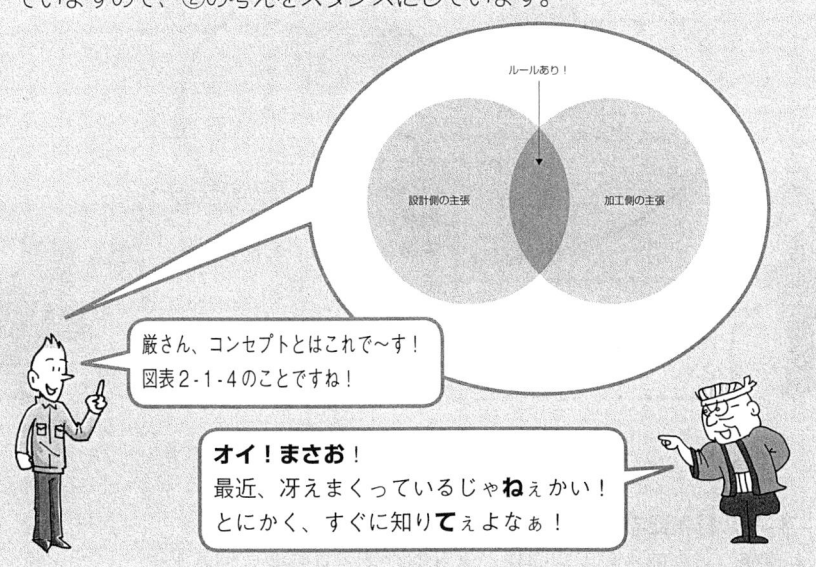

ルールあり！

設計側の主張　　加工側の主張

厳さん、コンセプトとはこれで〜す！
図表 2-1-4 のことですね！

オイ！まさお！
最近、冴えまくっているじゃ**ね**ぇかい！
とにかく、すぐに知り**て**ぇよなぁ！

3-7 ▶▶▶ 部品コストの見積り方法

ここでいうコスト見積りとは、製品の収支を決定づけるコスト見積りや原価管理ではなく、設計者が設計した作品が高いか安いかを計る物差しです。

これを設計プロセス上や、多くの企業では「設計見積り」と呼んでいます。いわゆるコストの目安であり、概算見積りのことです。

その概算見積りですが、**公式3-7-1**で求めます。

> 公式3-7-1 ： 部品費 ＝ 材料費 ＋ 加工費

実際の原価管理では管理費、物流費、損失費、減価償却費など、多くのコスト要因が加味されます。低コスト化を求める設計見積りで、部品コストの高低を把握する物差しなら、部品費＝材料費＋加工費……この式で十分です。

それでは、次項から材料費を求めてみましょう。

ただし、すべての形状における設計見積りではなく、本書のコンセプトに沿って、最も多く存在する図表3-4-5の形状ルールを満たす部品を「標準形状」として設計見積りを解説します。

設計見積りにつき、細かい形状に拘る必要はありません。

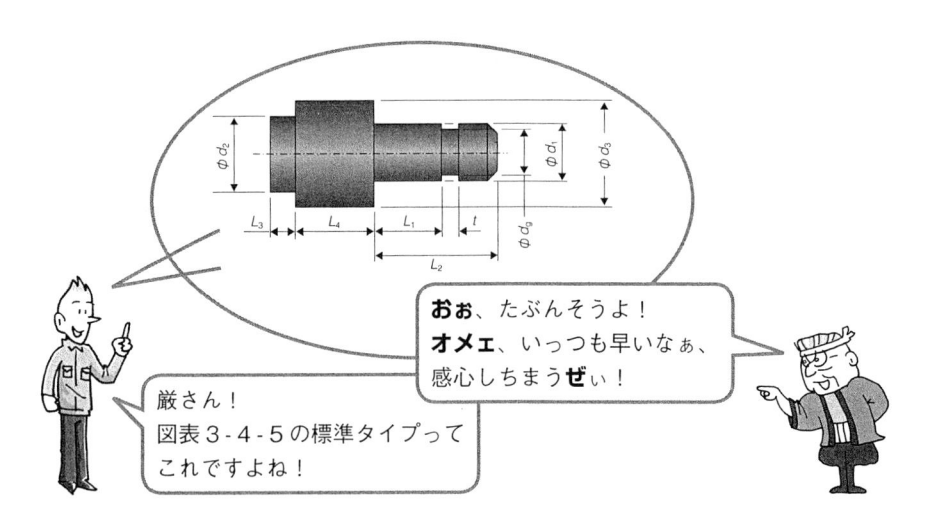

> 厳さん！
> 図表3-4-5の標準タイプってこれですよね！

> **おぉ**、たぶんそうよ！
> **オメェ**、いっつも早いなぁ、感心しちまう**ぜ**ぃ！

3-7-1. 材料費の見積り方法

本項は、板金編や樹脂編同様に素材別による材料費を求めます。

材料の高騰は、鋼材や他の金属から始まります。高くなるのは急激なのですが、世界恐慌などを例に、若干、安くなることはあっても急激に低下することはありません。
　次ページ以降、各種のコスト法則が登場しますが、設計者は各企業での見積り標準書や、加工側からのコスト情報を取り入れ、本項の数値を補正してください。とくに、韓国や中国など海外生産の場合も必須の補正作業です。

　そして、材料費は**公式3-7-2**で求めます。「体積」とは、部品体積です。小学校で学んだ「円柱の体積」と同じです。

公式3-7-2　：　材料費　＝　体積　×　コスト係数（C）×10^{-3}
　　　　　　（単位：指数）　（mm³）　（項目3-5参照）

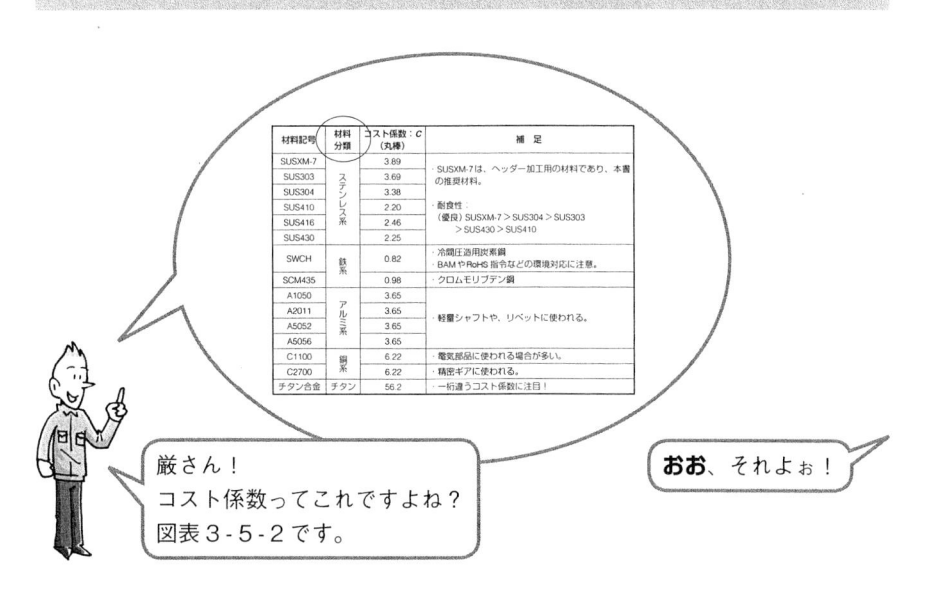

材料記号	材料分類	コスト係数：C（丸棒）	補足
SUSXM-7	ステンレス系	3.89	・SUSXM-7は、ヘッダー加工用の材料であり、本書の推奨材料。 ・耐食性： 　（優良）SUSXM-7 ＞ SUS304 ＞ SUS303 ＞ SUS430 ＞ SUS410
SUS303		3.69	
SUS304		3.38	
SUS410		2.20	
SUS416		2.46	
SUS430		2.25	
SWCH	鉄系	0.82	・冷間圧造用炭素鋼 ・BAMやRoHS指令などの環境対応に注意。
SCM435		0.98	・クロムモリブデン鋼
A1050	アルミ系	3.65	・軽量シャフトや、リベットに使われる。
A2011		3.65	
A5052		3.65	
A5056		3.65	
C1100	銅系	6.22	・電気部品に使われる場合が多い。
C2700		6.22	・精密ギアに使われる。
チタン合金	チタン	56.2	・一桁違うコスト係数に注目！

厳さん！
コスト係数ってこれですよね？
図表3-5-2です。

おお、それよぉ！

　『材料の高騰は、鋼材や他の金属から始まります。高くなるのは急激なのですが、世界恐慌などを例に、若干、安くなることはあっても急激に低下することはありません』と、前述しました。しかし、設計者が常に世界市場を見張っているわけにはいきませんので、項目3-5にヘッダー加工用材料のコスト情報を掲載しました。

　自分が設計した部品がおよそ幾らかを判断するためには、十分なデータです。
　また、単位はノーディメンジョン（無単位）で表示していますが、「円」として把握しても構いません。

3-7-2. ヘッダー加工費の見積り方法

次は、公式3-7-1に示す加工費を求めます。加工費は、後述する量産効果のロット数で大きく左右されます。

一方、書籍「ついてきなぁ！加工知識と設計見積り力で『即戦力』」では、「板金加工の生産性は30～150 spmで、樹脂の3～10 spmの約10倍である。」と説明しました。（spm：ストローク／分の意味）

ヘッダー加工は、なんと「200～300 spm」です。つまり、大量生産向きといえます。

3-7-3. ヘッダー加工のロット倍率（量産効果）を求める

次は量産効果です。量産効果とは良く耳にする単語で、簡単にいえばスーパーなどで、1つのリンゴを買うよりも、1袋5個入りのリンゴの方が単価は安くなるのと同じ考えです。

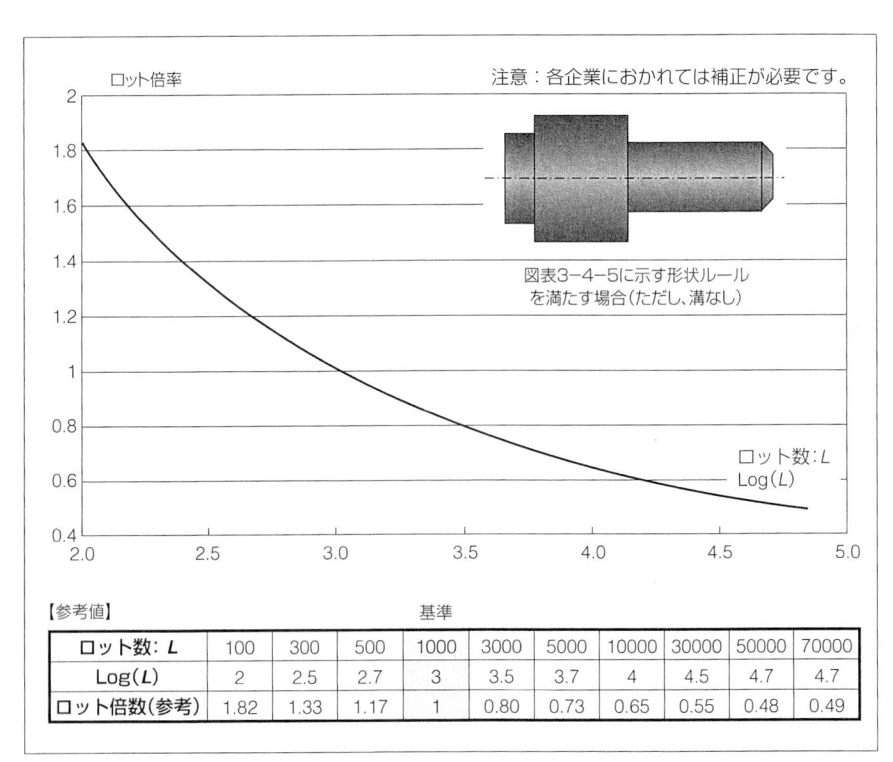

【参考値】				基準						
ロット数：L	100	300	500	1000	3000	5000	10000	30000	50000	70000
Log(L)	2	2.5	2.7	3	3.5	3.7	4	4.5	4.7	4.7
ロット倍数(参考)	1.82	1.33	1.17	1	0.80	0.73	0.65	0.55	0.48	0.49

図表3-7-1 ヘッダー加工の量産効果

さて、その量産効果を**図表3-7-1**で求めます。

まず、ロット数を求めます。ロット数とは例えば、1000個／月という具合に1ヶ月で1000個生産する場合や部品会社に生産を注文するときに、一度の注文で1000個製作という具合です。先ほどの例に戻れば、ロットとは、「一袋5個入り」の「一袋」に相当します。

例えば、ロット10,000個の場合のロット倍率を求めると、$Log10000 = 4$ですからグラフより0.65と読めます。つまり、ロット1000個の加工費を「1」とするとロット10000では約3.5割引の0.65となるのです。

逆に、ロット100個の場合のロット倍率を求めると、$Log100 = 2$ですからグラフより1.82と読めます。つまり、ロット100では約1.8倍の加工費となります。これを「量産効果の天国と地獄」と、当事務所では紹介しています。

3-7-4. ヘッダー加工の基準加工費を求める

次に、基準をロット1000個としたときの「基準加工費」を求めます。**図表3-7-2**の横軸には、体積（mm^3）$\times 10^{-3}$、縦軸にはコスト指数（≒円）で示す基準加工費を示しています。

「体積」とは、部品体積です。小学校で学んだ「円柱の体積」と同じです。

図表3-4-5に示す形状ルールを満たす場合（ただし、溝なし）

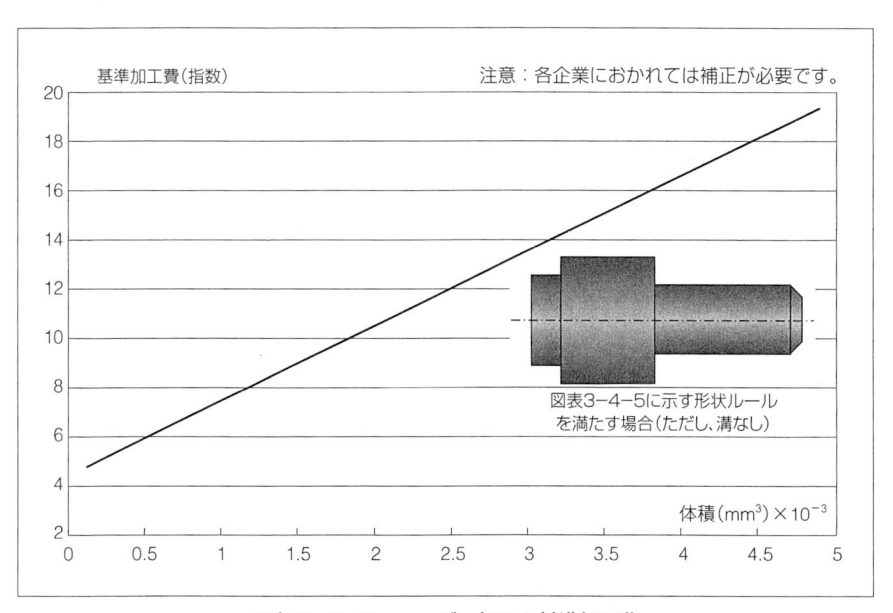

図表3-7-2 ヘッダー加工の基準加工費

図表3-7-1と図表3-7-2、および、**公式3-7-3**を使って加工費が求まります。

公式3-7-3：加工費 ＝ 基準加工費 × ロット倍率
　　　　　　　　　　　（図表3-7-2）　　（図表3-7-1）

3-7-5. ヘッダー加工の型費を求める

型費を算出する場合、経費として計上する費用は輸送費、管理費、減価償却費など大変複雑な費用を加味します。そして、同一の型でも日本国内でも地方によって異なる値になるといわれています。

そこで筆者の経験から**図表3-7-3**のようにデータ解析しました。「ヘッダー加工の型費は一律15万円から20万円」という情報も存在しますが、おそらく図表3-7-3の中央値近傍を取ったと思われます。

繰り返しますが、図表3-7-3の型費は、最も多く存在する図表3-4-5の形状ルールを満たす部品を「標準形状」としての型費であり、「溝」の有無には無関係です。なぜなら、溝は次項で解説する「転造」による加工だからです。なお、

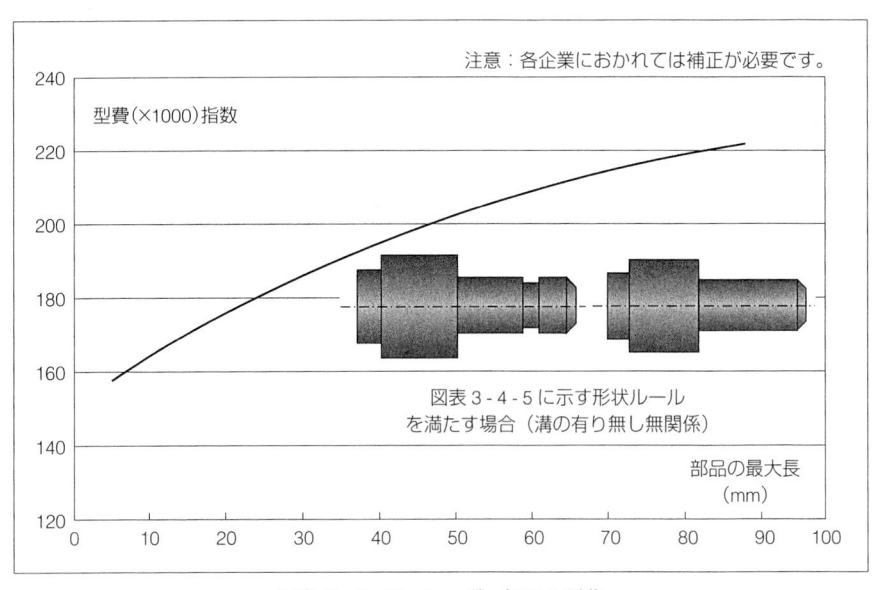

図表3-7-3　ヘッダー加工の型費

単純な「2段形状」なら一律15万円でもよいでしょう。

また、要求納期によっても異なります。短納期ならば、本来の1.5倍から2倍のコストという型屋さんも存在します。短納期をオンリーワンの技術としてセールスポイントしているからです。

例えば、従来の40日かかっていた納期を、なんとたった1週間で仕上げてしまう型屋さんも出現しています。このように説明していくと多忙な設計者に型費は見積れないということになってしまいます。

そこで筆者の経験から図表3-7-3のようにデータ解析しました。

3-7-6. 転造のロット倍率（量産効果）を求める

転造とは、……図表3-2-4を復習しましょう。転造の代表格は何といっても「ねじ」、そして、「平目ローレット」、「あやめローレット」、「溝」でした。

特に、軸系部品では、止め輪用の「溝」は必須の設計要素です。**図表3-7-4**は、転造に関するロット倍率（量産効果）です。

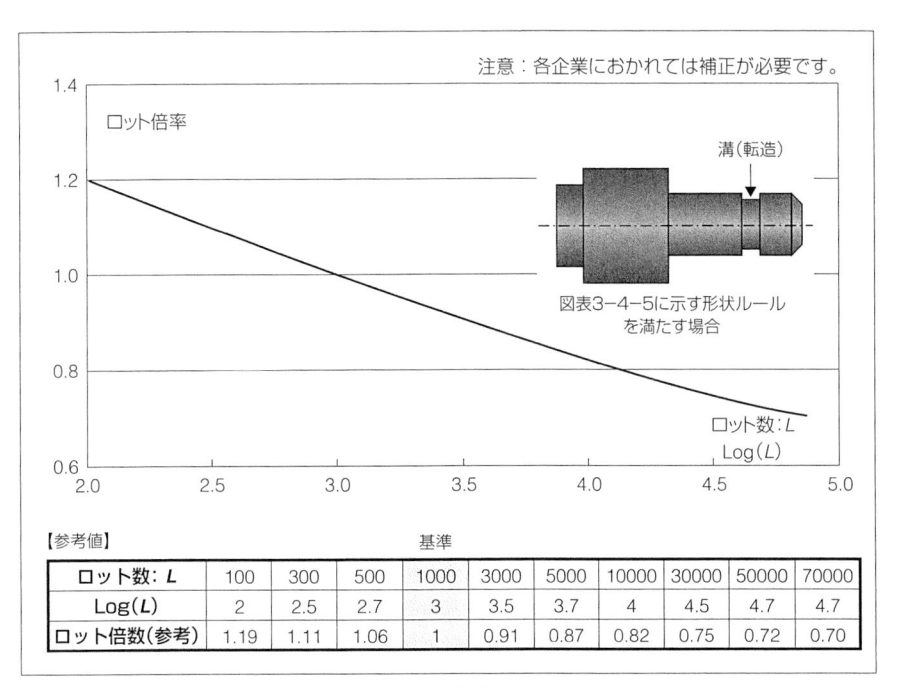

【参考値】

ロット数: L	100	300	500	1000	3000	5000	10000	30000	50000	70000
Log(L)	2	2.5	2.7	3	3.5	3.7	4	4.5	4.7	4.7
ロット倍数(参考)	1.19	1.11	1.06	1	0.91	0.87	0.82	0.75	0.72	0.70

図表3-7-4 転造の量産効果

数々のロット倍率（量産効果）を紹介してきましたが、もっとも緩やかな曲線です。つまり、ヘッダー加工における「転造」の量産効果は薄いといえます。

3-7-7. 転造の基準加工費を求める

次ぎに、基準をロット1000個としたときの「基準加工費」を求めます。**図表3-7-5**の横軸には、体積（mm^3）×10^{-3}、縦軸にはコスト指数（≒円）で示す基準加工費を示しています。

「体積」とは、部品体積です。小学校で学んだ「円柱の体積」と同じです。

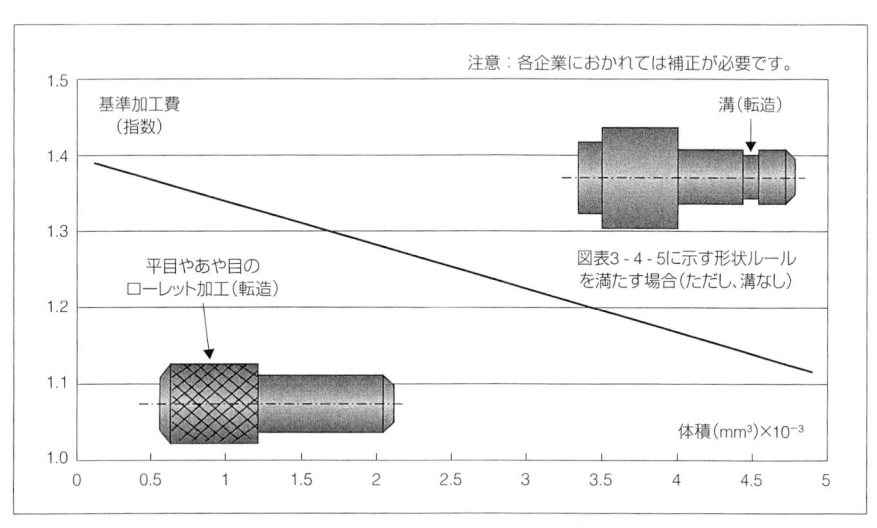

図表3-7-5 転造の基準加工費

図表3-7-5をもう一度みてください。

基準加工費が、体積増加とともに低下しています。不思議です。転造を含むヘッダー加工における体積とは、径方向への増加は、項目3-4-1で掲載した「断面減少率」や「頭部据え込み比」などの制限がありました。

したがって、体積とは長さのことであり、ヘッダー加工の転造は長さとともに基準加工費が低下すると言えます。長い方が転造の作業性、たとえばハンドリング性に勝れているからです。

「体積増加とともに低下」と表現しましたが、一律「1.25（指数）」でも、設計見積りゆえに構いません。

図表3-7-4と図表3-7-5を使ってヘッダー加工における「転造」の加工費が求まります。

なお、転造の「型」は存在していても、「型費」は不要です。なぜなら、転造の代表格である「ねじ」、そして、「平目ローレット」、「あやめローレット」、「溝」は標準形状だからです。新たな形状やユニークな形状の場合は「型起工」および、その型費が必要です。

> 公式3-7-4：加工費 ＝ 基準加工費 × ロット倍率
> 　　　　　　　　　　　（図表3-7-4）　（図表3-7-5）

3-7-8. コスト見積りのまとめ

混乱しないよう、ここで**図表3-7-6**にまとめておきました。

見積り対象	見積りケース	見積り方法
塑性加工	ヘッダー加工	・材料費　＋　加工費 （公式3-7-2）（公式3-7-3）
	ヘッダー加工の型費	・型費：図表3-7-3
	転造加工	・加工費のみ （公式3-7-4）
	転造の型費	・基本的には不要。 ・新規形状の型起工のみ型費が発生する。

図表3-7-6　ヘッダー加工と転造における設計見積りのまとめ

> **オイラ**もだいぶ、分かってき**ぜ**ぃ！
> ヘッダー加工の匠って言われ**ち**まうじゃねぇ**かい**！
> しっかし、イマイチなんだよなぁ？

> それでは厳さん！
> いっしょに次の演習問題で「イマイチ」を克服しましょう！
> 簡単らしいですよ。

第3章　ヘッダー／転造の加工知識と設計見積り

3-8 ▶▶▶ 見積り演習で実力アップ

3-8-1. ヘッダー加工部品の設計見積り演習

【演習 3-8-1】
図表 3-8-1 の部品費と型費を見積る。材質は、図表 3-5-3 に掲載した「SUSXM-7」とする。ロット数は 3,000 本とする。

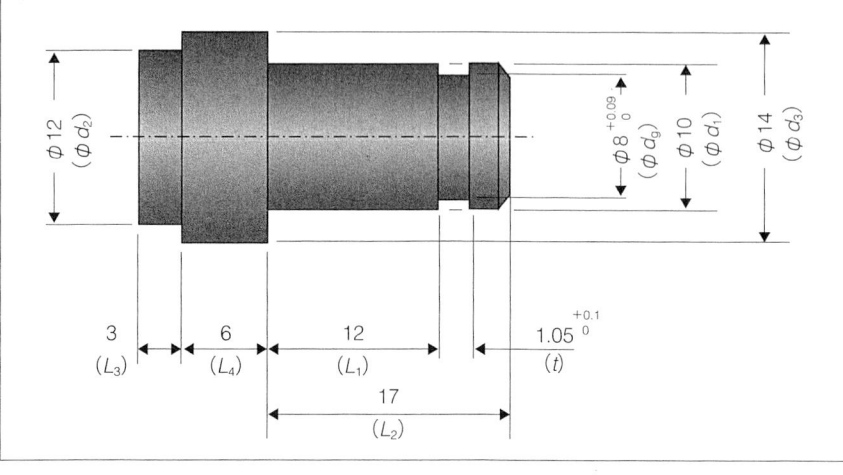

図表 3-8-1 ヘッダー加工部品の見積り演習

【解答 3-8-1】
【Ⅰ. 材料費を求める】
体積 $= (12/2)^2 \times \pi \times 3 + (14/2)^2 \times \pi \times 6 + (10/2)^2 \times \pi \times 12 + (8/2)^2 \times \pi \times 1.05$
  $+ (10/2)^2 \times \pi \times (17 - 12 - 1.05)$
  $= 2568 \text{ mm}^3$ (C面は無視した)

以上より、
図表 3-5-3 のコスト係数と公式 3-7-2 から、
材料費 $= 2568 \times 3.89 \times 10^{-3} = 10.0$ 指数(円) ……となる。

【解答3-8-1の続き】

【Ⅱ.ヘッダー加工費を求める】
　ロット3000本のロット倍率を求める。
　Log（3000）= 3.5であるから、図表3-7-1より、ロット倍率 = 0.80となる。

　ロット1000本を基準にした「基準加工費」を求める。
　　　体積×10^{-3} = 2.6であるから、
　　　図表3-7-2より、12.3と読み取った。

　加工費を求める。
　　　公式3-7-3より、加工費 = 12.3 × 0.80 = 9.8

【Ⅲ.幅1.05溝の転造加工費を求める】
ロット3000本のロット倍率を求める。
Log（3000）= 3.5であるから、図表3-7-4より、ロット倍率 = 0.91となる。

ロット1000本を基準にした「基準加工費」を求める。
　　体積×10^{-3} = 2.6であるから、
　　図表3-7-5より、1.25と読み取った。

加工費を求める。
　　公式3-7-3より、加工費 = 1.25 × 0.91 = 1.1

【Ⅳ.部品費（型費を含まない合計）】
　　部品費（合計）= 10.0+9.8+1.1 = 20.9 指数（円）

【解答3-8-1の続き】

【Ⅱ.型費】
　最後は、型費を求める。
　最大長 = 3+6+17 = 26 mm
　図表3-7-3のグラフより、182×1000 = 182,000指数（円）と読み取れる。

【Ⅲ.まとめ】
　・単品：20.9指数（円）
　・型費：182,000指数（円）

　もし、型費を台数割りにするならば、
　182,000/3,000 = 60.7指数（円）
　単品（型費含む）= 20.9+60.7 = 81.6指数（円）となる。

見積り力　ヘッダー加工は、型費を台数割りして考慮する。

厳さん！
この部品は、切削だといくらでしょうか？
切削は型不要だから、切削の方が安いのでは？

だったら、試算してみろ！
これは教育的指導だ！

3-8-2. 切削部品の設計見積り演習

【演習3-8-2】
前出の図表3-8-1を切削部品として見積る。
材質：SUS304、ロット3000個とする。

切削のため、材質はSUSXM-7から安価なSUS304を選択する。図表3-5-3を参照のこと。

【Ⅰ.材料費を求める】
まず、体積を求める。
体積 ＝ $(16/2)^2 × π × (1+3+6+17+1)$ ＝ 5630 mm^3
素材径はφ16とした。
この外径を切削して、φ14を得る。それと同様に量端を1mmずつ切削するために素材長さは28mmとした。

材料は「SUS304」であるから、
図表3-5-3より、C＝3.38を選択する。
材料費 ＝ $5630 × 3.38 × 10^{-3}$ ＝ 19.0指数（円）

【Ⅱ.加工費を求める】
Ⅱ-Ⅰ.材料取り加工費
断面積 ＝ $(16/2)^2 × π$ ＝ 201　　　$(201)^{1/4}$ ＝ 3.8

> 以降の図表番号は、書籍『ついてきなぁ！加工知識と設計見積り力で『即戦力』』に掲載した図表であり、(S)の記号を付加する。

図表5-6-2 (S) より、基準加工費は約4.8と読み取れる。また、図表5-6-4 (S) より、ロット倍率：Log (3000) ＝ 3.5

したがって、0.68と読み取れる。
材料取り加工費 ＝ 4.8 × 0.68 ＝ 3.3指数（円）

Ⅱ - Ⅱ. 外径加工費

$\phi d \times \pi \times L \times 0.001 = 14 \times \pi \times 26 \times 0.001 = 1.1$
図表 5 - 6 - 5（S）より、約 8.0 と読み取れる。

図表 5 - 6 - 7（S）より、ロット倍率：Log（3000）= 3.5
したがって 0.89 と読み取れる。
外径加工費 = 8.0 × 0.89 = 7.1 指数（円）

Ⅱ - Ⅲ. 溝加工費

溝長さを求める。
ここでは、$\phi 12$ と $\phi 10$ を「溝」と称している。

$\phi 12$ の溝長さ L = 3
$\phi d \times \pi \times L \times 0.001 = 12 \times \pi \times 3 \times 0.001 = 0.1$
図表 5 - 6 - 8（S）より、約 2.5 と読み取れる。（推定できる）
図表 5 - 6 - 7（S）より、ロット倍率：Log（3000）= 3.5
したがって 0.89 と読み取れる。
溝加工費 = 2.5 × 0.89 = 2.2 指数（円）

$\phi 10$ の溝長さ L = 17
$\phi d \times \pi \times L \times 0.001 = 10 \times \pi \times 17 \times 0.001 = 0.5$
図表 5 - 6 - 8（S）より、約 6.0 と読み取れる。
図表 5 - 6 - 7（S）より、ロット倍率：Log（3000）= 3.5
したがって 0.89 と読み取れる。

溝加工費 = 6.0 × 0.89 = 5.3 指数（円）

溝加工法の合計 = 2.2+5.3 = 7.5 指数（円）

Ⅱ-Ⅳ. その他の加工費
図表5-6-10（S）より、
Eリング溝：3指数（円）、C面取り：3指数（円）
図表5-6-11（S）より、ロット倍率：Log（3000）＝3.5
したって0.83と読み取れる。
その他の加工費＝(3×0.83)＋(3×0.83)＝5.0指数（円）

【Ⅲ. 合計】
部品費＝19.0＋3.3＋7.1＋7.5＋5.0＝41.9指数（円）

> あれっ……厳さん！
> 型費を考慮すると、ヘッダー加工の方が高いですよね？
> いくらでしたっけ？

> **オイ、まさお！**
> そんじゃ**よ**ぉ、今からオイラと一緒にロット数を増やしてみようぜぃ！
>
> **ついてきなぁ！**

3-8-3. ヘッダー加工と切削加工のコスト比較

「ヘッダー加工の利点は、低コストであること」という具合にコストが強調されています。その利点を以下にまとめてみました。

① 長年の歴史の中で、切削加工からヘッダー加工へと時代は流れた。
② ヘッダー加工は、複雑な形状も製造することが可能になった。
③ さらに複雑な形状でも、ヘッダー加工から切削加工を実施する「二次加工」を行うことにより、今まで実現できなかった低コストが実現可能となった。

通常、現存する書籍やセミナーテキストは、上記の表現で終了です。

しかし、「ヘッダー加工の利点は、低コストであること」といっても、どのくらい安いのかに触れていません。また、日本人技術者からの質問も皆無です。

一方、韓国や中国などの海外でのコンサルテーションやセミナーでは必ず質問がきます。

「低コスト化とは、どのくらい安くなるのですか？」
「概念的な表現ではなく、金額で教えてください！」

それでは、図表3-8-1のシャフトをヘッダー加工と切削加工による設計見積りを算出しましたので、**図表3-8-2**で比較してみましょう。

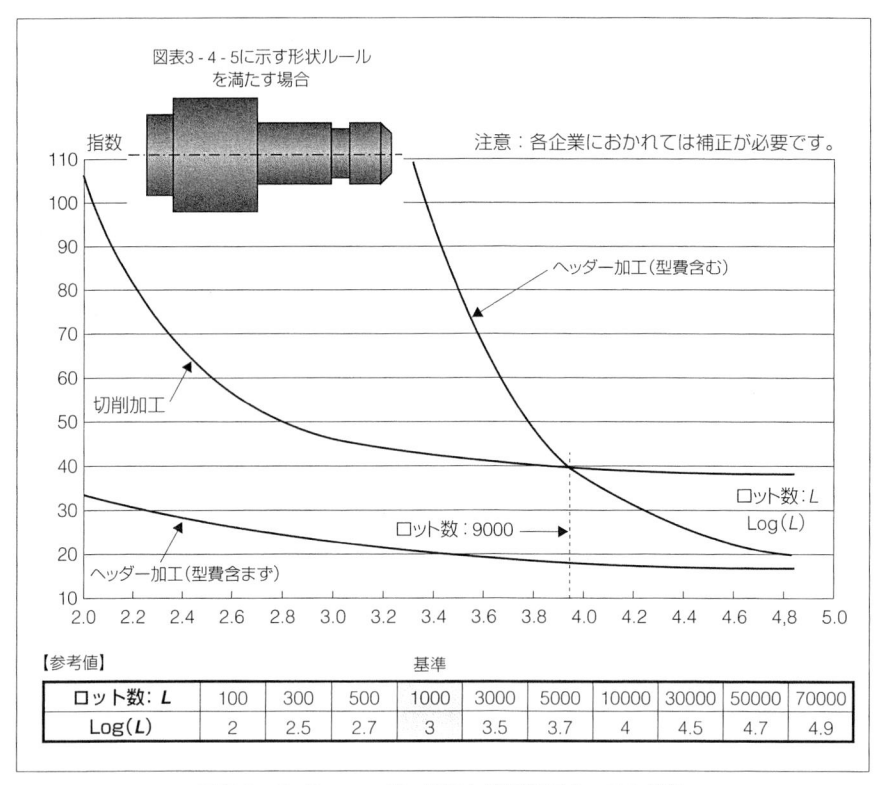

【参考値】					基準					
ロット数：L	100	300	500	1000	3000	5000	10000	30000	50000	70000
Log(L)	2	2.5	2.7	3	3.5	3.7	4	4.5	4.7	4.9

図表3-8-2　ヘッダー加工と切削加工のコスト比較

図表3-8-2はおそらく初めて目にする貴重なデータかと思います。

教科書や専門書によれば、「塑性加工は安い」、「ヘッダー加工は安い」と単純に記述していますが、10円を高いと表現する人もいれば、1億円を安いと感じる人もいます。高い安いの概念だけで若手技術者を育成するのは、技術者としては大きな疑問に思います。図表3-8-2は、ほんの一例ですが、図面を描く前の「設計見積り」よる加工法や材料選択の事前検討が必要です。

　もう少し、図表3-8-2を解説しましょう。

　あくまでも、演習3-8-1の条件下ですが、図表3-8-2の一番下に位置するグラフは、型費を考慮しないヘッダー加工のコストです。ロット数量によらず、切削加工よりも明らかに低コストとなっています。

　しかし、ヘッダー加工の型費考慮すると、この事例の場合は、ロット9000本以上が「ヘッダー加工」有利となります。
　この現象がどの本にも記述されている「ヘッダー加工は大量生産向き」と表現されている部分です。概念の表現ではなく、目で確認できたと思います。

　また、ある企業において、コスト算出、つまり原価計算において、型費を部品に含める企業と、含めない企業が存在します。後者の場合なら、圧倒的に「ヘッダー加工」が有利となると思います。

　「低コストなヘッダー加工」というと、形状のすべてをヘッダーや転造で製造しなくてはならないと思いがちですが、決してそんなことはありません。本項の冒頭③に記した「ヘッダー加工＋切削加工」のように、コストの許す限りヘッダー加工後に通常のフライス加工や旋盤加工を施してもよいのです。

　これを現場では、「二次加工」とか、「後加工（あとかこう）」と呼んでいます。二次加工の部分は、切削ゆえに高精度を満たしてくれます。決して少なくはない加工法のひとつですので、是非、一度は試作品にてトライアルをしてみてください。

見積り力

「ヘッダー加工＋切削加工」のように、コストの許す限り、ヘッダー加工後に通常のフライス加工や旋盤加工を施す手段がある。これを「二次加工」と呼ぶ。

第3章　ヘッダー／転造の加工知識と設計見積り

3-9 ▶▶▶ ヘッダー加工のもうひとつの応用例

3-9-1. プリンタ機構部に見るヘッダー加工部品

項目3-1-4では、「身近に見るヘッダー加工の応用例」として、「穴開けパンチ機」を紹介しました。

さて、もうひとつの例を見てみましょう。

身近な商品とは言いがたいのですが、レーザープリンタの部品です。特に注目したい部分は、「ヘッダー加工＋カシメ」……です。

ヘッダー加工同様の塑性加工の代表格である「カシメ」に注目し、低コスト化のための実務に応用しましょう。

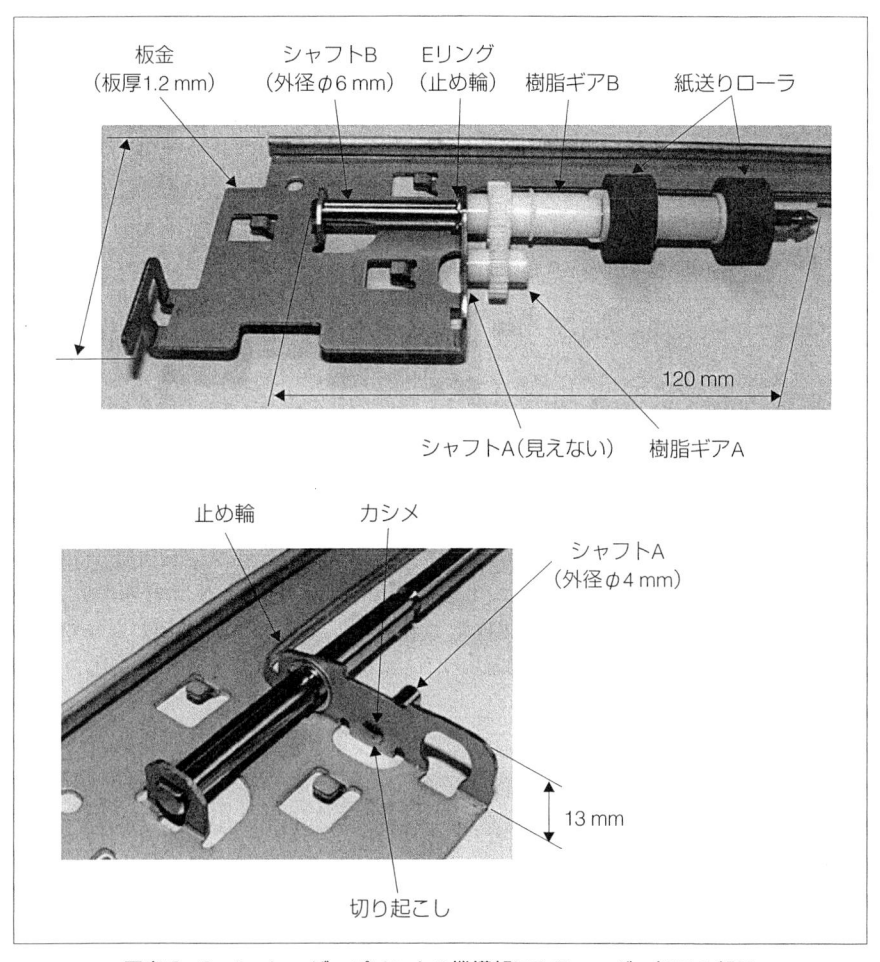

図表3-9-1　レーザープリンタの機構部にみるヘッダー加工の部品

図表3-9-1は、ヘッダー加工を応用したシャフトAです。ただし、シャフトBは120 mmと長すぎるため、旋盤による切削部品となっています。繰り返しますが、穴開けパンチ同様に、120 mm長のシャフトBは、ヘッダー加工が不可能というわけではありません。

　次に**図表3-9-2**は、図表3-9-1の組立て詳細図です。シャフトA、Bの板金への組立てを説明しています。短いシャフトAは、後述する「カシメ」によって板金に締結されています。

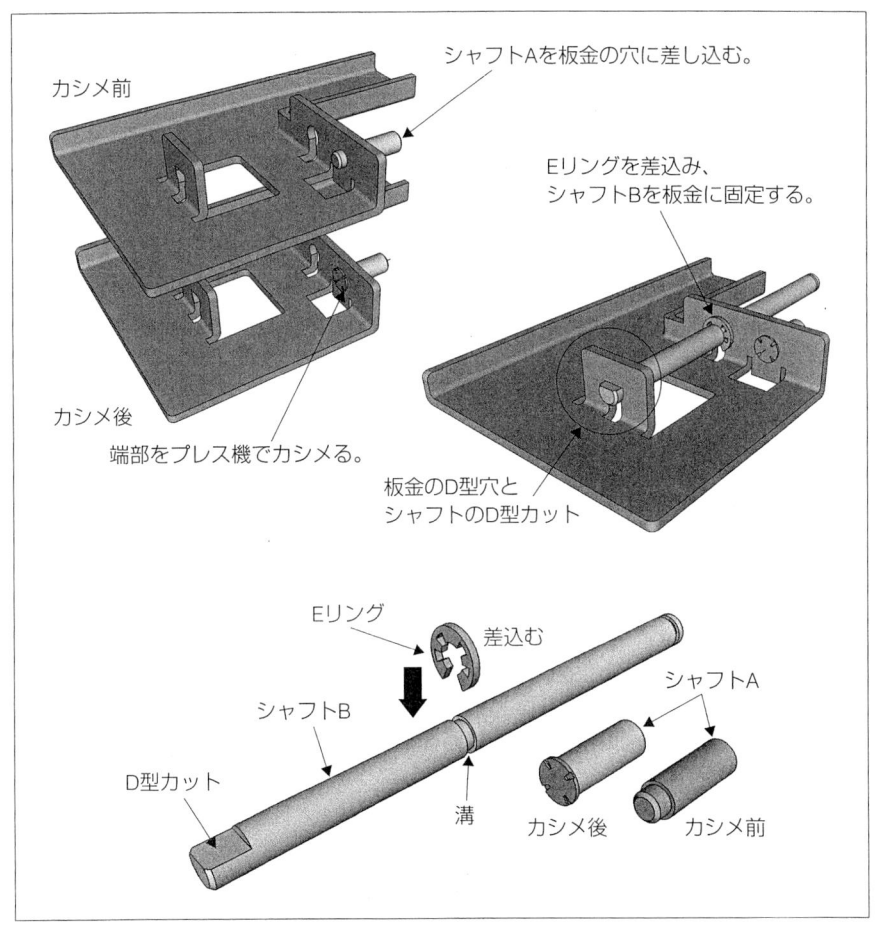

図表3-9-2　シャフトA、Bの板金への組立て

一方、長いシャフトBは、板金に設けたD型穴（通称、D穴）、シャフトBに設けたD型カット（通称、Dカット）、そして、EリングをシャフトBの溝に差し込むだけで固定されます。この容易な組立て性に注目してください。

　そして、図中の「カシメ」という加工法に注目しましょう。スタッドは、板金部品への「カシメ」によって締結させる場合が多々あります。

　ヘッダー⇒スタッド⇒シャフト⇒カシメという具合に連鎖で暗記しましょう。

> **見積り力**　ヘッダー⇒スタッド⇒シャフト⇒カシメという連鎖ワードで暗記しよう。

3-9-2. ねじ不要の賢いカシメと加工ルール

　ところで、シャフトAのカシメには加工側とのルールがあります。**図表3-9-3**がそのルールです。

　これは、鋼板と鉄系シャフトの場合のルールですが、目安としてのデータですので、必ず、「お客様は次工程」の「お客様」と相談して修正の有無を確認してから採用してください。

> **見積り力**　加工ルールは、「お客様」と精査せよ！

　それでは、ここからスタッドの「カシメ」を解説していきます。もちろん、切削による軸系部品にも適用できます。

　さて、カシメとは金属の塑性変形の応用です。加熱しないので、「冷間カシメ」と呼ぶ加工法です。連想法で今すぐに暗記しましょう。

Zzzz……

べらんめぇ！
ぶったるんでいるやつは、カシメてやらぁ！覚悟せい、**まさお**。

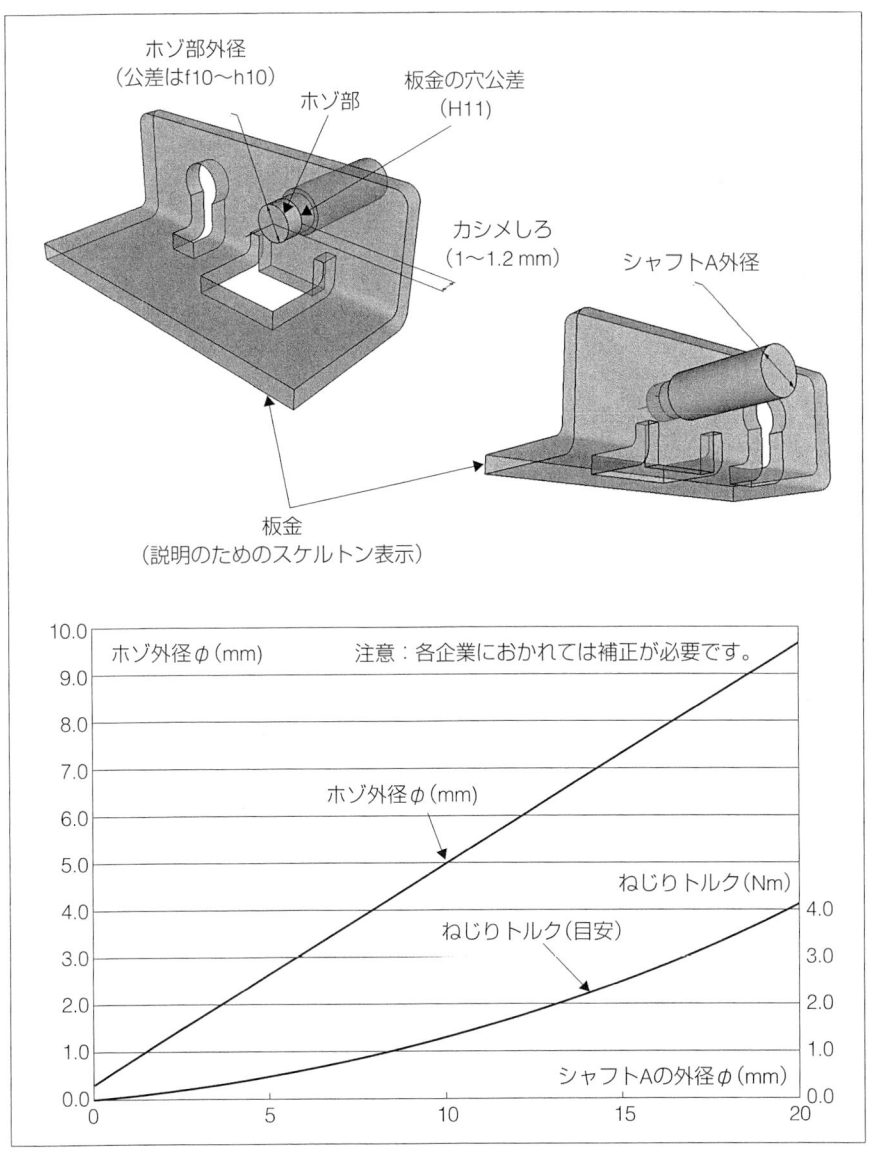

図表3-9-3　カシメとその加工ルール

　ヘッダー加工もカシメ加工も金属の塑性変形を応用した「冷間加工」であることが共通のキーワードです。

3-9-3. カシメのコスト見積り

「カシメはねじ不要の安い締結法です」と、各種専門書やセミナーテキストに書かれていますが、どのくらい安いのかが記載がありません。学者はこれでよいかもしれませんが、筆者のような職人は食べていけません。

それでは、ここからカシメの設計見積りを解説していきます。ヘッダー加工はもちろん、切削による軸系部品にも適用できます

【演習3-9-3】
　図表3-9-4に示すカシメの加工費を見積る。ロット5000個。

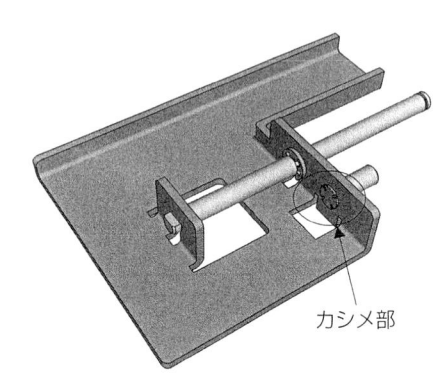

図表3-9-4　カシメの見積り演習

【Ⅰ.基準加工費を求める】
　基準加工費、つまりロット1000個のカシメ加工費は、当事務所のデータ解析より、「4.0指数（円）」である。

【Ⅱ.ロット倍率を求める】
　項目3-8-2の下方で定義した記号（S）を理解する。
　図表5-6-11（S）より、ロット倍率：Log（5000）= 3.7である。したがって、ロット倍率は、0.79と読み取れる。

【Ⅲ.加工費を求める】
　カシメの加工費 = 4.0 × 0.79 = 3.1 指数（円）

カシメによる締結は、ねじによる締結の半額以下と推定できました。

3-10. 目で見る！第3章のまとめ

代表的なスタッドの例
（図表3-1-2）

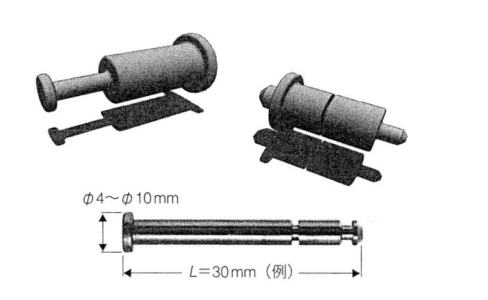

φ4～φ10mm
L=30mm（例）

ねじの転造加工
（図表3-1-6）

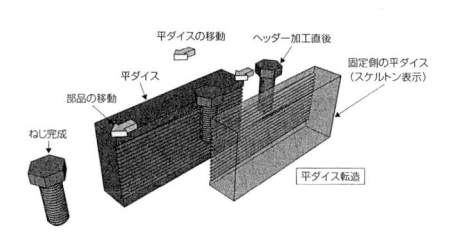

平ダイスの移動
ヘッダー加工直後
平ダイス
固定側の平ダイス（スケルトン表示）
部品の移動
ねじ完成
平ダイス転造

型開閉の
故障モードとその影響
（図表3-3-5）

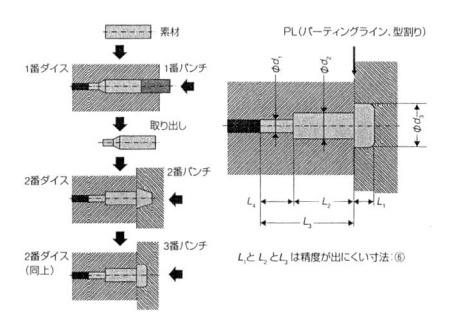

素材
1番ダイス　1番パンチ
取り出し
2番ダイス　2番パンチ
2番ダイス（同上）　3番パンチ

PL（パーティングライン、型割り）
L_1とL_2とL_3は精度が出にくい寸法：⑥

ヘッダー加工用
材料の大分類
（図表3-5-2）

材料記号	材料分類	コスト係数：C（丸棒）	補足
SUSXM-7	ステンレス系	3.89	・SUSXM-7は、ヘッダー加工用の材料であり、本書の推奨材料。 ・耐食性： （優良）SUSXM-7＞SUS304＞SUS303＞SUS430＞SUS410
SUS303		3.69	
SUS304		3.38	
SUS410		2.20	
SUS416		2.46	
SUS430		2.25	
SWCH	鉄系	0.82	・冷間圧造用炭素鋼 ・BAMやRohs指令などの環境対応に注意。
SCM435		0.98	・クロムモリブデン鋼
A1050	アルミ系	3.65	・軽量シャフトや、リベットに使われる。
A2011		3.65	
A5052		3.65	
A5056		3.65	
C1100	銅系	6.22	・電気部品に使われる場合が多い。
C2700		6.22	・精密ギアに使われる。
チタン合金	チタン	56.2	・一桁違うコスト係数に注目！

図表3-10-1　目で見る第3章のまとめ（その1）

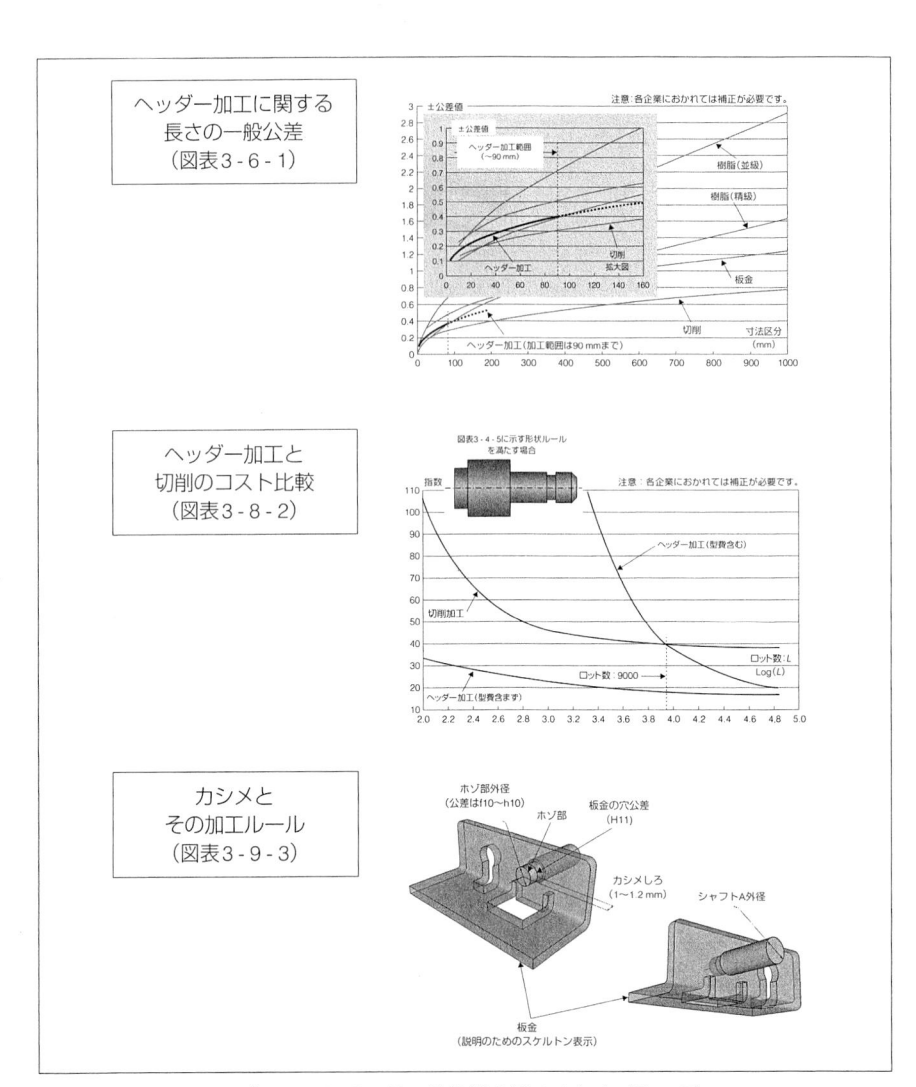

図表 3-10-2　目で見る第3章のまとめ（その2）

儲かる見積り力・チェックポイント

【第3章における儲かる見積り力・チェックポイント】
　第3章における「儲かる見積り力・チェックポイント」を下記にまとめました。理解できたら「レ」点マークを□に記入してください。

〔項目3－1：お客様の道具（加工法）を知る〕
　① 板金加工は2次元から3次元への変身。樹脂加工は、1次元の流体から3次元への変身。切削加工は、3次元から3次元へ。変身なし。だから、最も単純な加工法。　□

　② ヘッダー加工は、切削加工の弱点を補う加工法であり、「低コスト」、「小物部品」、「大量生産」がキーワードである。　□

　③ ストレートではないフランジなどの段があるシャフトを、「段付き」や「段付きシャフト」と呼ぶ。　□

　④ 切削部品の標準化や共通化は、「型品」へ移行することが低コスト化のポイントである。例）切削加工からヘッダー加工へ。　□

〔項目3－3：お客様の得手不得手を知る〕
　① ヘッダー加工部品に二次加工がない場合は、「分散加法」が適用され、二次加工がある場合は、その部分にだけ「P－P法」が適用される。ただし、NC加工機の場合は、全てに「分散加法」が適用される。　□

　② ヘッダー加工の設計ポイントは、たった3つしかない！塑性変形／応力集中／型開閉　□

③ 軸設計は、『断面急変部』を回避するのがコツ！　□

④ 軸設計の断面急変部の回避策は、「C」と「R」と「テーパ」である。□

⑤ 一つのコスト高の要素が次工程の中で雪ダルマ式に上昇する。　□

⑥ ヘッダー加工の精度は、パーティングラインの位置で決まる。　□

〔項目3-4：ヘッダー加工の形状ルール〕
① ヘッダー加工の形状ルールは、「前方押し出し加工」と「据え込み加工」とに分けて使用する。　□

〔項目3-5：ヘッダー加工用の材料〕
① 設計実務の中で最も怖いのが規格であり、特に、材料規格は常に最新の情報入手が必須である。　□

② 技術者の「目利き力」とは、限られた条件の中で、最高の材料を選択するための力量。　□

〔項目3-6：加工限界を知る〕
① 低コスト化設計をする場合なら、なるべく「一般公差」で設計する。□

② 各種の加工法は、各種の特徴を比較法で理解すること。　□

〔項目3－8：見積り演習で実力アップ〕
① ヘッダー加工は、型費を台数割りして考慮する。 □

② 「ヘッダー加工＋切削加工」のように、コストの許す限り、ヘッダー加工後に通常のフライス加工や旋盤加工を施す手段がある。これを「二次加工」と呼ぶ。 □

〔項目3－9：ヘッダー加工のもうひとつの応力例〕
① ヘッダー⇒スタッド⇒シャフト⇒カシメという連鎖ワードで暗記しよう。 □

② 加工ルールは、「お客様」と精査せよ！ □

　チェックポイントで70％以上に「レ」点マークが入りましたら、第4章へ行きましょう。

見積り力

第4章
表面処理／めっきの加工知識と設計見積り

- 4-1 お客様の道具(加工法)を知る
- 4-2 お客様の得手不得手を知る
- 4-3 軸系部品における表面処理の設計見積り
- 4-4 板金部品における表面処理の設計見積り
- 4-5 目で見る!第4章のまとめ
  〈儲かる見積り力・チェックポイント〉

厳さん!

第3章でステンレス系の材料コスト係数が3.89、鉄系が0.82です。

オイ、まさお!
いい質問だぁ。しっかしよぉ、鉄は錆びるから「めっき」が必要じゃねぇかい? あん?

その「めっき」のコストがよぉ、オレサマにもわからねぇってもんよぉ!

【注意】
第4章に記載されるすべての事例は、本書のコンセプトである「若手技術者の育成」のための「フィクション」として理解してください。

第4章 表面処理／めっきの加工知識と設計見積り

4-1 ▶▶▶ お客様の道具（加工法）を知る

4-1-1. 表面処理の種類

　表面処理とは、「塗装」、「めっき」、「研磨」、「アルマイト処理（酸化処理）」、「浸炭焼入れ」、「コーティング」など金属や樹脂やガラスの表面に施す加工技術の総称です。その目的も多様で、「装飾」、「硬化」、「耐磨耗」、「耐候」、「防錆」などです。

　筆者のクライアントの多くは、金属や樹脂の表面に施すあのピカピカ状や金属状の処理を「めっき」、アルミ材専用に施す処理を「表面処理」もしくは、「アルマイト処理」、浸炭焼入れは「焼き入れ」、光学部品は「コーティング」と、便宜上の区別で呼んでいます。これらは、現場用語です。

　さて、表面処理の代表格である「めっき」は、「メッキ」と書く人がいますが、日本語ゆえ、「めっき」が正統派です。筆者は学者ではなく、街の職人なのでどちらでも違和感はありませんが、技術論文なら「めっき」がお勧めです。
　次に**図表4-1-1**を見てみましょう。
　「めっき」は、その加工方法から「湿式めっき」と「乾式めっき」に分類されます。「湿式めっき」がメジャーであり、さらに「電気めっき」、「非電解めっき」、「化学めっき」と分類されます

```
                   ┌─ 電気めっき
         ┌─ 湿式めっき ─┼─ 無電解めっき
         │          └─ 化学めっき
めっき方法 ─┤
         │          ┌─ 真空蒸着
         └─ 乾式めっき ─┼─ 物理蒸着
                    └─ 化学蒸着
```

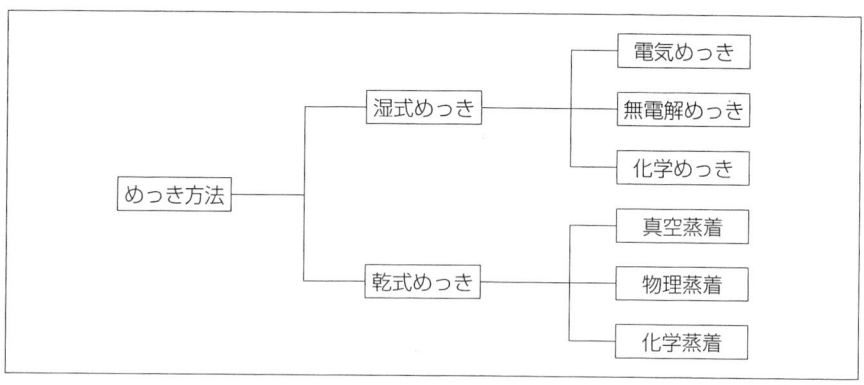

図表4-1-1　めっきに関する方法別分類

　さらに、めっきされる素材やめっき材料からも**図4-1-2**のように分類されます。奥の深さが推定できます。

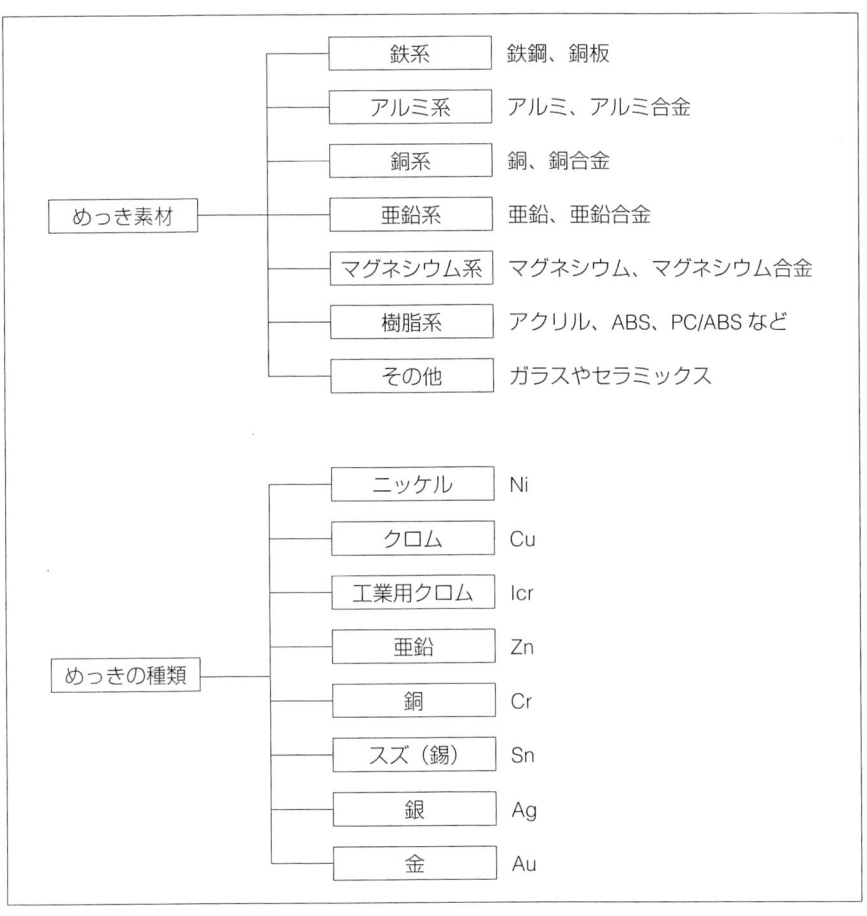

めっき素材		
	鉄系	鉄鋼、銅板
	アルミ系	アルミ、アルミ合金
	銅系	銅、銅合金
	亜鉛系	亜鉛、亜鉛合金
	マグネシウム系	マグネシウム、マグネシウム合金
	樹脂系	アクリル、ABS、PC/ABS など
	その他	ガラスやセラミックス

めっきの種類		
	ニッケル	Ni
	クロム	Cu
	工業用クロム	Icr
	亜鉛	Zn
	銅	Cr
	スズ（錫）	Sn
	銀	Ag
	金	Au

図表4-1-2　めっき素材とめっきの種類による分類

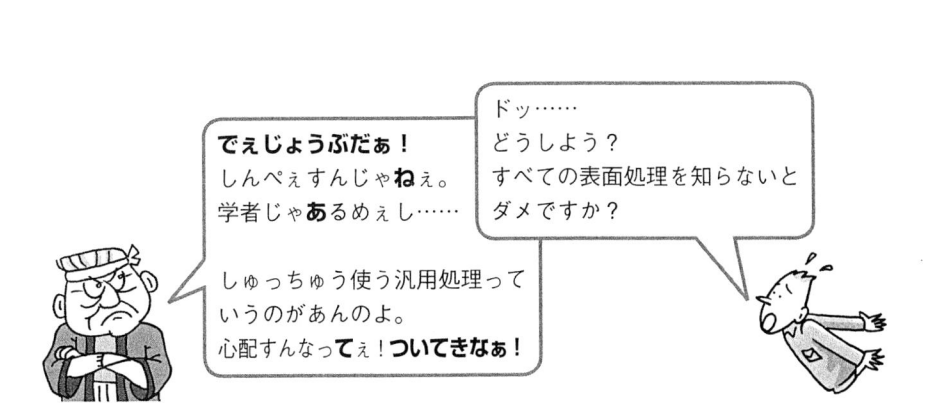

> ドッ……
> どうしよう？
> すべての表面処理を知らないとダメですか？

> **でぇじょうぶだぁ！**
> しんぺぇすんじゃ**ねぇ**。
> 学者じゃ**あるめぇ**し……
>
> しゅっちゅう使う汎用処理っていうのがあんのよ。
> 心配すんなっ**てぇ**！**ついてきなぁ**！

第4章　表面処理／めっきの加工知識と設計見積り

図表4-1-3は、当事務所のクライアントである日本企業、韓国企業、中国企業から得た「表面処理」に関する「部品点数」の情報です。クライアントとは、EVやソーラーパネルやOA機器などを含む電気・電子機器関連が主な業種です。

（グラフ：%）
- 金めっき：24.1
- 亜鉛めっき：17.9
- ニッケルめっき：15.5
- 銅めっき：15.1
- アルマイト：10.9
- 錫めっき：6.1
- クロムめっき：5.6
- 銀めっき：4.7

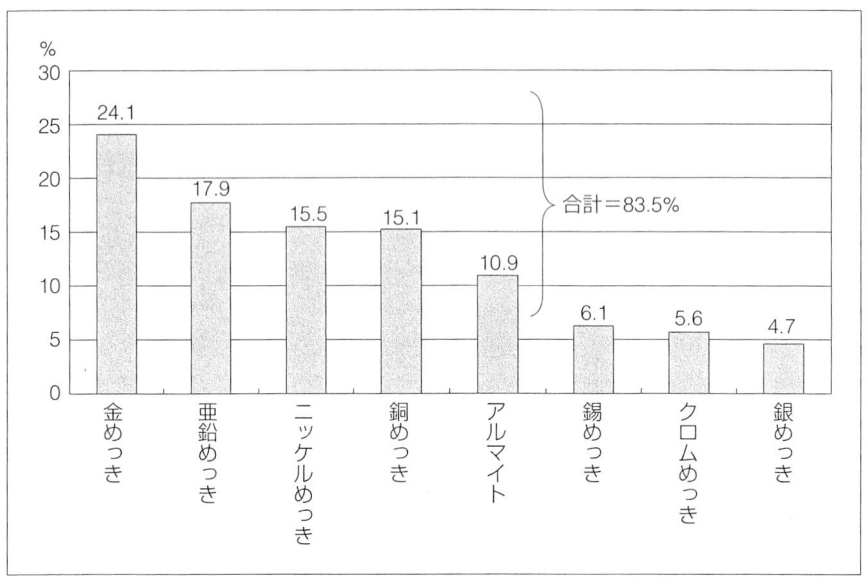

合計＝83.5%

図表4-1-3　EVを含む電気・電子機器における表面処理の部品点数ランキング

筆者は、設計コンサルタントとして各企業の図面を拝見しますが、頂戴することは決してありません。機密漏洩防止を最大のセールスポイントにしているからです。

そこで、前記のクライアントに無理を言って、図面に記載される「表面処理」をインプットしてもらいました。それが、図表4-1-3の分析結果です。

なんと、「金めっき」が第1位！

機械系技術者には予想外だったのではないでしょうか？　日本の自動車産業や繊維、造船も重要な産業ですが、「電子立国日本」の言葉に代表されるように、我が国は電気・電子産業を主体に成り立っていることが改めて理解できました。

そうです。「金めっき」とは電気・電子部品からの需要です。

一方、第3章のヘッダー加工などの機械加工からの観点では、「亜鉛めっき」、「ニッケルめっき」、「アルマイト」、「クロムめっき」に集約できます。

4-1-2. 表面処理の特徴

図表4-1-4と図表4-1-5は、第3章のヘッダー加工などの機械部品の観点から、「亜鉛めっき」、「ニッケルめっき」、「アルマイト」、「クロムめっき」に集約した表面処理の「Q（Quality：品質）」、「C（Cost）コスト」、「D（Delivery：期日、入手性）」に関する詳細情報です。

表面処理の材料名称	Q 特徴/用途	C コスト倍率（注1）	D 汎用性
亜鉛めっき	【特徴】安価。現在、亜鉛めっきのままで使用されることはほとんどない。目的に応じたクロメート処理が施される（下段参照）。 【用途】安価なトタン板など。	0.95	不良
亜鉛めっきクロメート	【特徴】亜鉛めっきの変色防止や耐食性向上のために、後処理としてのクロメート処理を施す。光沢あり。 【用途】乗用車などの下回りに多用。空調ダクト、自動販売機、ねじ、ボルト、ナット、ワッシャなど。	1.0	要注意（注2）
黒色亜鉛めっきクロメート	【特徴】光沢あり。耐食性は亜鉛系の中でも特に良好。黒色クロムめっきよりも安価で耐食性が良好。 【用途】同上。光学機器の部品、黒色ねじ、黒色ボルト、黒色ナット	1.6	要注意（注2）
一般ニッケルめっき	【特徴】装飾品に使われ、通電による電解ニッケルめっきと、液に含浸することで被めっき物に金属ニッケル皮膜を析出させる無電解めっきがある。硬度、耐摩耗性、焼き付き防止、耐食性良好。 【用途】クロムめっきの下地として使用される場合が多い。エンジン部品、シャフト、ベアリング、精密歯車、回転軸、カム、各種弁	5.1	要注意（注2）
黒色ニッケルめっき	【特徴】同上。黒色外観 【用途】同上。黒色用途の光学部品	6.1	要注意（注2）

注1：コスト倍率とは、「亜鉛めっきクロメート」の表面処理材料とその工程を「1」としたときのコストの倍率。
注2：RoHS指令などの環境規制に注意。

図表4-1-4 表面処理材料に関する材料の特性（その1）
(注意：すべては参考記載です。各企業においては確認が必要です。)

表面処理の材料名称	特徴/用途	Q	C コスト倍率（注1）	D 汎用性
一般クロムめっき	【特徴】光沢あり、硬質、耐食性良好。 【用途】装飾品、シャフト。時計部品		5.7	要注意（注2）
硬質クロムめっき	【特徴】ビッカース硬度でHv750以上。電気めっきの中では一番硬い。耐摩耗性、耐食性良好。 【用途】切削工具、金型、エンジン用シリンダ、ライナー、ピストン、ピストンロッド、ピストンリング、シャフト、圧延ローラ		14.3	要注意（注2）
黒色クロムめっき	【特徴】漆黒調の皮膜、耐食性、耐熱性良好。 【用途】半導体製造装置部品、カメラなどの光学部品、熱吸収のシールドケース、ソーラーパネル部品		10.2	要注意（注2）
一般アルマイト	【特徴】アルミニウム材に陽極酸化皮膜を生成、耐食性、耐摩耗性の向上、電気的特性（絶縁皮膜の形成） 【用途】鍋、やかん、アルミサッシ、シャフト、ロールなどの摺動部品、航空機部品		4.1	良
黒色アルマイト	【特徴】同上 【用途】同上、光学部品、黒色用途部品		4.1	良

注1：コスト倍率とは、「亜鉛めっきクロメート」の表面処理材料とその工程を「1」としたときのコストの倍率。
注2：RoHS指令などの環境規制に注意。

図表4-1-5　表面処理材料に関する材料の特性（その2）
（注意：すべては参考記載です。各企業においては確認が必要です。）

厳さん！
材料の表面を加工することは、先端技術なんですね！

てやんでぇ！
漆（うるし）をはじめ、木材の方が格が上って**も**んよ！

見積り力
表面処理の代表格である「めっき」と「アルマイト」は、耐食性だけでなく、耐摩耗性や硬質化や絶縁化のための加工技術である。

ちょいと茶でも……

アルミ材のアルマイト処理は電気的絶縁が目的？

もう一度、前ページの図表4-1-5を見てみましょう。

アルマイト系表面処理は、アルミ系の素材に対して施します。そして、なんとアルマイト処理は絶縁目的にも使用します。

表面処理の材料名称	比電気抵抗（$\mu\Omega\cdot cm$）	備考
亜鉛めっき	5.9	
亜鉛めっきクロメート	5.9	
黒色亜鉛めっきクロメート	150	
一般ニッケルめっき	105	
黒色ニッケルめっき	105	
一般クロムめっき	17	
硬質クロムめっき	17	
黒色クロムめっき	17	
一般アルマイト	1×10^{19}	絶縁良好
黒色アルマイト	1×10^{19}	絶縁良好

機械材料の名称	比電気抵抗（$\mu\Omega\cdot cm$）	備考
銅（C1100、C1020）	1.8	
ステンレス（SUS304）	72	
アルミ（A5052）	2.8	

図表4-1-6　各種表面処理に関する比電気抵抗

図表4-1-6は、アルマイト処理がいかに電気的絶縁状態にあるのかを示す表面処理別の比電気抵抗の値です。

比電気抵抗とは、材料内の電流の流れにくさを表す値です。単に、抵抗率や比抵抗とも呼ばれます。

もう少し、技術的な説明をすると、比電気抵抗とは、単位断面積あたり、および、単位長さあたりの電気抵抗を示します。「抵抗」ですから、比電気抵抗が大きな材料ほど電流は流れにくくなります。

図表 4-1-6 に示した「一般アルマイト」と「黒色アルマイト」の比電気抵抗の値が桁違いに大きいことに注目してください。

　一方、比電気抵抗とは、機械系というよりも電気系の技術者がＣＡＥを実行する際に重要な技術データです。近年は電気・電子機器における「電波障害」に関する規定は、「VCCI[注1] の CLASS B[注2] に適合すること」が、商品価値の絶対条件となっています。

注1) VCCI：一般財団法人 VCCI 協会
注2) CLASS B:同協会が定めた電子機器から発生する妨害電波に関する規格のこと。

　この厳しい規格を満たすためには、電気基板（電気回路）を収容する箱、つまり「シールドボックス」の材料選択や表面処理における機器の確実な「接地」が適合への鍵となっています。

　ところで、「接地」とは何でしょうか？

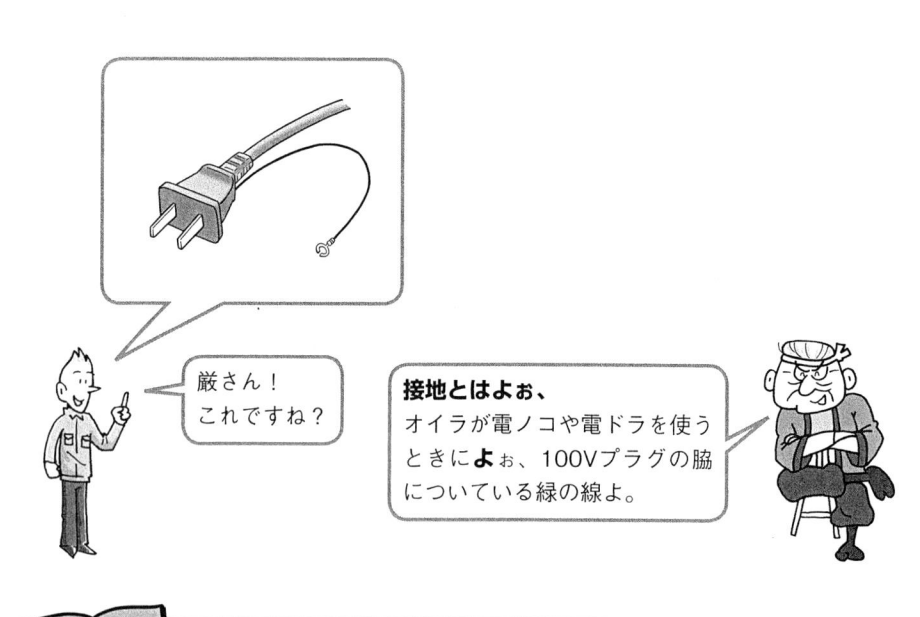

厳さん！これですね？

接地とはよぉ、
オイラが電ノコや電ドラを使うときに**よ**ぉ、100Vプラグの脇についている緑の線よ。

見積り力　表面処理の「アルマイト」は、完全な絶縁皮膜であり、アルマイト構造体の接地は注意が必要である。

ちょいと茶でも……

接地とは

接地とは、主に機器の筐体（きょうたい、フレームのこと）を電線や導電性の板金などで「基準電位点」に接続することをいいます。

基準電位点とは、この地球であり大地です。「大地」ゆえに、「アース」とか「グランド」とも呼ばれています。

コンピュータ機器を例にして、接地の目的は以下の通りです。

① 機器から電磁波を出した場合、他の機器の誤動作を防止する。
② 他の機器から電磁波を受けた場合、誤動作を防止する。
③ 感電を防止する。

そのため、大型のコンピュータやその周辺機器などでは、しっかりとした接地を取ることが企業としての基準姿勢となっています。それが、前述したVCCI協会が定めた「CLASS B」というランクの基準です。

図表4-1-7に掲載するテレビゲーム機は、りっぱなコンピュータですから、しっかりとした接地の設計になっていることが写真からも把握できます。

テレビゲーム機に組み込まれた
接地用の板ばね
(SUS301-CSP、板厚0.2mm：推定)

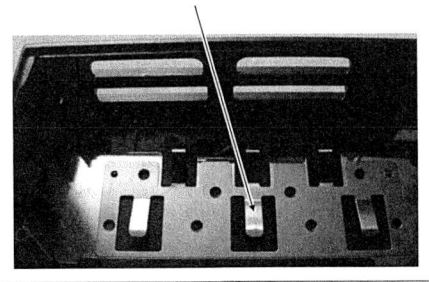

図表4-1-7　テレビゲーム機内部の接地用板ばね部品

4-2 ▶▶▶ お客様の得手不得手を知る

4-2-1. 代表的なめっき工程

表面処理の代表格である「めっき」も「アルマイト処理」もほぼ同じような工程をたどります。

図表4-2-1は、一般的なニッケルめっきの中でも多用されている「無電解ニッケルめっき（図表4-1-1参照）」の大略工程です。

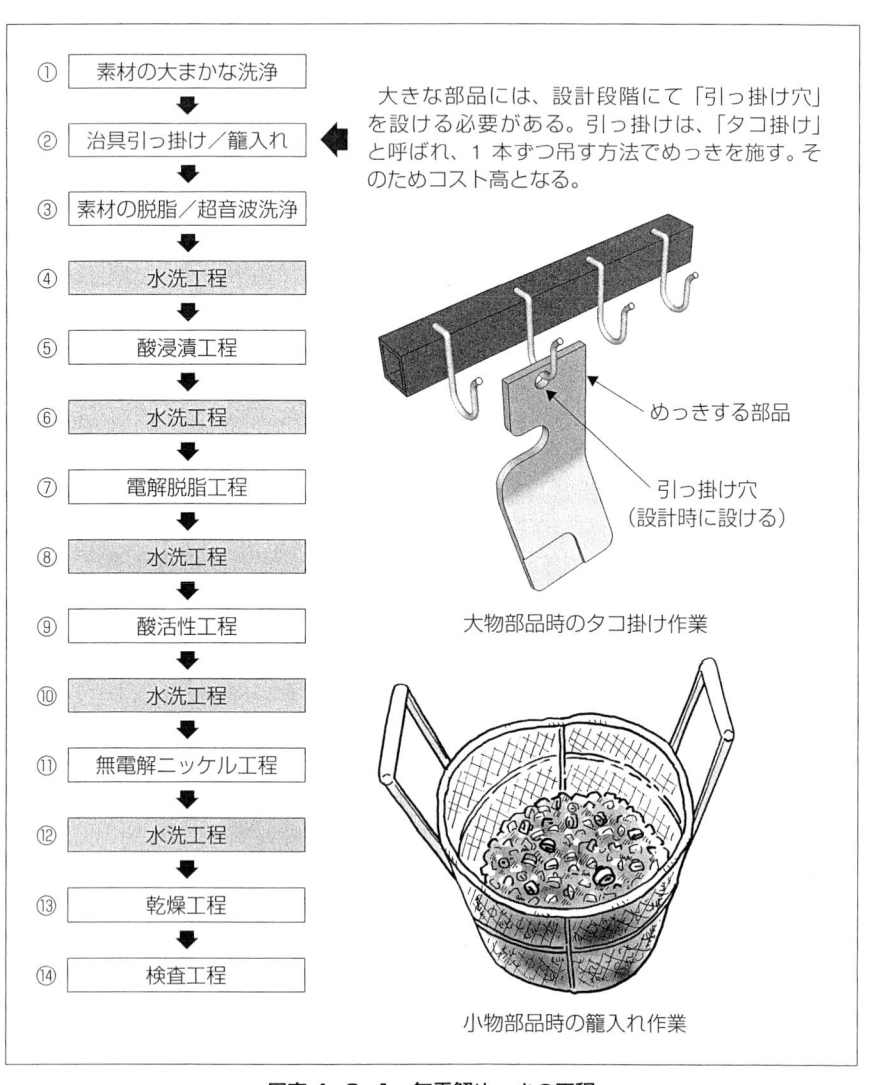

① 素材の大まかな洗浄
② 治具引っ掛け／籠入れ
③ 素材の脱脂／超音波洗浄
④ 水洗工程
⑤ 酸浸漬工程
⑥ 水洗工程
⑦ 電解脱脂工程
⑧ 水洗工程
⑨ 酸活性工程
⑩ 水洗工程
⑪ 無電解ニッケル工程
⑫ 水洗工程
⑬ 乾燥工程
⑭ 検査工程

大きな部品には、設計段階にて「引っ掛け穴」を設ける必要がある。引っ掛けは、「タコ掛け」と呼ばれ、1本ずつ吊す方法でめっきを施す。そのためコスト高となる。

めっきする部品
引っ掛け穴（設計時に設ける）

大物部品時のタコ掛け作業

小物部品時の籠入れ作業

図表4-2-1　無電解めっきの工程

図表4-2-1における工程番号⑪を「亜鉛工程」に変え、工程番号⑫と⑬の間に「クロメート処理」を入れれば、「亜鉛めっきクロメート」の工程となります。
　同様に、工程番号⑪に「銅めっき ⇒ 研磨 ⇒ ニッケルめっき ⇒ クロムめっき」を入れれば、工程番号⑫と⑬を経て、「一般クロムめっき」、や「硬質クロムめっき」となります。

　前述の「銅めっき ⇒ 研磨 ⇒ ニッケルめっき」までの工程を「中間めっき」や「中間層めっき」や「下地めっき」などと呼びます。ただし、クロームめっきは、最終めっきとしてのみ使用されます。
　一方、図表4-1-4および、図表4-1-5における各種表面処理のうち、クロムめっきのコスト倍率の高いことが前述の工程数からも理解できます。

4-2-2. 工程から学ぶめっきに適した部品形状

　もう一度、図表4-2-1を見てみましょう。
　工程番号②を解説します。大物部品は図中に示す「タコ掛け作業」のために、設計段階から「引っ掛け穴」を設ける必要があります。どのくらいのサイズからが「大物」か、つまり「引っ掛け穴」が必要か否かの判断は、それぞれの「お客様」との事前打ち合わせが必要です。
　また、小物部品は、図中のイラストに示すように「めっき籠（かご）」に入れて各工程を流れます。

> **見積り力** 大物部品は「タコ掛け作業」のために、設計段階から「引っ掛け穴」を設ける必要がある。

> **見積り力** 「引っ掛け穴」が必要か否かの判断は、それぞれの「お客様」との事前打ち合わせが必要である。

　工程番号④、⑥、⑧、⑩、⑫は水洗工程です。水洗工程とは、その前工程で各種の物理的または、化学的な処理で素材を洗浄しますが、洗浄剤と汚れを水洗工程で洗浄しています。「めっき」とは素材の洗浄が「命」といえるでしょう。
　したがって、大物小物に限らず、凹凸が著しく存在する形状や洗浄液が抜け難い袋形状は「お客様泣かせ」となるでしょう。

図表4-2-2はめねじの例です。

図Aは、おねじと袋状のめねじで上下の物体を締結している状態です。図Bは、図Aからおねじを外しためねじの断面図です。このような袋状のめねじの場合、図表4-2-1の工程から5回以上の洗浄における洗浄液や水洗の水が抜け難いことが容易に推定できます。その結果、めっき不良を誘発します。

めねじの場合、図Cに示すように「下穴貫通」にする必要があります。これを「液抜き穴」と呼びます。袋状や筒状の場合、「液抜き穴」は少なくとも2箇所はほしいところです。

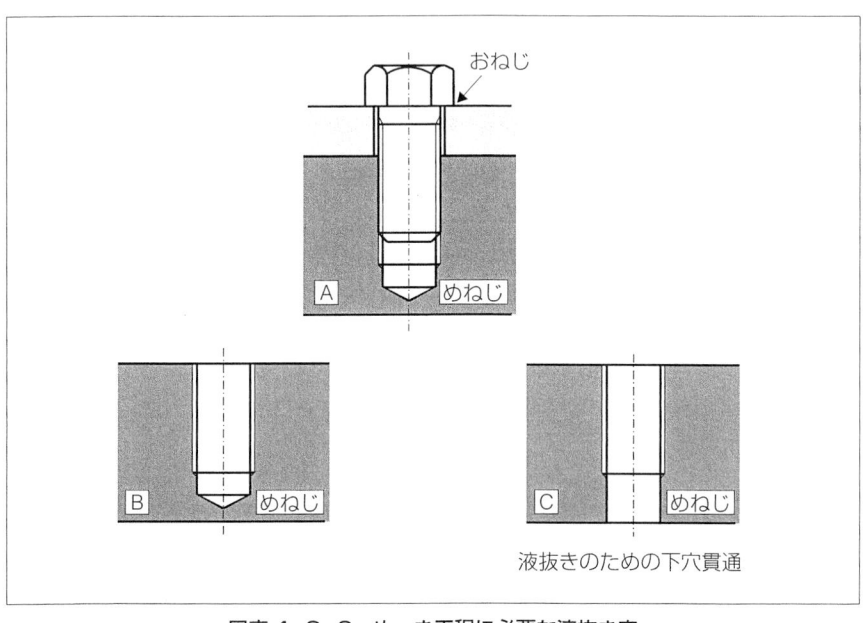

図表4-2-2　めっき工程に必要な液抜き穴

> **見積り力**　表面処理を施す場合、「液抜き穴」は少なくとも2箇所に必要である。

> **見積り力**　「液抜き穴」は、設計段階から設ける必要がある。詳細は「お客様」との事前打ち合わせが必要である。

ちょいと茶でも……

なぜステンレスなのにわざわざニッケルめっきをするの？

もう一度、図表4-1-4と図表4-1-5を見てみましょう。

亜鉛めっきと、亜鉛めっきクロメートと、黒色亜鉛クロメートの亜鉛系めっきは、鉄系の素材に対して施します。

その他のニッケル系めっきとクロム系めっきは、鉄系、ステンレス系、銅系、アルミ系、樹脂系に施すことができます。そして最後のアルマイト系の表面処理は、アルミ系の素材に対して施します。

さてここで、首記の問題です。

防錆/防食目的で選択していたステンレス材料を、使用条件を満足すれば、「一般鋼板＋ニッケルめっき」に代替することにより、低コスト化が可能な場合があります。

しかし、SUS304、SUS316、SUS430などの腐食しにくいステンレス材にわざわざニッケルめっきをする理由は何でしょうか？

以下にその理由をまとめました。

① ステンレス材の金属間摩擦によるかじりや焼きつきを防止。
② ステンレス材の高温酸化を防止する。
③ 反射特性（反射率）の向上を目的とする。
④ 更なる耐食性、耐指紋特性の向上を目的にする。
⑤ ステンレス材は熱伝導が悪いので銅めっきを施し、その上にニッケルめっきを施す。（大きな効果は期待できない。）

厳さん！
機械加工というと削ったり、成形したりを思い浮かべますが、表面処理の世界は奥が深いですね！

まさに、職人の世界よ！

4-3 ▶▶▶ 軸系部品における表面処理の設計見積り

それではいきなり、演習問題を解きながら表面処理費を算出してみましょう。

【演習4-3-1】
　図表4-3-1に示す軸部品の表面処理費を見積る。部品材質は、図表3-5-4に示した「SWCH」とする。
　また、表面処理は「亜鉛めっきクロメート」を施す。
　ロット数は3000本とする。

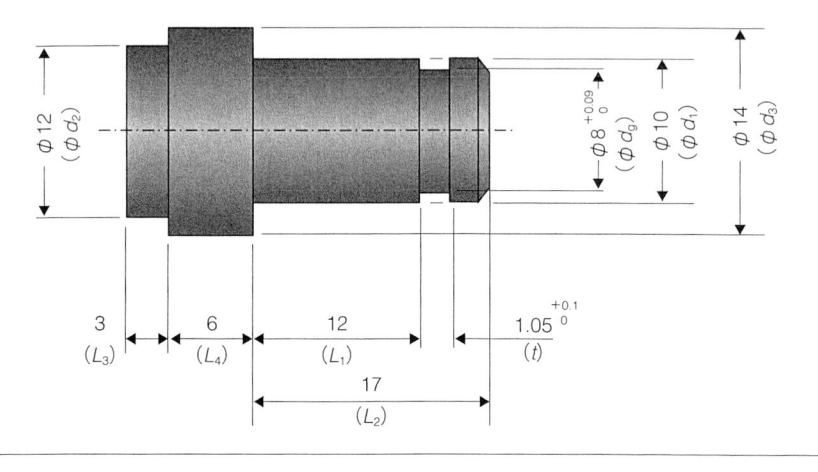

図表4-3-1　ヘッダー加工部品における表面処理費の見積り例題

【解答4-2-1】
【Ⅰ．表面処理費】
　部品費同様、第3章の公式3-7-1を下記に再掲載する。

> 公式3-7-1：部品費 ＝ 材料費 ＋ 加工費

　つまり、表面処理費＝材料費＋加工費と考える。
　しかし、表面処理に必要な材料費といっても、その膜厚はめっきの場合は、3～10μm、アルマイトでも5～15μmにすぎない。

一方、ヘッダー加工とは成形寸法でいえば、φ20 mm 以下、長さが90 mm 以内なので、材料費を加工費の中に含めて、……

$$\boxed{表面処理費 ≒ 加工費}$$

と考える。

【Ⅱ．ロット倍率】

　図表4-3-2は、ヘッダー加工用の各種表面処理におけるロット倍率である。ヘッダー加工用といっても、電気・電子機器の切削加工された軸系にも適用できる。かなり過激なロット倍率に注目したい。

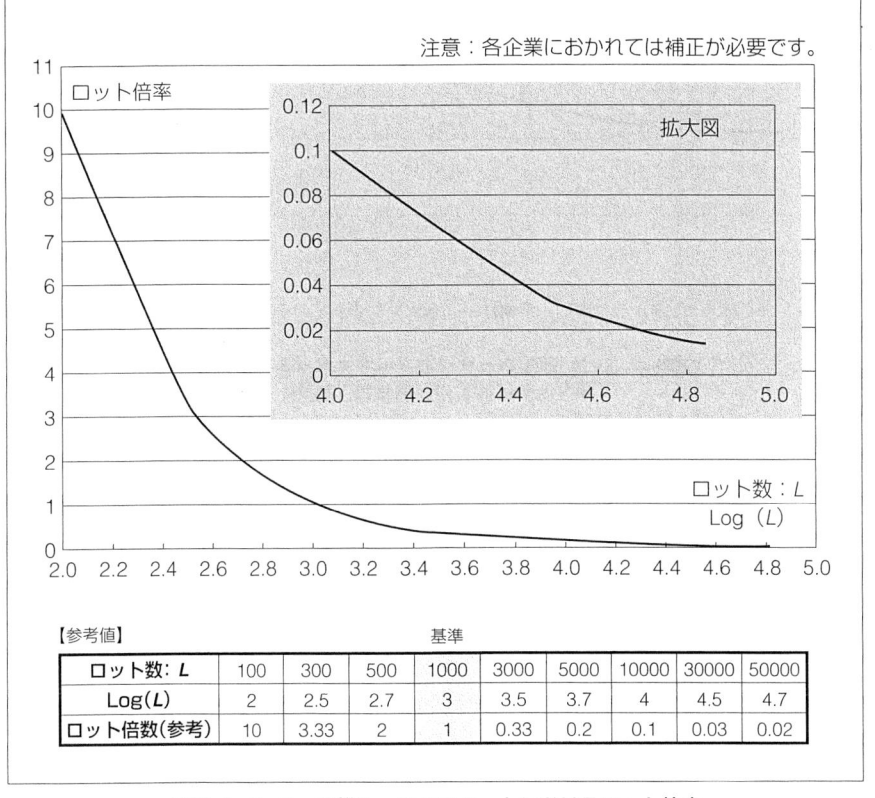

注意：各企業におかれては補正が必要です。

【参考値】　　　　　　　　　　　　　　　　基準

ロット数：L	100	300	500	1000	3000	5000	10000	30000	50000
Log(L)	2	2.5	2.7	3	3.5	3.7	4	4.5	4.7
ロット倍数(参考)	10	3.33	2	1	0.33	0.2	0.1	0.03	0.02

図表4-3-2　亜鉛めっきクロメートにおけるロット倍率

【Ⅲ.基準加工費】

図表4-3-3は、定番の「基準加工費」のデータである。基準加工費とは、ロット1000本の時の加工費であり、本項においては表面処理費を意味する。ヘッダー加工用だけでなく、電気・電子機器の切削加工された軸系にも適用できる。

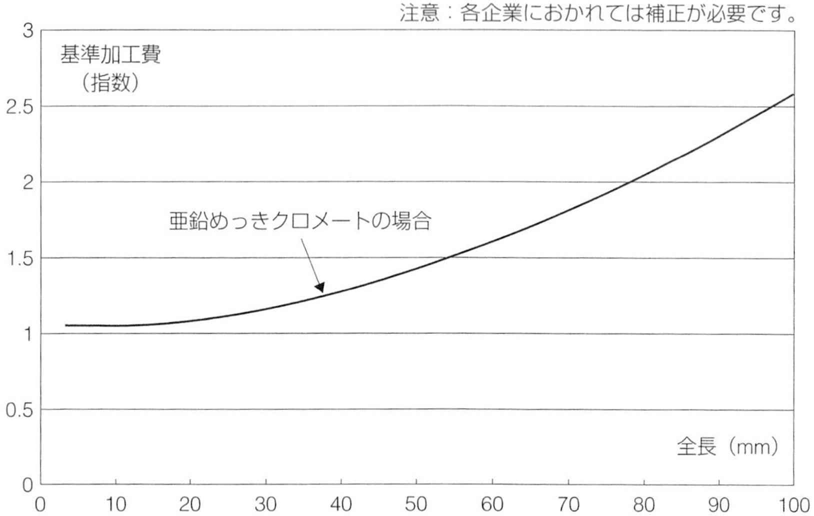

注意：各企業におかれては補正が必要です。
基準加工費
（指数）
亜鉛めっきクロメートの場合
全長（mm）
3
2.5
2
1.5
1
0.5
0
0
10
20
30
40
50
60
70
80
90
100

図表4-3-3　亜鉛めっきクロメートにおける基準加工費
（ヘッダー加工用、および、軸用）
（注意：すべては参考記載です。各企業においては確認が必要です。）

【Ⅳ.例題の亜鉛めっきクロメートの表面処理費を求める】

例題は全長26 mmなので、図表4-3-3より、1.15（指数）と読める。ロットは3000本なので、ロット倍率は、図表4-3-2より0.33と読める。

したがって、……

表面処理費 = 1.15 × 0.33 × 1（コスト倍率）= 0.4指数（円）となる。

コスト倍率は、図表4-1-4を参照のこと。

【Ⅴ.応用例：黒色アルマイト処理の場合】

例題の材質が図表3-5-5に掲載のアルミ系材料の場合であり、図表4-1-5に示す「黒色アルマイト」の場合は、……

表面処理費 = 1.15 × 0.33 × 4.1（コスト倍率）= 1.6 指数（円）となる。
コスト倍率は、図表4-1-5を参照のこと。

ちょいと待ちねぇ！
ロット3000本だから**よぉ**、0.4 指数（円）とか1.6 指数（円）と安いような気がしちまう**ぜぃ**？

だったらよぉ、ロット100本なら、一体幾らだ？
さっさと計算しろ！
これは命令だ！

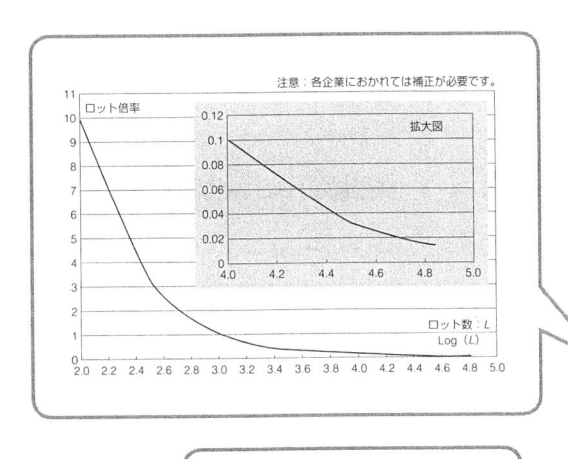

ドッ……
どうしよう？
厳さん！じゅ、10倍ですよ！

見積り力　表面処理は、「量産効果の天国と地獄（項目3-7-3参照）」の差が著しい。

4-4 ▶▶▶ 板金部品における表面処理の設計見積り

軸系部品同様に、本項もいきなり演習問題を解きながら表面処理費を算出してみましょう。

【演習4-4-1】
図表4-4-1の表面処理費を見積る。部品材質は、鉄系材料の代表格である「SPCC」とする。
また、表面処理は「亜鉛めっきクロメート」のめっきを施す。
ロット数は3,000個とする。

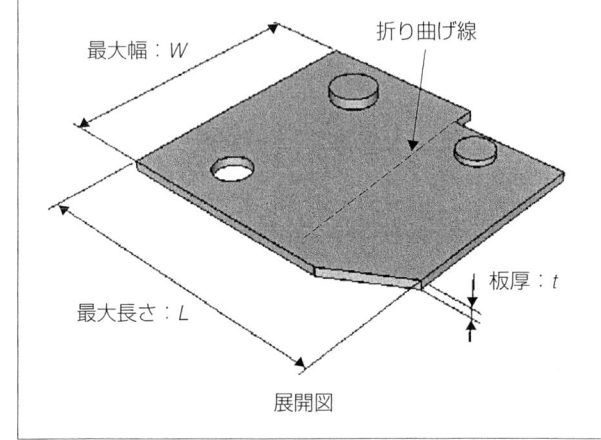

最大幅：W
折り曲げ線
板厚：t
最大長さ：L
展開図

$W = 250$
$L = 75$
$t = 2$
$\sqrt{(W \times L)} = 137$ (mm)

図表4-4-1 板金部品における表面処理費の見積り例題

【解答4-4-1】
【Ⅰ.表面処理費】
軸系部品費同様、第3章の公式3-7-1を下記に再掲載する。

> 公式3-7-1：部品費＝材料費 ＋ 加工費

つまり、表面処理費＝材料費 ＋ 加工費 と考える。

【Ⅱ.ロット倍率】
　図表4-3-2をそのまま適用する。つまり、ロット3000本なので、ロット倍率は、0.33と読める。

【Ⅲ.基準加工費】
　電気・電子機器で使用される小サイズ板金の場合、図表4-3-3の横軸の「めっき全長」を「$\sqrt{面積}$（ルートめんせき）」に読み替えればそのまま適用できる。

　また、$\sqrt{面積}$の横軸を拡大した**図表4-4-2**を以下に掲載する。

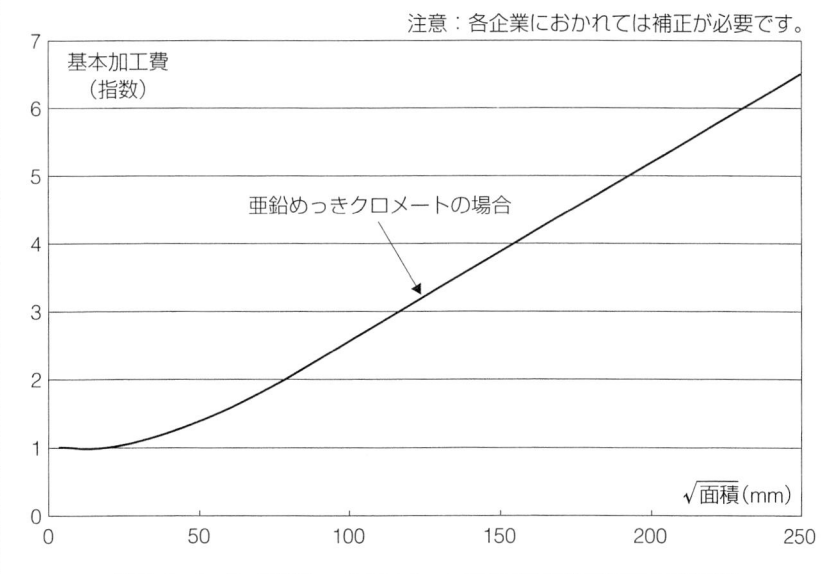

注意：各企業におかれては補正が必要です。

図表4-4-2　亜鉛めっきクロメートにおける基準加工費(板金用)
（注意：すべては参考記載です。各企業においては確認が必要である。）

　なお、「$\sqrt{面積}$」に関しては、書籍「ついてきなぁ!加工知識と設計見積り力で『即戦力』」を参照されたい。

【Ⅳ.例題の亜鉛めっきクロメートの表面処理費を求める】
　図表4-4-1において、$W = 250$ mm、$L = 75$ mmである。ここでWとLは、折り曲げた部品の「展開図」であることに注意してほしい。

　さて、$\sqrt{面積} = 137$ mmなので、図表4-4-2より、基準加工費$=3.5$と読める。ロット3000個とすれば、

　表面処理費 $= 3.5 \times 0.33 \times 1$（コスト倍率）$= 1.2$指数（円）となる。
　コスト倍率は、図表4-1-4と図表4-1-5を参照のこと。

【Ⅴ.応力例:板金のニッケルめっきの場合】
　図表4-1-4に示す「ニッケルめっき」の場合は、……

　表面処理費 $= 3.5 \times 0.33 \times 5.1$（コスト倍率）$= 5.9$指数（円）となる。

（注意：すべては参考記載であり、各企業においては確認が必要です。）

本例題は、鋼板である「SPCC」に「亜鉛めっきクロメート」の表面処理を施すとしましたが、すでに鋼板の材料自体で「溶融亜鉛めっき鋼板」と呼ばれる材料が「SGCC」、通称、「ジンク」がJIS規格で存在しています。
　また、「電気亜鉛めっき鋼板」と呼ばれる「SECC」も同様に存在しています。

　表面処理が「亜鉛めっき系」でよいならば、「SGCC」や「SECC」の材料選択が低コスト化のためにお勧めです。ただし、せん断面は錆びます。

> **見積り力**　表面処理が、「亜鉛めっき系」でよいならば、「SGCC」や「SECC」の鋼板を選択すれば、低コスト化に寄与する。

4-5 ▶▶▶ 目で見る！第4章のまとめ

めっき素材と種類（図表4-1-2）

めっき素地
- 鉄系 — 鉄鋼、鋼板
- アルミ系 — アルミ、アルミ合金
- 銅系 — 銅、銅合金
- 亜鉛系 — 亜鉛、亜鉛合金
- マグネシウム系 — マグネシウム、マグネシウム合金
- 樹脂系 — アクリル、ABS、PC/ABS など
- その他 — ガラスやセラミックス

めっきの種類
- ニッケル — Ni
- クロム — Cu
- 工業用クロム — Icr
- 亜鉛 — Zn
- 銅 — Cr
- スズ（錫） — Sn
- 銀 — Ag
- 金 — Au

表面処理の部品点数ランキング（図表4-1-3）

種類	%
金めっき	24.1
亜鉛めっき	17.9
ニッケルめっき	15.5
銅めっき	15.1
アルマイト	10.9
錫めっき	6.1
クロムめっき	5.6
銀めっき	4.7

合計＝83.5%

亜鉛めっきクロメートのロット倍率（図表4-3-2）

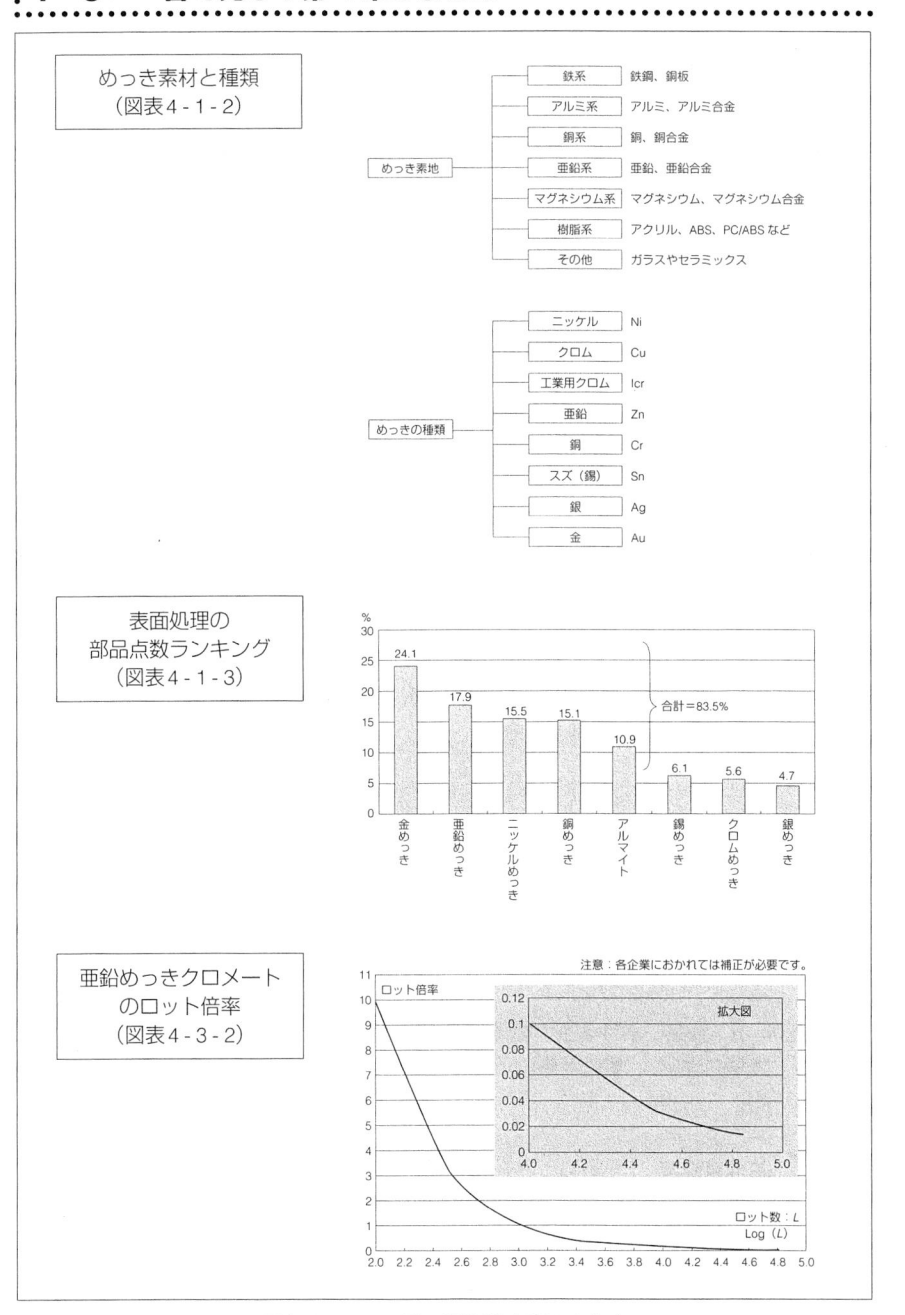

注意：各企業におかれては補正が必要です。

ロット数：L、Log(L)

図表4-5-1 目で見る第4章のまとめ

第4章　表面処理／めっきの加工知識と設計見積り

儲かる見積り力・チェックポイント

【第4章における儲かる見積り力・チェックポイント】
　第4章における「儲かる見積り力・チェックポイント」を下記にまとめました。理解できたら「レ」点マークを□に記入してください。

〔項目4-1：お客様の道具（加工法）を知る〕
　① 表面処理の代表格である「めっき」と「アルマイト」は、耐食性だけでなく、耐摩耗性や硬質化や絶縁化のための加工技術である。　□

　② 表面処理の「アルマイト」は、完全な絶縁皮膜であり、アルマイト構造体の接地は注意が必要である。　□

〔項目4-2：お客様の得手不得手を知る〕
　① 大物部品は「タコ掛け作業」のために、設計段階から「引っ掛け穴」を設ける必要がある。　□

　② 「引っ掛け穴」が必要か否かの判断は、それぞれの「お客様」との事前打ち合わせが必要である。　□

　③ 表面処理を施す場合、「液抜き穴」は少なくとも2箇所に必要である。　□

　④ 「液抜き穴」は、設計段階から設ける必要がある。詳細は「お客様」との事前相打ち合わせが必要である。　□

〔項目4-3：軸系における表面処理の設計見積り〕
　① 表面処理は、「量産効果の天国と地獄（項目3-7-3参照）」の差が著しい。　□

　② 表面処理が、「亜鉛めっき系」でよいならば、「SGCC」や「SECC」の鋼板を選択すれば、低コスト化に寄与する。　□

チェックポイントで70％以上に「レ」点マークが入りましたら、第5章へ行きましょう。

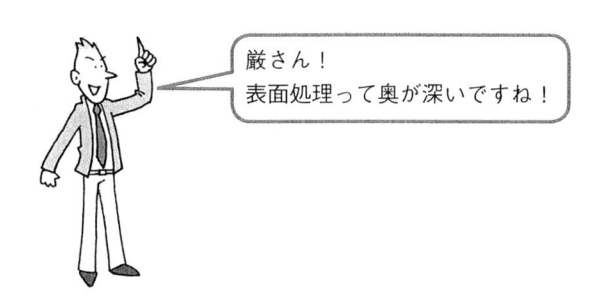

厳さん！
表面処理って奥が深いですね！

べらんめぇ！
木造建築の方がもっと奥深いって**も**んよ！

第5章
ばねの加工知識と設計見積り

見積り力

5-1　お客様の道具（加工法）を知る（板ばね編）
5-2　お客様の得手不得手を知る
5-3　板ばね用板金の材料選択
5-4　事例で学ぶ板ばねの設計見積り
5-5　お客様の道具（加工法）を知る（コイルばね編）
5-6　コイルばねの材料選択
5-7　事例で学ぶコイルばねの設計見積り
5-8　目で見る！第5章のまとめ
　　　〈儲かる見積り力・チェックポイント〉

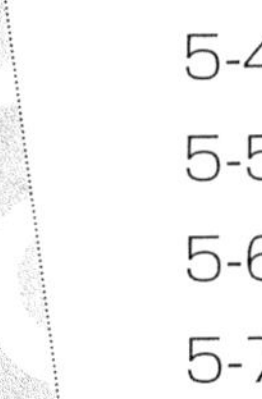

オイ、まさお！
それでいい。

厳さん！
僕は、板ばねやコイルばねをよく使うのですが、設計見積りが全くできません。

大工も、ばねにはちょいと無縁だぁ。
気づきがあることが成長の第1歩だ。

そんじゃ、オイラに**ついてきなぁ**！

【注意】
第5章に記載されるすべての事例は、本書のコンセプトである「若手技術者の育成」のための「フィクション」として理解してください。

第5章
ばねの加工知識と設計見積り

5-1 ▶▶▶ お客様の道具(加工法)を知る(板ばね編)

　　板ばねの加工知識は、書籍「ついてきなぁ!加工知識と設計見積り力で『即戦力』」の板金加工編の内容で修得できます。

　　また、本書の項目1-3の「100円ショップのステンレス製定規のコストはいくら?」で解説した設計見積り情報と、同、項目2-3の「機械加工部品の分類」では、より一層の理解を深めることができます。
　　したがって、以降は板金加工の復習も一部兼ねますが、板ばねに特化した技術情報を解説していきます。

5-1-1. お客様とのルール(単語を覚える)

　　まずは、図表5-1-1で「お客様」との打ち合わせに必要なビジネス用語を覚えましょう。これらの単語を知らないと技術コミュニケーションがとれません。語学と同じで外国へ行ってトイレも行けないし、食事や宿泊もできないことに相当します。
　　後に詳細を説明しますので、まずは単語自体を覚えましょう。

型分類	加工機	用途	月産	得手不得手	公差計算法
型不要	プレスブレーキ	・曲げ	500以下	・型がないため、一品作り。 ・500個/月≒20個/日 ・部品単価は高い ・精度は良くない	・分散加法不可 ・P-P法を使う
	レーザ切断	・外形抜き/穴抜き			
	タレットパンチ	・外形抜き/穴抜き			
単発型	プレス	・外形抜き/穴抜き ・曲げ ・絞り	3000以下	・型費安い ・リードタイム:45日ぐらい	・分散加法
総抜き型(コンパウンド)	プレス	・外形抜き/穴抜きの同時加工	3000以上	・型費安い ・リードタイム:60日ぐらい	・分散加法
順送型	プレス	・外形抜き/穴抜き/曲げの同時加工	5000以上	・型費高い ・大量生産向け ・リードタイム:80日ぐらい	・分散加法
トランスファー型	トランスファー・プレス	・外形抜き/穴抜き/曲げの同時加工		・型費高い ・大きな絞り加工 ・リードタイム:100日ぐらい	・分散加法

図表5-1-1　板ばねの加工機
(出典:ついてきなぁ!加工知識と設計見積り力で『即戦力』:日刊工業新聞社刊)

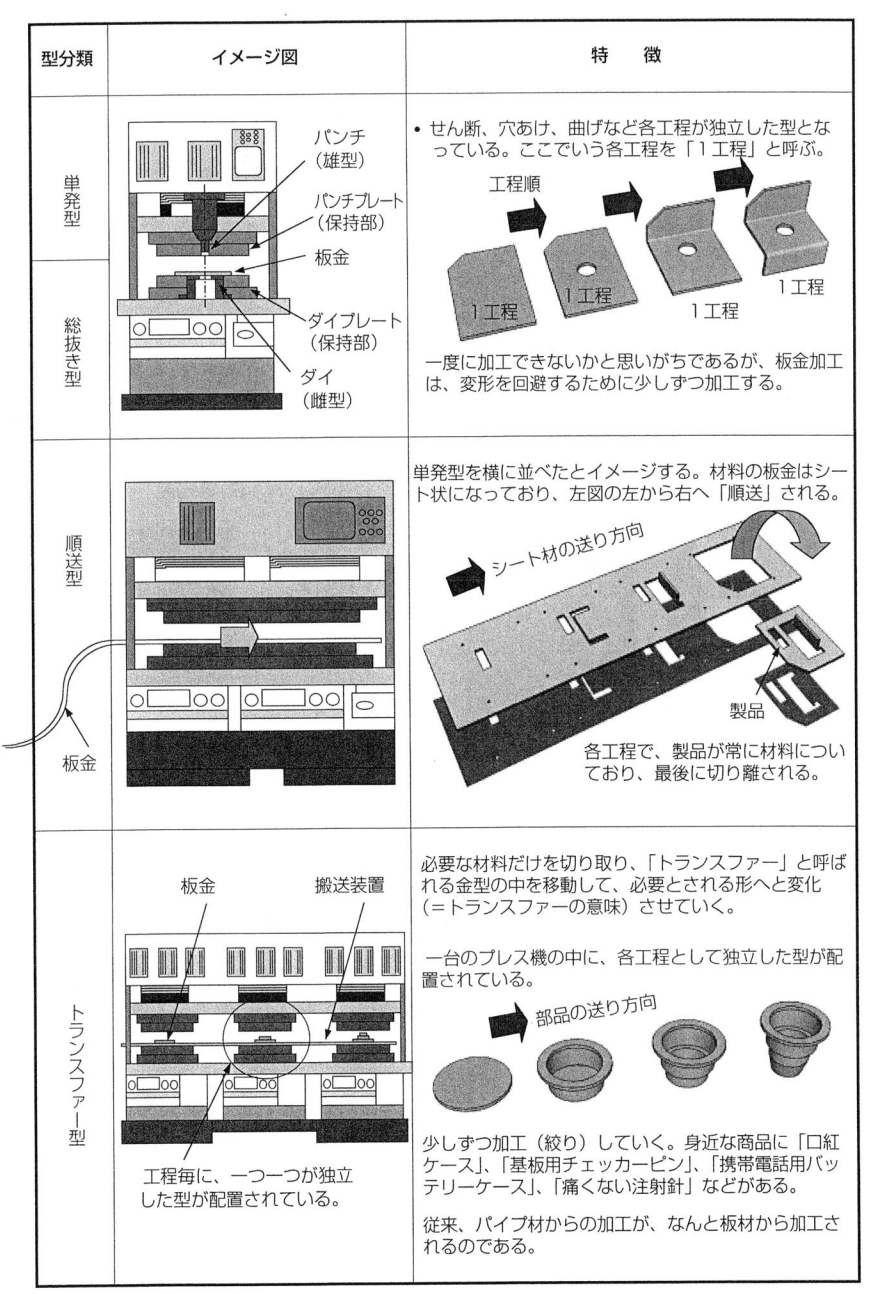

型分類	イメージ図	特徴
単発型 / 総抜き型	(パンチ(雄型)、パンチプレート(保持部)、板金、ダイプレート(保持部)、ダイ(雌型))	・せん断、穴あけ、曲げなど各工程が独立した型となっている。ここでいう各工程を「1工程」と呼ぶ。 工程順 → 1工程 → 1工程 → 1工程 → 1工程 一度に加工できないかと思いがちであるが、板金加工は、変形を回避するために少しずつ加工する。
順送型	(板金)	単発型を横に並べたとイメージする。材料の板金はシート状になっており、左図の左から右へ「順送」される。 シート材の送り方向 製品 各工程で、製品が常に材料についており、最後に切り離される。
トランスファー型	(板金、搬送装置、工程毎に、一つ一つが独立した型が配置されている。)	必要な材料だけを切り取り、「トランスファー」と呼ばれる金型の中を移動して、必要とされる形へと変化(=トランスファーの意味)させていく。 一台のプレス機の中に、各工程として独立した型が配置されている。 部品の送り方向 少しずつ加工(絞り)していく。身近な商品に「口紅ケース」、「基板用チェッカーピン」、「携帯電話用バッテリーケース」、「痛くない注射針」などがある。 従来、パイプ材からの加工が、なんと板材から加工されるのである。

図表5-1-2　大量生産用の板ばねプレス機
(出典:ついてきなぁ!加工知識と設計見積り力で『即戦力』:日刊工業新聞社刊)

板金ばねは、以下に示す加工法で製造されます。

① 図表5-1-1に示すプレスブレーキやレーザ切断機やタレットパンチで製造される少量生産の板ばね
② 図表5-1-1と図表5-1-2に示すプレス機で製造される大量生産の板ばね
③ 図表5-1-3に示すスポット溶接で他の板金部品に溶接される板ばね

とくに、①における「レーザ切断機」や「タレットパンチ」は、コンピュータで制御される「NCレーザ切断機」、「NCタレットパンチ」が主流となっています。

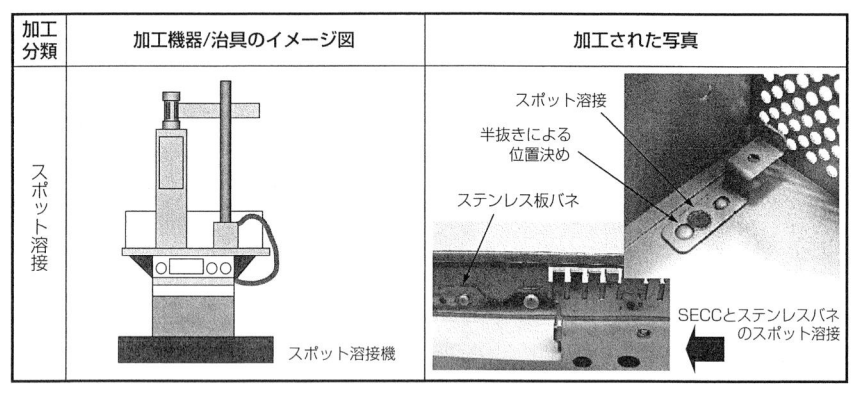

加工分類	加工機器/治具のイメージ図	加工された写真
スポット溶接	スポット溶接機	スポット溶接／半抜きによる位置決め／ステンレス板バネ／SECCとステンレスバネのスポット溶接

図表5-1-3　スポット溶接機の概要
（出典：ついてきなぁ！加工知識と設計見積り力で『即戦力』：日刊工業新聞社刊）

図表5-1-3における溶接やスポット溶接とは、100円ショップで販売されている「クリアファイル」にて一辺が「溶着」されていますが、その樹脂シート同士を接合する溶着機のようなものです。

> **見積り力**
> 金属同士の接合を「溶接」、樹脂同士の接合は「溶着」という。
> （参考：金属と樹脂の接合は、「熱カシメ」という）

5-1-2. 板ばねの命は「接地」

　図表5-1-3の写真に示す「SECCとステンレスばねのスポット溶接」に注目してください。項目4-1-2と重複しますが、近年は電気・電子機器のおける「電波障害」に関する規定は、「VCCI[注1]のCLASS B[注2]に適合すること」が、商品価値の絶対条件となっています。

　「VCCI CLASS B」への適合は、「自主規制」といえども適合しなければ販売できないと言われるくらい大変きびしい規制です。

注1) VCCI：一般財団法人VCCI協会
注2) CLASS B：同協会が定めた電子機器から発生する妨害電波に関する規格のこと。

　この厳しい規格を満たすためには、本章の「板金ばね」による機器の確実な「接地」が適合への鍵となっています。
　もう一度、項目4-1-2の「ちょいと茶でも」に記載した「接地」を復習しておいてください。学校の教科書やカリキュラムは存在していませんが、機械系技術者の職人ならば必須の知識です。

見積り力　板金ばねによる機器の確実な「接地」がVCCI規格適合への鍵となっている。

見積り力　「接地」は、機械系技術者にとって必須の知識である。

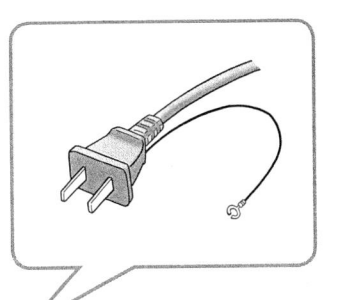

厳さん、これです！
第4章からの再登場です。

おお、それよ！
オイラが電ノコや電ドラを使うときによぉ、100Vプラグの脇についている緑の線よ。
オレんちの洗濯機やパソコンにもついてるぜぃ！

5-2 ▶▶▶ お客様の得手不得手を知る

　次に、板ばね加工に関する「得手不得手」を図表5-2-1にまとめておきました。図表5-1-1、図表5-1-2、図表5-1-3と同様に、お客様と打合せするときに必要なビジネス用語です。

　また、公差計算法の欄にも注目してください。
　「型不要」のプレスブレーキやレーザー切断機やタレットパンチなどの加工法は、原則P-P法を適用します。それ以外は型を有するので分散加法[注1]が適用されます。
　しかし、「型不要」の加工機でもNC機のようにコンピュータ制御されたNCプレスブレーキやNCレーザー切断機やNCタレットパンチなどの加工法の場合は、分散加法が適用できます。

注1：書籍「ついてきなぁ！加工知識と設計見積り力で『即戦力』」を参照。

型分類	加工機	用途	月産	得手不得手	公差計算法
型不要	プレスブレーキ	・曲げ	500以下	・型がないため、一品作り。 ・500個/月≒20個/日 ・部品単価は高い ・精度は良くない	・分散加法不可 ・P-P法を使う
	レーザ切断	・外形抜き/穴抜き			
	タレットパンチ	・外形抜き/穴抜き			
単発型	プレス	・外形抜き/穴抜き ・曲げ ・絞り	3000以下	・型費安い ・リードタイム：45日ぐらい	・分散加法
総抜き型（コンパウンド）	プレス	・外形抜き/穴抜きの同時加工	3000以上	・型費安い ・リードタイム：60日ぐらい	・分散加法
順送型	プレス	・外形抜き/穴抜き/曲げの同時加工	5000以上	・型費高い ・大量生産向け ・リードタイム：80日ぐらい	・分散加法
トランスファー型	トランスファー・プレス	・外形抜き/穴抜き/曲げの同時加工		・型費高い ・大きな絞り加工 ・リードタイム：100日ぐらい	・分散加法

図表5-2-1　板ばね加工法の種類と得手不得手

　一方、大型や複雑形状の板ばねは皆無といってもよいほど存在していないので、図中のリードタイムはすべての欄で「半分」と考えても差し支えがありません。

5-2-1. 設計ポイントはたったの3つ

　図表5-1-1から図表5-1-3は、板ばね固有の加工法ではなく、板ばねを含む「板金加工」です。その共通点は、**図表5-2-2**に示す**「打ち抜き」、「曲げ」、「絞り」**に集約できます。

　「打ち抜き」とは、紙や布を鋏（はさみ）で切ることをイメージすればよいでしょう。また「絞り」は、灰皿や瓶ビールの王冠（蓋、フタ）や、缶コーヒーの缶そのものをイメージします。この「絞り」で発生する応力は、図中の「引張り応力」と「圧縮応力」です。2つの用語を合わせて「垂直応力」といいます。

　ところで応力とは、加工変形中の金属が「痛い！」、「苦しい！」と叫んでいるその「痛さ加減」とイメージしましょう。

　最後は「曲げ」ですが、なんとこれも「引張り応力」と「圧縮応力」で表現できます。

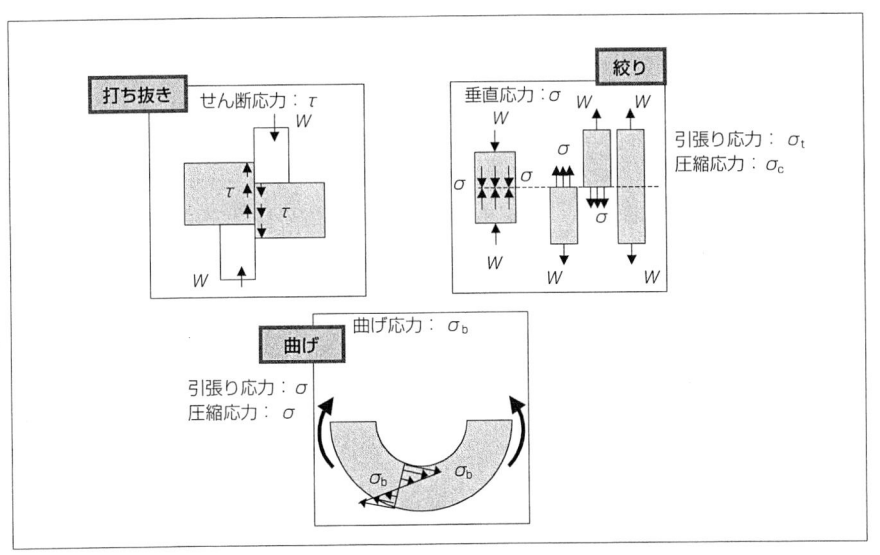

図表5-2-2　板金加工（板ばね加工）の共通点
（出典：ついてきなぁ！加工知識と設計見積り力で『即戦力』：日刊工業新聞社刊）

　学校では「材料力学」や「材料工学」で難しく教えるかもしれませんが、前述のようにイメージすれば簡単な加工法です。

> 厳さん！これは知っています。
>
> 「ついてきなぁ！加工知識と設計見積り力で『即戦力』」で、すでに勉強しています。

>> オイ、まさお！
>> 成長したじゃねぇかい。

　筆者はたびたび、「技術を料理に、技術者を料理人」に例えて解説します。料理で使う食材は、……

① 切る
② 裂く、ちぎる
③ 叩く
④ こねる
⑤ ねじる、ひねる
⑥ 煮る
⑦ 締める（魚をしめる）
⑧ 焼く
⑨ 炒める
⑩ 冷やす、冷ます
⑪ 冷凍する
⑫ 発酵させる

機械工学より、料理の方がはるかに困難な加工法が存在します。

特に⑫の発酵は、現代の科学では解明されていない分野も多くあると聞いています。

見積り力　「打ち抜き」とは、紙や布を鋏（はさみ）で切ることをイメージする。

見積り力　「絞り」は、灰皿や瓶ビールの王冠や缶コーヒーの缶をイメージする。

見積り力　「曲げ」も「引張り応力」と「圧縮応力」で表現できる。

ちょいと茶でも……

板ばね特有のトラブル

「ステンレス板金」、「鋼板」、「厚板鋼板」、「銅板金」、そして本項の「板ばね用板金」のすべてが「圧延方向」という特性をもっています。とくに、板ばねの「圧延方向」が要注意です。

さて、その「圧延方向」とは何でしょうか？

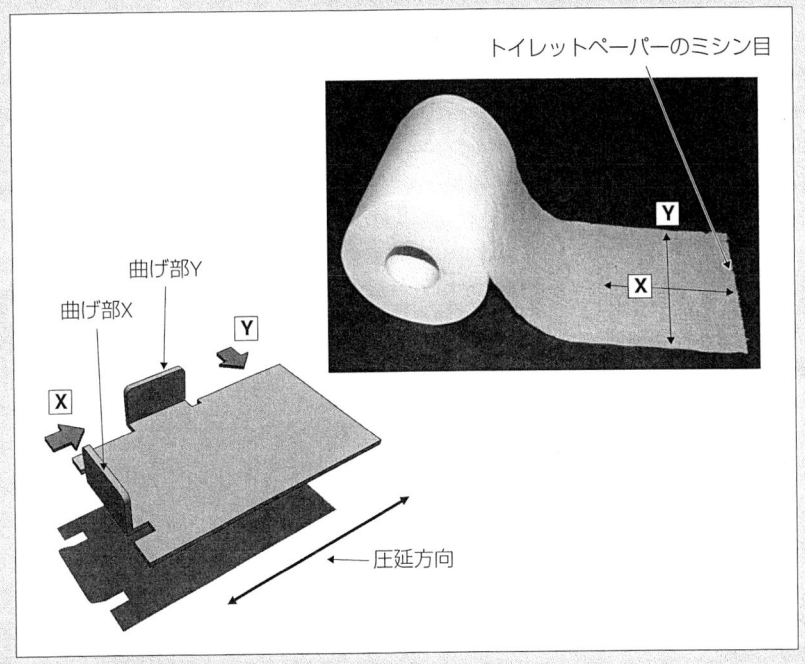

図表5-2-3 板ばねの圧延方向とトイレットペーパーとの関係

身近なトイレットペーパーに例えましょう。**図表5-2-3**のトイレットペーパーをロール方向（板金の圧延方向に相当）、つまり、図中のX方向へちぎるときれいに切れます。しかし、ロール方向と垂直の方向、つまり、Y方向にちぎろうとしてもギザギザになってしまいます。ですから、ミシン目がついているのです。

板金も全く同じです。
　トイレットペーパーの「ロール方向」の代わりに、専門用語で「圧延方向」と呼ぶ特性が存在します。

　それでは、図表の下にある板金の図を見てみましょう。
　この板金部品の「圧延方向」は、図示する方向と仮定します。このとき、圧延方向と同方向Xに曲げた「曲げ部X」の根元は、破損しにくく、圧延方向と直角方向Yに曲げた「曲げ部Y」の根元は破損しやすくなっています。文章にするとわかりにくくなりますが、このようなときは、身近なトイレットペーパーを思い出せばすぐに納得できます。

　冒頭で、すべての板金が「圧延方向」を有すると記述しましたが、すべての板金に関して、圧延方向と直角曲げが破損するわけではありません。とくに、「板ばね用板金」は、気をつけましょう。

見積り力　圧延方向とその特性は、トイレットペーパーで思い出すこと。

やっぱよぉ、まさお！
一流の職人になるためには**よぉ**、材料知識が**ねぇ**と、ダメって**もん**よ。

厳さん！
正直に言います。
材料のことは、ほとんど……。
イッ、言えません……

　それでは少しでも一流の職人に近づくために、事項で「板ばね用の材料」を学びましょう。

5-3 ▶▶▶ 板ばね用板金の材料選択

5-3-1. 板ばね用板金の大分類

板金の最後は、通称、「板ばね」と呼ばれる「板ばね用板金」です。JISでは、「ばね鋼鋼材」と記述されている材料です。

ここでは、**図表5-3-1**で「板ばね用板金」の位置を確認しておきましょう。

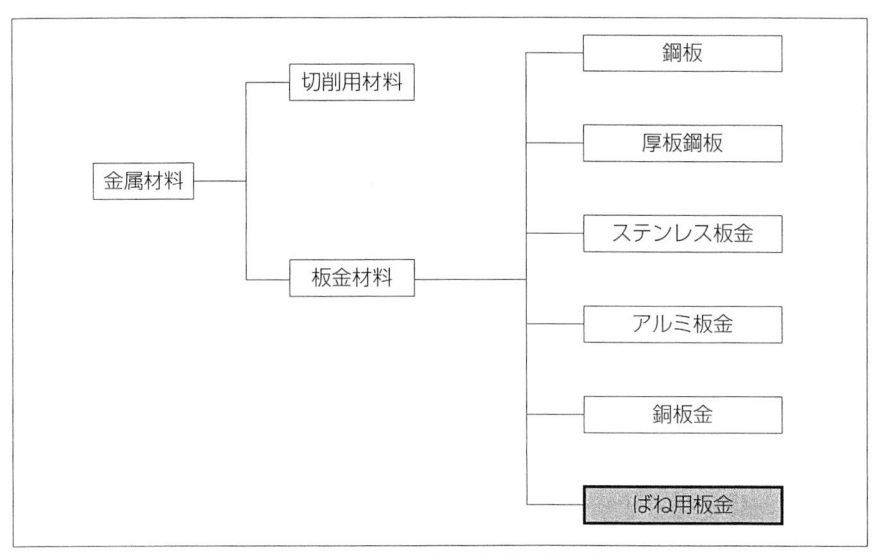

```
                        ┌── 鋼板
                        │
            ┌─切削用材料─┤── 厚板鋼板
            │           │
金属材料 ───┤           ├── ステンレス板金
            │           │
            └─板金材料──┤── アルミ板金
                        │
                        ├── 銅板金
                        │
                        └──[ばね用板金]
```

図表5-3-1　板ばね用板金の位置確認

次頁の**図表5-3-2**と**図表5-3-3**で、各種用途の板ばねを紹介します。

まずは、図表5-3-2ですが、図中上部には昔なつかしい「VTR用ヘッドシリンダ機構部」の写真があります。モータのシャフトを接地させる板ばねの存在に注目してください。

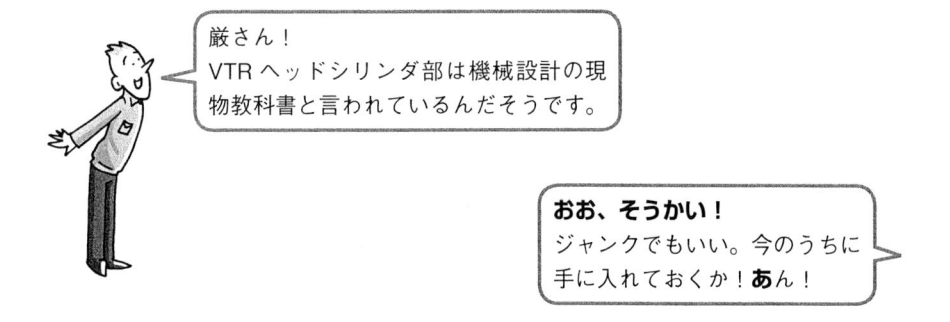

> 厳さん！
> VTRヘッドシリンダ部は機械設計の現物教科書と言われているんだそうです。

> おお、そうかい！
> ジャンクでもいい。今のうちに手に入れておくか！**あん！**

第5章　ばねの加工知識と設計見積り

板ばね(接地用：SUS301-CSP、板厚0.1 mm：推定)

1

VTR用ヘッドシリンダ機構部

板厚1.6 mmのSPCC

2

電極版
(板厚0.5 mmのC5210P)

3

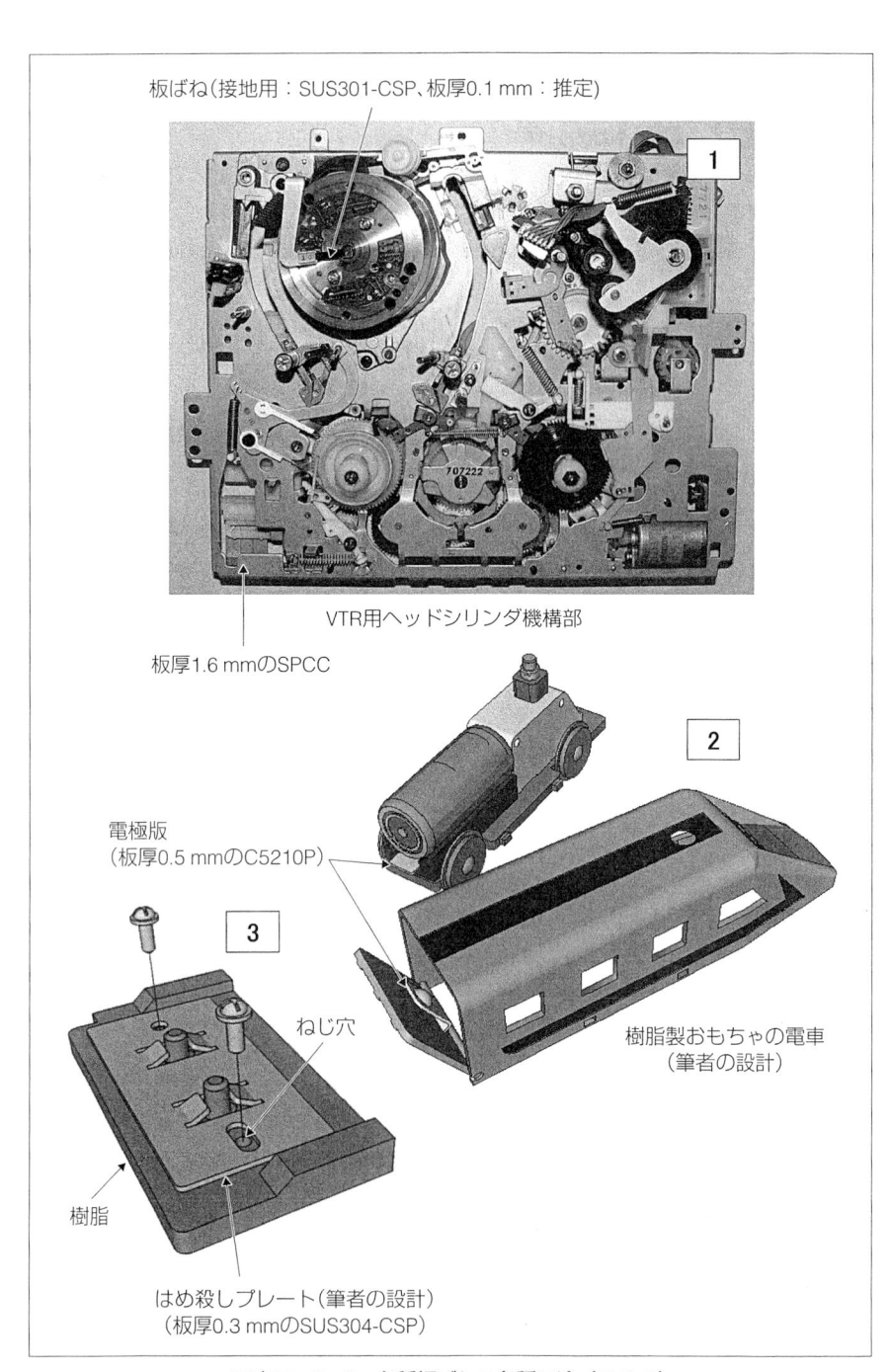

ねじ穴

樹脂製おもちゃの電車
(筆者の設計)

樹脂

はめ殺しプレート(筆者の設計)
(板厚0.3 mmのSUS304-CSP)

図表5-3-2　各種板ばねの各種用途（その1）

ホチキスに組み込まれた板ばね
（SUS304-CSP、板厚 0.8mm：推定）

4

テープ用リール軸押さえの板ばね（SUS304-CSP：推定）
サイズ：長さ 100× 幅 7× 板厚 0.2mm

5

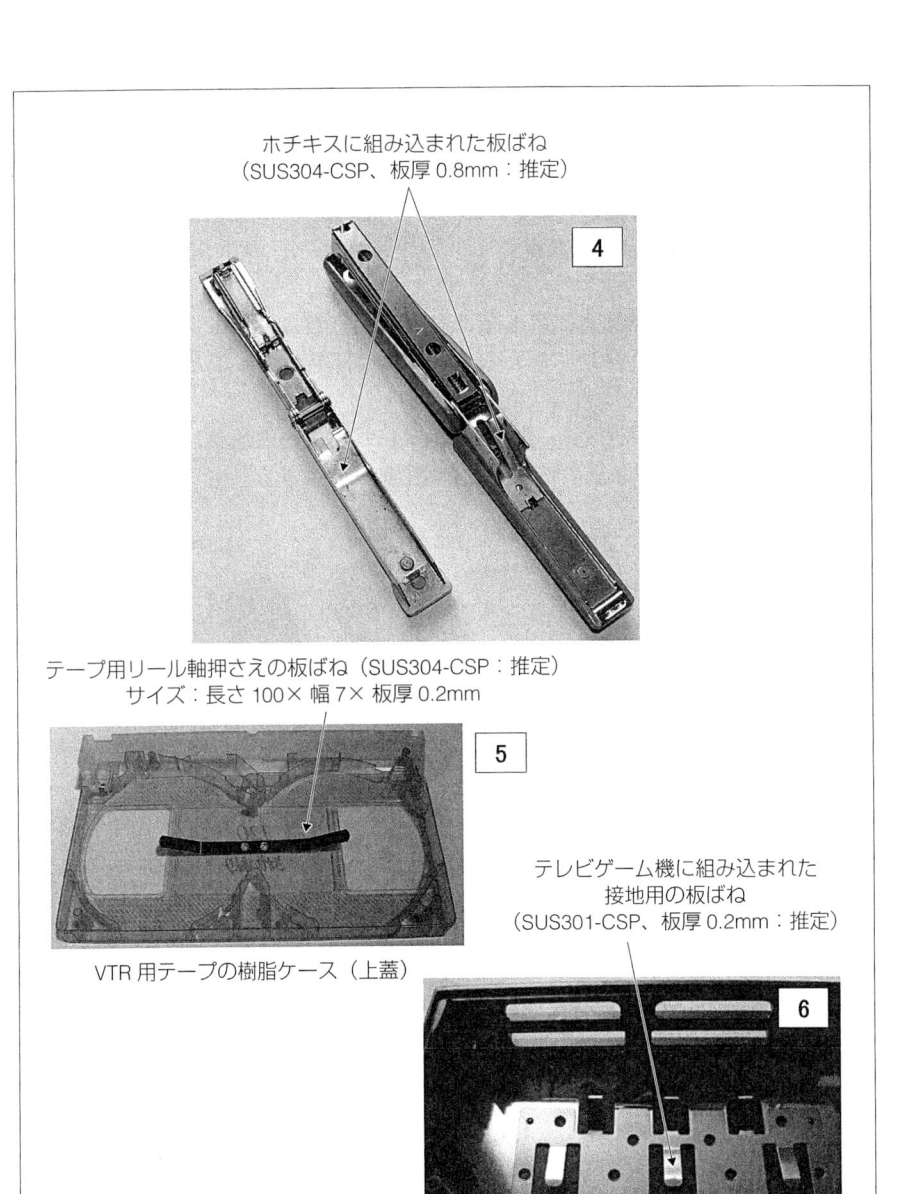

VTR 用テープの樹脂ケース（上蓋）

テレビゲーム機に組み込まれた
接地用の板ばね
（SUS301-CSP、板厚 0.2mm：推定）

6

図表 5-3-3　各種板ばねの各種用途（その 2）

　図表 5-3-2 と図表 5-3-3 を観察すると、ステンレス系（SUS 系）の板ばねが多いことに気づきます。

5-3-2. 板ばね用板金の部品点数ランキング

　もう一度、図表5-3-2の「VTRヘッドシリンダ機構部」の写真を見てください。全部品点数を把握してみましょう。部品の数を「ひとつ、ふたつ」と数えるのではなく映像から推定します。おそらく200点ぐらいでしょう。そして、板ばねはそのうちのたった1点です。

　実は、電気・電子機器における板ばねの部品点数は、「1％」ぐらいです。部品点数は少なくても「接地」をとるための重要部品であることは前述してきました。
　さて、その板ばね用板金は、**図表5-3-4**に示す部品点数ランキングになります。やはり、ステンレス系の材料が多く使われています。

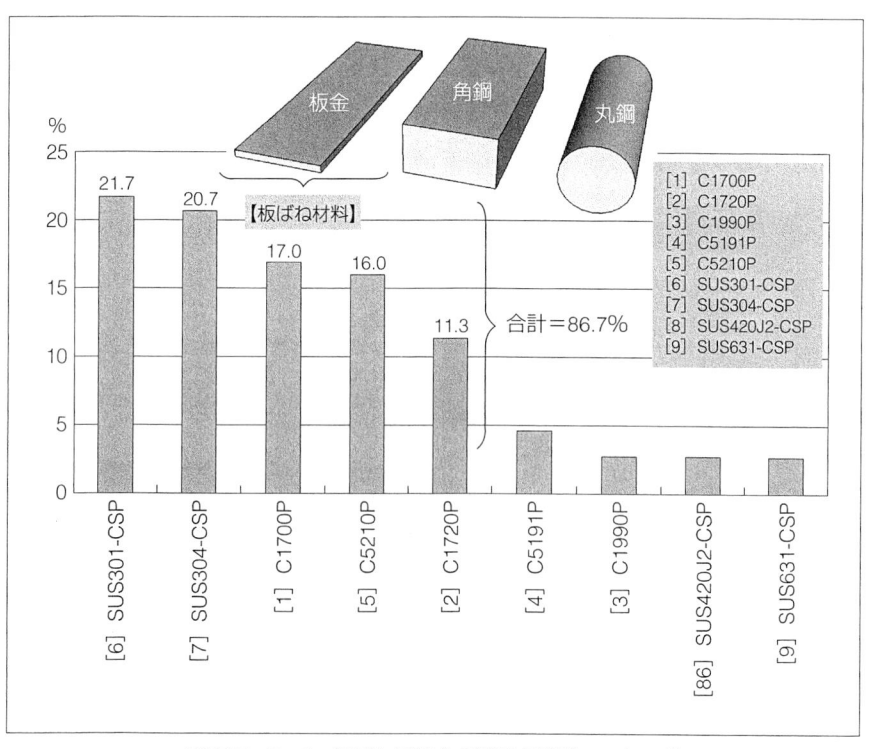

図表5-3-4　板ばね用板金の部品点数別ランキング
（出展：ついてきなぁ！材料選択の『目利き力』で設計力アップ：日刊工業新聞社刊）

　厳さんは、「一流の職人になるためにはよぉ、材料知識がねぇと、ダメってもんよ。」と言っていましたが、図表5-3-4における上位5位までで十分です。これで全板ばね材料の「86.7％」も理解したことになるからです

5-3-3. 板ばね用板金の詳細情報

　部品点数別のランキングで、理解すべき材料が絞られました。それでは、そのランキングに従い、材料の詳細情報、つまり、材料特性を**図表5-3-5**と**図表5-3-6**で把握しましょう。

SUS301-CSP、SUS304-CSPの場合
【目安】比重：7.9　　縦弾性係数：193 kN/mm²、横弾性係数：75 kN/mm²
　　　　線膨張係数：右表　　ポアソン比：0.30

線膨張係数：$\times 10^{-6}$/℃	
SUS301-CSP	17.0
SUS304-CSP	17.3

C1700P、C1720P、C5210Pの場合
【目安】比重：8.4　　縦弾性係数：110 kN/mm²、横弾性係数：41 kN/mm²　　線膨張係数：17×10^{-6}/℃
　　　　ポアソン比：0.35

【SUS301-CSP、SUS340-CSPの目安】　　比電気抵抗($\mu\Omega \cdot cm$)：72　　　導電率(％ IACS)：2.4
【C1700P、C1720Pの目安】　　　　　　比電気抵抗($\mu\Omega \cdot cm$)：6.9　　導電率(％ IACS)：25
【C5210の目安】　　　　　　　　　　　比電気抵抗($\mu\Omega \cdot cm$)：11.5　導電率(％ IACS)：15

No	記号	サイズ(mm)【目安】	引張強さ(N/mm²)【目安】	ばね限界値(N/mm²)【目安】	特徴/用途（切削用と板金が混在）	コスト係数	入手性
[6]	SUS301-CSP	【厚さ】0.1 - 1.6	930	315	【特徴】SUS304-CSPより硬い（ばね性が高い）、板ばね、ゼンマイ、耐候性、電気抵抗は高い、加工難 【用途】パソコンの接地ばね、携帯電話、注射針	4.2	良好
[7]	SUS304-CSP	【厚さ】0.1 - 1.6	780	275	【特徴】耐食性、耐候性、電気抵抗は高い 【用途】電気・電子機器用の薄板ばね	4.13	良好
[1]	C1700P	【厚さ】0.1 - 2.0	1030 時効硬化処理後	685 時効硬化処理後	【特徴】ばね用ベリリウム銅、耐食性、導電性良好、時効硬化処理は、成形加工後に施す 【用途】接地用ばね、マイクロスイッチ、ヒューズホルダ、ソケット、コネクタなどの電気機器用ばね	12.9	良好

図表5-3-5　板ばね用板金のランキング別材料特性表（その1）
（注意：すべての値は参考値です。各企業においては確認が必要です。）

No	記号	サイズ (mm) 【目安】	引張強さ (N/mm²) 【目安】	ばね限界値 (N/mm²) 【目安】	Q 特徴/用途 (切削用と板金が混在)	C コスト係数	D 入手性
[5]	C5210 P	【厚さ】 0.1 - 2.0	540	245	【特徴】リン青銅と呼ばれる材料、ばね用リン青銅、展延性良好、耐疲労性、耐食性、低温焼きなまし処理済 【用途】接地用ばね、マイクロスイッチ、ヒューズホルダ、ソケット、リレー、コネクタなどの電気機器用ばね	12.9	良好
[2]	C1720 P	【厚さ】 0.1 - 2.0	1100 時効硬化処理後	735 時効硬化処理後	【特徴】ばね用ベリリウム銅、耐食性、導電性良好、時効硬化処理は成形加工後に施す 【用途】接地用ばね、マイクロスイッチ、ヒューズホルダ、ソケット、コネクタなどの電気機器用ばね	12.9	良好

図表 5 - 3 - 6　板ばね用板金のランキング別材料特性表（その2）
（注意：すべての値は参考値です。各企業においては確認が必要です。）

　材料特性とは、材料の「Q（Quality：品質）」、「C（Cost）コスト」、「D（Delivery：期日、入手性）」を意味します。とくに、C（コスト）に注目しましょう。

　学校の教科書や専門書におけるC（コスト）情報は、「高い」と「安い」という概念だけの表記です。

　人によっては、場合によっては1円を高いという場合もあれば、1億円を安い場合もあるのです。本書は、「コスト係数」で、高い安いを数値化しています。

> **オイラ大工はよぉ**、
> 高い安いじゃ食っていけ**ねぇよ**！
> メートルいくらとか**よぉ**、キロいくらって知らなきゃ**よぉ**。
> **オメェ**ら技術者って、遅れてんじゃ**ねぇ**の？**あん**？

> 厳さん！
> 実は……

5-4 ▶▶▶ 事例で学ぶ板ばねの設計見積り

　それでは、前項における「ランキング別材料特性表」のコスト情報などを利用して、VTRテープに内蔵されている板ばねの設計見積りを実施してみましょう。

5-4-1. 課題：VTRテープ用板ばねの設計見積り

　図表5-4-1は、家電量販店や100円ショップでも販売されているVTRテープです。上下の樹脂ケースを締結している5本のねじを外すと、図中の上蓋ケースが分離されます。その上蓋ケースには、1枚の板ばねが熱カシメされています。
　この板ばねのロット50000枚におけるコストと型費を求めてみましょう。型は単発型とします。

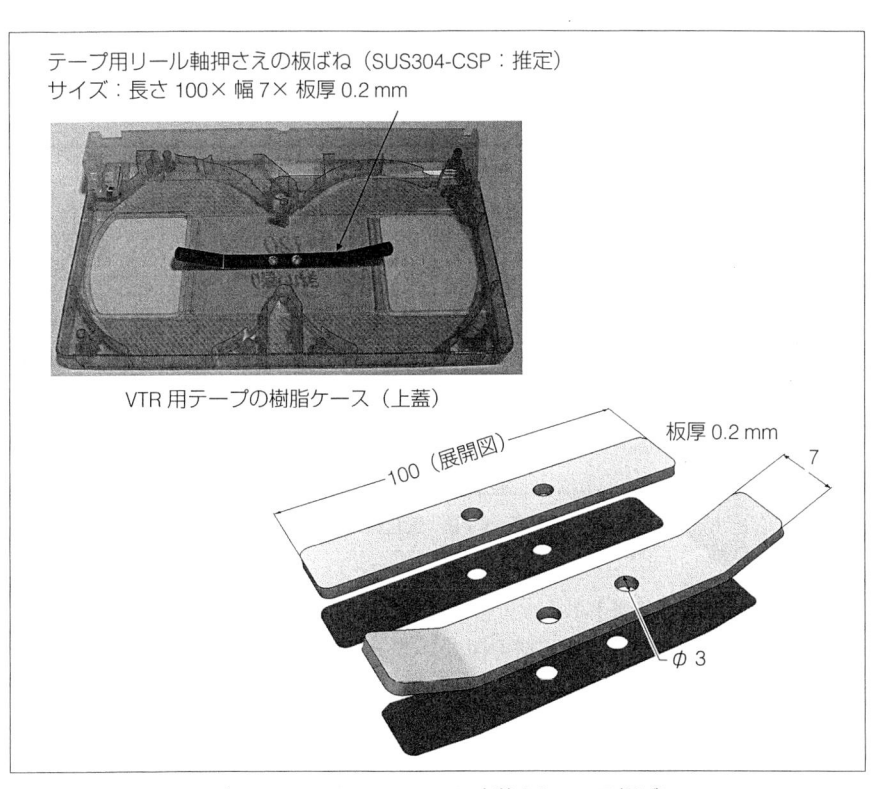

テープ用リール軸押さえの板ばね（SUS304-CSP：推定）
サイズ：長さ100× 幅7× 板厚 0.2 mm

VTR用テープの樹脂ケース（上蓋）

板厚 0.2 mm
100（展開図）
7
φ3

図表 5-4-1　VTRケースに内蔵されている板ばね

第5章　ばねの加工知識と設計見積り

5-4-2. 材料費を求める

まず、第1章で解説した公式1-2-1の「材料費」を求めますが、その材料費は次に示す再掲載の**公式1-3-1**で求めます。

公式1-3-1：
　材料費　＝　　　　幅W × 長さL × 板厚t × 係数 (C) × 10^{-3}
　（単位：指数）　（mm）　（mm）　（mm）　（図表1-3-2参照）
　　　　　　　　　　　　　　　　　　　　　　（図表5-3-5参照）
　　　　　　　　　　　　　　　　　　　　　　（図表5-3-6参照）

体積 = 7 × 100 × 0.2 = 140 mm³
材料費 = 体積 × 4.13 × 10^{-3} = 0.6 指数（円）

5-4-3. 加工費を求める

【Ⅰ.工程表を作成する】

図表5-4-2の工程表を作成します。

No.	加工名	工程数		備考
		せん断	曲げ	
①	外抜き	1	―	
②	丸穴	1	―	
③	曲げ（上）	―	1	
④	―	―	―	
⑤	―	―	―	
	合計	2	1	

図表5-4-2　工程表の作成

【Ⅱ.ロット倍率を求める】

量産効果のロット倍率を第1章の図表1-3-4で求めます。

ロット50,000本の場合のロット倍率を求めると、Log50000 = 4.7であり、グラフより「0.78」と読めます。

【Ⅲ．部品展開図のルート面積を求める】
　$\sqrt{面積（ルート面積）} = \sqrt{(7 \times 100)} = 26.5\,\text{mm}$ となります。

【Ⅳ．基準加工費を求める】
　ロット1000本の加工費を基準とする「基準加工費」を、第1章の図表1-3-6より求めます。
　1工程の場合の基準加工費＝1指数（円）……図表1-3-6の線図を延長して読み取れます。
　ここで、図表5-4-2に戻ると、全工程数は3工程であるため、
　全工程の基準加工費＝1×3＝3指数（円）……となります。

【Ⅴ．加工費を求める】
　前述により基準加工費が求められたので、次に示す公式1-3-2に当てはめれば求めるロット数における加工費が求まります。

公式1-3-2：
$$加工費 = 基準加工費 \times ロット倍率$$

加工費＝3×0.78＝2.3指数（円）

5-4-4．板ばねの型費を求める

　課題の条件は、「型は単発型」でした。
　第1章の図表1-3-7における単発型の場合は、2本のグラフがあります。その一つが板金部品の外側を打ち抜く場合の「せん断用」であり、もう一つのグラフは「せん断以外」、つまり、各種の穴や曲げや絞り加工などの型費コスト線図です。

　・$\sqrt{面積} = 26.5\,\text{mm}$
　・工程：外形せん断：1工程
　・工程：外形せん断以外、つまり、丸穴：1工程
　・工程：外形せん断以外、つまり、曲げ（上）：1工程

以上で、図表1-3-7から読み取れる型費は、
- 型費＝25,000＋25,000×2＝75,000指数（円）
- ロット50,000本における1本当たりの型費＝1.5指数（円）/本

となります。

5-4-5. 結果：板ばねの設計見積り
以上をまとめると、
① 材料費：0.6指数（円）
② 加工費：2.3指数（円）
③ 定規1本当りの型費：1.5指数（円）　型費：7.5万指数（円）

④ 合計：2.9指数（円）/本

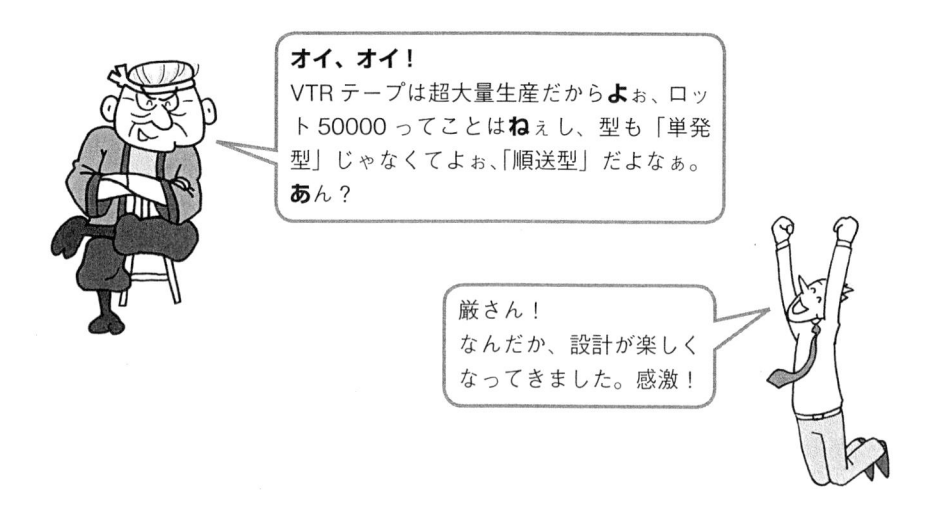

> **オイ、オイ！**
> VTRテープは超大量生産だから**よ**ぉ、ロット50000ってことは**ね**ぇし、型も「単発型」じゃなくてよぉ、「順送型」だよなぁ。**あ**ん？

> 厳さん！
> なんだか、設計が楽しくなってきました。感激！

5-5 ▶▶▶ お客様の道具（加工法）を知る（コイルばね編）

5-5-1. コイルばねとは
「ばね」や「スプリング」といえば、前述の板ばねと**図表5-5-1**に示す「コイルばね」または、「コイルスプリング」が代表的です。本書では、一般的な「コイルばね」と呼ぶことにします。

この「コイルばね」も図中に示すように、「圧縮ばね」と両端にフック部を有する「引張りばね」に大分類されます。

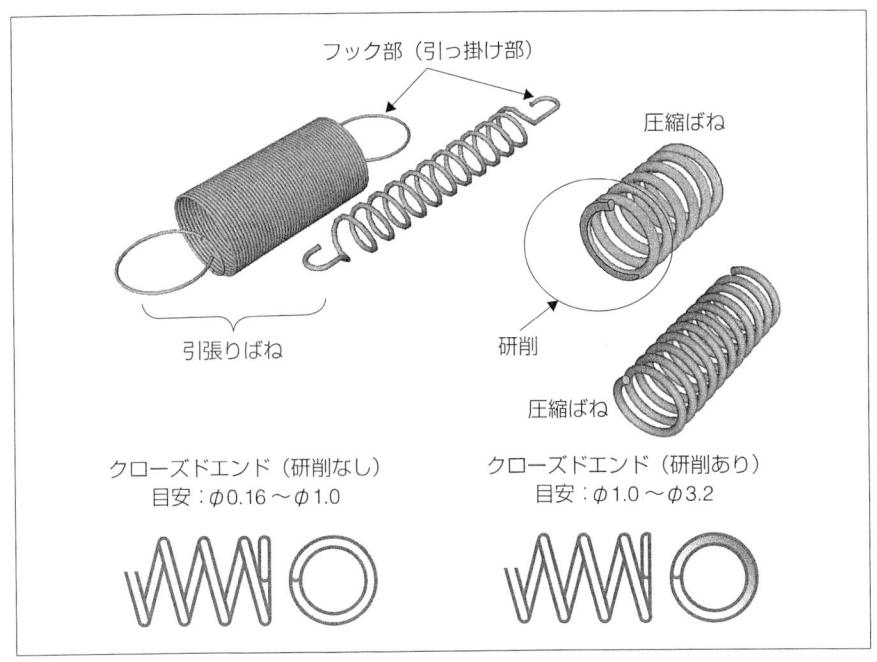

図表5-5-1　各種のコイルばね

5-5-2. コイルばねの加工

後に解説するコイル用材料を用いて、コイルばねを製造します。その代表的な線径は、φ0.1～φ14 mmです。ただし、本書のコンセプトである電気・電子機器では、φ0.16～φ3.2 mmが妥当なところです。

その材料を「線材」といいますが、注文数が少ない場合や試作の場合は、まるで旋盤のような加工機にシャフトをチャッキングし、手作業にてそのシャフトの外周に線材を巻いていきます。

もちろん大量生産の場合、原理は同じでも線材の供給から取り出す際の線材のカッティングまで全自動化されています。

図表5-5-2は、後者の場合を簡易的に解説したコイルばねの生産工程です。コイルばねとしては「圧縮ばね」であり、冷間加工を主体に解説しています。

① 線材を加工機にセット ← この加工機を「コイリングマシン」という。旋盤にそっくり。

② コイリング ← 線材を螺旋状に巻く。

チャック

このイラストは、手作業によるコイリングである。全自動では不要な作業である。

③ フォーミングマシン ← 線材を様々な方向に曲げる。引っ張りばねのフック部の製造に使う。

④ 焼入れ・焼戻し ← 熱間成形時のみ実施する。硬度を増す。

⑤ 低温焼きなまし ← 冷間成形時のみ実施する。加工ひずみ、残留応力の除去によるへたり防止。

⑥ 研削 ← 圧縮ばねの場合、両端面を研削することで座りを良くし、応力の集中を分散させる。

⑦ ショットピーニング ← ばねの表面を金属球でショットする。へたりを強化。

⑧ 低温焼きなまし ← ショットピーニングによる残留応力を除去する。

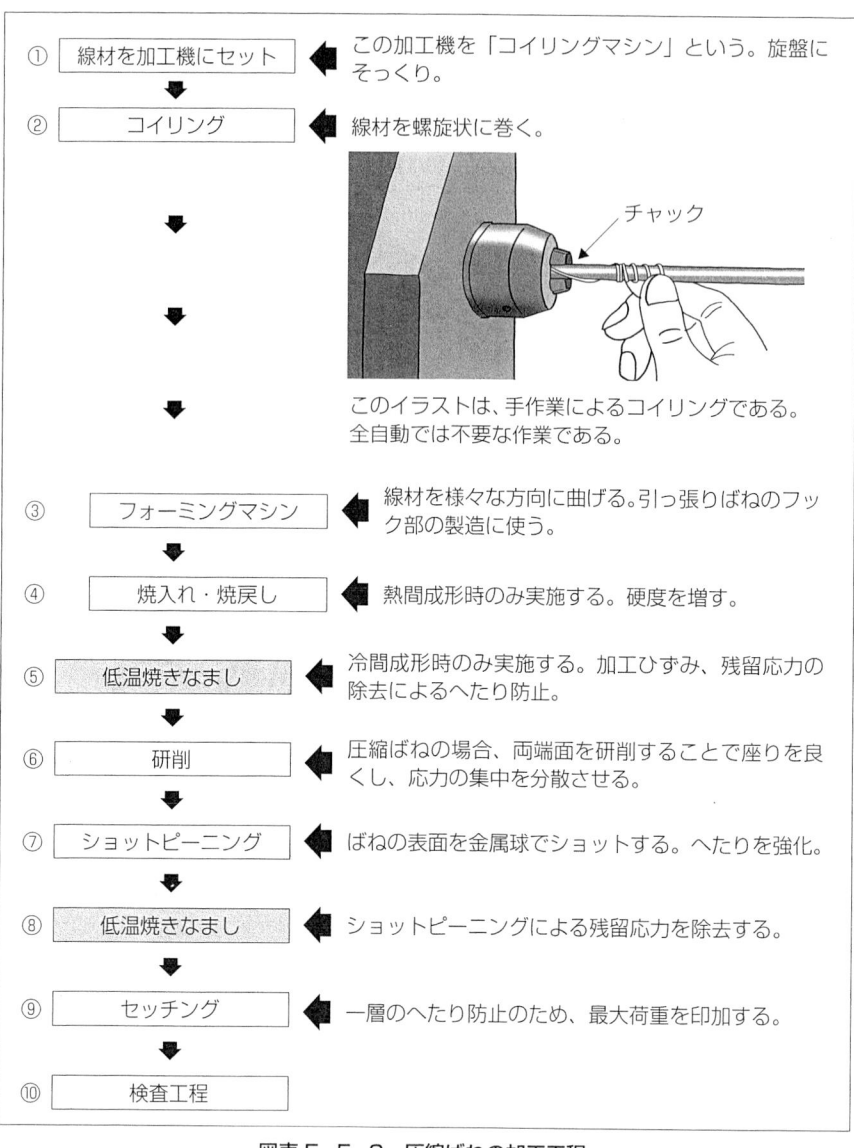

⑨ セッチング ← 一層のへたり防止のため、最大荷重を印加する。

⑩ 検査工程

図表5-5-2 圧縮ばねの加工工程

　図表5-5-2における工程番号②の「コイリング」ですが、まるで旋盤のような加工機に注目してください。大量生産するばねでも、必ず試作品はこのように製造されます。コイリング作業は常温で行われるので、これを「冷間加工」と呼びます。

　冷間加工……どこかで聞いた言葉ですね。

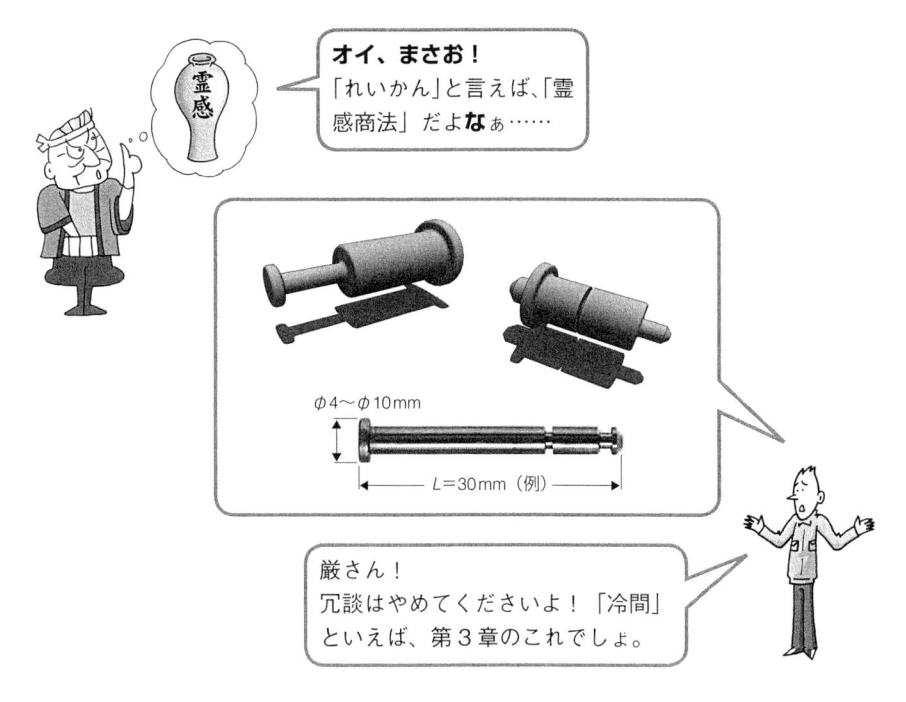

> オイ、まさお！
> 「れいかん」と言えば、「霊感商法」だよなぁ……

霊感

φ4～φ10mm
L=30mm（例）

> 厳さん！
> 冗談はやめてくださいよ！「冷間」といえば、第3章のこれでしょ。

　コイリングの次の工程は、冷間加工の圧縮ばねゆえに、④を飛ばして工程番号⑤の「低温焼きなまし」に入ります。ここで残留応力を除去したら、工程番号⑥の「研削」に入ります。研削は、圧縮ばねのときのみに施す加工です。

　もう一度、図表5-5-1の丸で囲んだ部分を見てみましょう。そこが「研削」箇所です。線径がφ0.16～φ1.0の圧縮ばねの場合は、研削はしない「クローズドエンド（研削なし）」が多勢ですが、φ1.0、もしくは、φ1.2以上の線径となると研削を施す場合「クローズドエンド（研削あり）」が多くなります。

　この後は、圧縮ばねも引張りばねも共通で、「ショットピーニング」、「低温焼きなまし」、「セッチング」、「検査工程」で終了です。

見積り力　圧縮ばねや引張りばねなどのコイルばねは、何度も残留応力の除去を施す工程を経て生産される。

　図表4-2-1に示したように、「めっき」は何度も水洗や洗浄工程が設けられていました。一方、コイルばねは工程番号⑤と⑧に示すように、何度も残留応力除去の工程が設けられています。職人なら、ここが弱点だと気づいてください。工程を分析することで、その部品の弱点が見えてきます。

5-6 ▶▶▶ コイルばねの材料選択

図表5-6-1は、コイルばね用の材料特性表です。本書の恒例として、まずは、材料の部品点数別ランキングを掲載するのですが、下表のように3種です。しかも、「SUS304WPB」と「SWPA」しか使用しないと言っても過言ではありません。

SUS304WPBの場合
【目安】比重：7.8 縦弾性係数：170 kN/mm^2、横弾性係数：72 kN/mm^2
　　　　線膨張係数：17.3×10^{-6}/℃、ポアソン比：0.30、熱伝導率：16 W/(m・K)

SWPA、SWPBの場合
【目安】比重：7.9 縦弾性係数：195 kN/mm^2、横弾性係数：79 kN/mm^2
　　　　線膨張係数：12×10^{-6}/℃、　ポアソン比：0.30、熱伝導率：60 W/(m・K)

No	記号	サイズ (mm) 【目安】	引張強さ (N/mm^2) 【目安】	ばね限界値 (N/mm^2) 【目安】	特徴/用途	コスト係数	入手性
[1]	SUS 304 WPB	【線径】 0.16-2.0	2061	1854	【特徴】SWPAに比べ、耐久性は劣るが、耐食性良好。	4.10	良好
[2]	SWPA	【線径】 0.35-3.2	2246	1999	【特徴】ピアノ線のこと。耐久性（＝耐疲労性）良好。防錆としてめっきを要す。熱伝導率の大きい方から銅線、アルミニウム線、ピアノ線という具合に熱伝導率が高い。	2.99	良好
[3]	SWPB	【線径】 0.35-3.2	2414	2131	【特徴】ピアノ線のこと。耐久性（＝耐疲労性）良好。防錆としてめっきを要す。熱伝導率の大きい方から銅線、アルミニウム線、ピアノ線という具合に熱伝導率が高い。SWPAよりも耐久性に優れる。	3.73	良好

図表 5-6-1　コイルばね用の材料特性表
(注意：すべての値は参考値です。各企業においては確認が必要です。)

　SWPAとSWPBは、通称、「ピアノ線」と呼ばれています。鋼線ゆえに錆びるので、「防錆油」を塗布する場合や、亜鉛めっきクロメートやニッケルめっきが施されます。

　また、SUS304WPBはステンレスゆえに錆びにくいのですが、ニッケルめっきを施す場合もあります。その理由は、「高温酸化の防止」と「更なる耐食性」だったような気がします。

（吹き出し左）「**だったような気がします**」……ではなくて、項目4-2-2の「ちょいと茶でも」を復習しましょう！

（吹き出し右）確かそうだったよ**な**ぁ……

5-7 ▶▶▶ 事例で学ぶコイルばねの設計見積り

　軸系部品や表面処理のめっき同様に、本項もいきなり演習問題を解きながらコイルばねの設計見積りを算出してみましょう。

　設計見積りは、製造工程を理解できます。逆に製造工程を知らないと見積りができません。ただし、設計者にマニアックな知識は不要です。安心してください。

5-7-1. 課題：SWPAの圧縮ばねの設計見積り

　図表5-7-1は、よく使われるSWPA材の圧縮ばねです。このばねのロット3000個におけるコストを見積りましょう。その他の設計見積り諸元は、図中に記載しました。

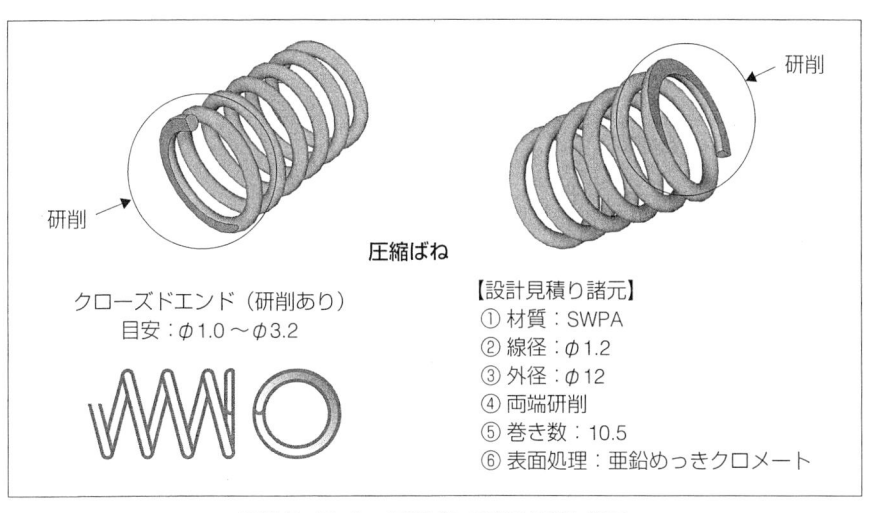

（図中注記）
- 研削
- 圧縮ばね
- クローズドエンド（研削あり）
- 目安：φ1.0〜φ3.2

【設計見積り諸元】
① 材質：SWPA
② 線径：φ1.2
③ 外径：φ12
④ 両端研削
⑤ 巻き数：10.5
⑥ 表面処理：亜鉛めっきクロメート

図表5-7-1　圧縮ばねの設計見積り諸元

第5章　ばねの加工知識と設計見積り

> **見積り力**
> 設計見積りは製造工程を理解できる。製造工程を知らないと設計見積りはできない。しかし、マニアックな知識は不要である。

5-7-2. 材料費を求める

まず、第1章で解説した公式1-2-1の「材料費」を求めますが、その材料費は次の**公式5-7-1**で求めます。

公式5-7-1：
　　材料費　　＝　　体積　×　　係数（C）　×　10^{-3}
　（単位：指数）（mm³）（図表5-6-1を参照）

体積＝（線径/2)² × π ×（外径＋内径）/2 × π × N　　（N：巻き数）

体積 ＝ $(1.2/2)^2 \times \pi \times (12 + 9.6)/2 \times \pi \times 10.5$
　　　＝ 402.92 mm³
材料費 ＝ 体積 × 2.99×10^{-3} ＝ 1.2 指数（円）

5-7-3. 加工費を求める

【Ⅰ.ロット倍率を求める】

量産効果のロット倍率を**図表5-7-2**で求めます。

ロット3,000個の場合のロット倍率を求めると、Log3000 = 3.5であり、グラフより「0.67」と読めます。

ここでもう一度、図表5-7-2を見てみましょう。おそらく初めて目で見る「コイルばねの量産効果」と思います。

例えば、ロット1000個の加工費を「1」とすれば、これがロット100個になれば「2.93」であり、なんと2.93倍に増加します。逆にロット50000個となれば「0.3」であり、7割もダウンします。コイルばねも大量生産向きの部品であり、ここに儲かるネタがあります。

> **見積り力**　コイルばねは大量生産向きの部品であり、ロット1000をロット50000にすれば、加工費はなんと7割引となる。

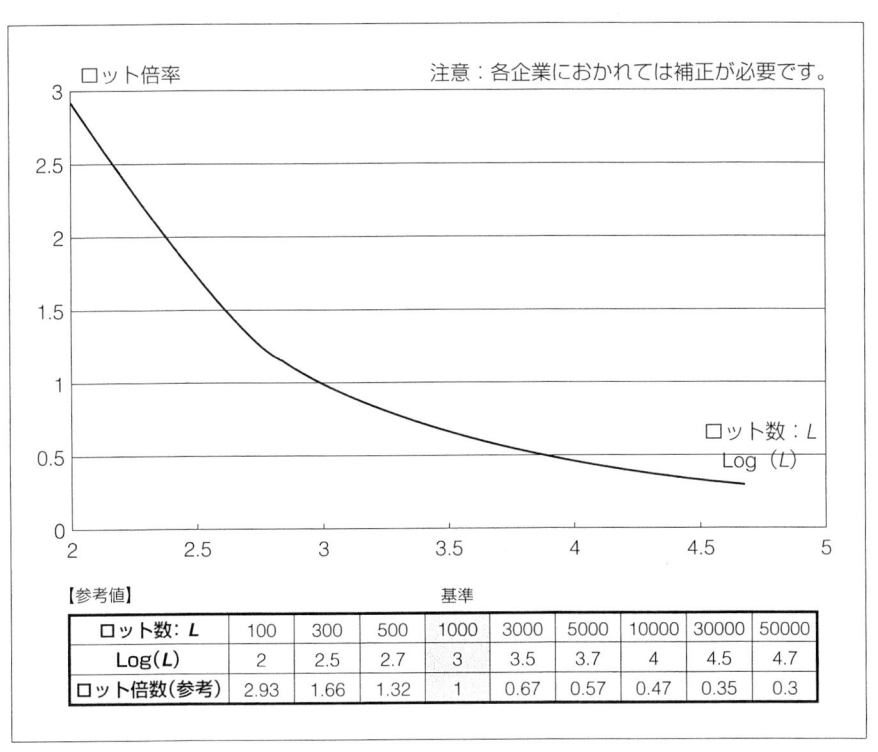

図表5-7-2　コイルばねの量産効果

ロット数：L	100	300	500	1000	3000	5000	10000	30000	50000
Log(L)	2	2.5	2.7	3	3.5	3.7	4	4.5	4.7
ロット倍数(参考)	2.93	1.66	1.32	1	0.67	0.57	0.47	0.35	0.3

【Ⅱ．基準加工費を求める】

ロット1000本の加工費を基準とする「基準加工費」を、**図表5-7-3**より求めます。

その前に、**公式5-7-2**でコイルばねの「長さ：L」を求めます。

公式5-7-2：
長さ L ＝（外径＋内径）/2×π×N
(mm)　　(mm)　　(mm)　　　　(N：巻き数)

第5章　ばねの加工知識と設計見積り

長さ：$L = (12 + 9.6)/2 \times \pi \times 10.5 = 356$ mm
基準加工費 = 4.5指数（円）……図表5-7-3から読み取れます。

基準加工費（指数）
注意：各企業におかれては補正が必要です。

L(mm)$\times 10^{-3}$

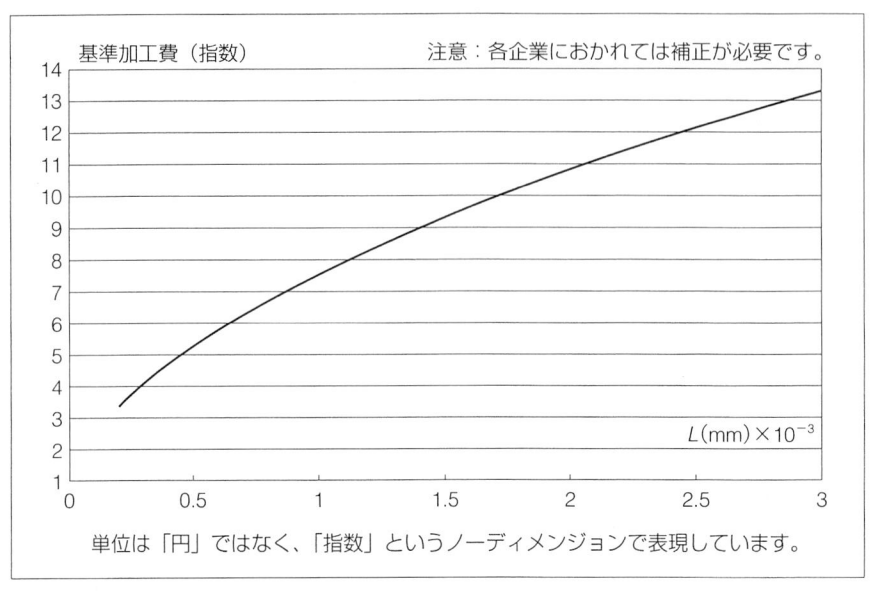

単位は「円」ではなく、「指数」というノーディメンジョンで表現しています。

図表5-7-3　コイルばねの基準加工費

【Ⅲ．加工費を求める】
　前述により基準加工費が求められたので、次に示す公式1-3-2に当てはめれば求めるロット数、つまり、ロット3000個における加工費が求まります。

公式1-3-2：
　　　　　加工費 ＝ 基準加工費 × ロット倍率

　加工費 = $4.5 \times 0.67 = 3.0$ 指数（円）

【Ⅳ．その他の加工費】
　図表5-7-4に、その他の加工を掲載しました。課題のばねは、「両端研削ばね」ですから、

　　その他の加工の基準加工費＝10指数（円）……となります。

その他の加工	適用ばね	イメージ図	ロット1000個でのコスト指数（円）
両端研削	圧縮ばね	①	10
両端フック部	引張りばね	②	16
端部曲げ	ねじりばね	③	1回曲げ：4

注意：各企業におかれては補正が必要である。

両端研削：①　　　両端フック部：②　　　端部曲げ：③
（圧縮ばね）　　　（引張りばね）　　　　（ねじりばね）

補足：フック部は、片側で「2回曲げ」とカウントする。

図表5-7-4　コイルばねにおけるその他の加工の基準加工費

【Ⅴ．その他の加工のロット倍率を求める】
　両端研削の加工費にも量産効果によるロット倍率が存在します。課題のロット数は3000個なので、**図表5-7-5**より、0.83と読み取れます。

　したがって、その他の加工である両端研削の加工費は、
　その他の加工費＝10×0.83＝8.3指数（円）……となります。

見積り力　コイルばねに関するフック部などの「その他の加工」は、コスト高であることを理解しよう。

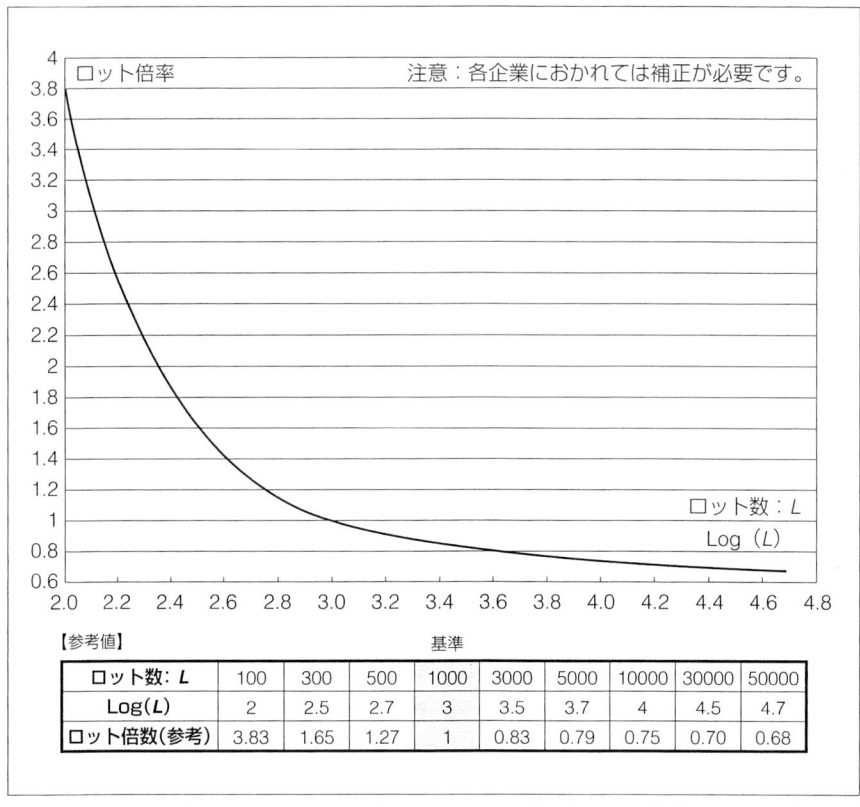

【参考値】				基準					
ロット数：L	100	300	500	1000	3000	5000	10000	30000	50000
Log(L)	2	2.5	2.7	3	3.5	3.7	4	4.5	4.7
ロット倍数(参考)	3.83	1.65	1.27	1	0.83	0.79	0.75	0.70	0.68

図表5-7-5　コイルばねにおけるその他の加工の量産効果

【Ⅵ. めっきの基準加工費を求める】

　コイルばねといっても、めっきの場合は、第4章の軸にめっきを施す場合と同じと考えます。

　したがって、第4章の図表4-3-3を使用します。

　ここで図中の横軸には「全長（mm）」と記載されていますが、これは軸の場合であり、コイルばねの場合は、**公式5-7-3**を適用します。

公式5-7-3：
　　全長（コイルばねの場合）＝線径 × π × N　　（N：巻き数）
　　　　　　　　　　　　　　　(mm)

めっき全長 = 1.2 × π × 10.5 = 39.6 mm で図表4-3-3より、
基本加工費 = 1.3指数（円）と読み取れます。

【Ⅶ．亜鉛めっきクロメートの表面処理費を求める】
　課題のロットは3000個なので、ロット倍率は、図表4-3-2より0.33と読めます。
　したがって、
　表面処理費 = 1.3 × 0.33 × 1（コスト倍率）= 0.4（指数）となります。

【Ⅷ．まとめ】
　① 材料費：1.2指数（円）
　② 加工費：3.0指数（円）
　③ その他の加工費（両端研削）：8.3指数（円）
　④ 亜鉛めっきクロメート：0.4指数（円）

　　　　合計 = 12.9指数（円）

厳さん！
ステンレス材にしたら、いくらになるのでしょうか？

① 材料費：1.7指数（円）
② 加工費：3.0指数（円）
③ その他の加工費（両端研削）：8.3指数（円）
④ 亜鉛めっきクロメート：0.4指数（円）
　　　合計 = 13.0指数（円）

これでどうだ！

あんまシ、変わんねぇよなぁ？

厳さんの「あんまシ、変わんねぇよなぁ？」の感想ですが、設計見積りにおける各要素のロット3000個という「ロット倍率」が効いているようです。

そこで、図表5-7-6にロット100、500、1000の設計見積りを算出してみました。厳さんが何度かアドバイスしている「比較法」で、ステンレス材である「SUS304WPB」との違いを発見してみましょう。

設計見積り要素	ロット100		ロット500		ロット1000	
	SWPA	SUS304 WPB	SWPA	SUS304 WPB	SWPA	SUS304 WPB
材料費	1.2	1.7	1.2	1.7	1.2	1.7
加工費	13.2	13.2	5.9	5.9	4.5	4.5
その他の加工費(両端研削)	38.3	38.3	12.7	12.7	10.0	10.0
亜鉛めっきクロメート	13.0	0	2.6	0	1.3	0
合計	65.7	53.2	22.4	20.3	17.0	16.2
差分	12.5		2.1		0.8	

図表5-7-6　ロット数によるSWPAとSUS材のコスト比較

たぶん、……
めっきの量産効果が設計見積り値に大きく起因しているのでしょう。

オイ、まさお！
オメェ、賢くなったよな**ぁ**！
そうだ、その通りだ。
職人は必ず「比較法」で理解しろ！
これは**教育的指導**だ。

見積り力　コイルばねのコストは、めっきの有無とロット数で決まる。

5-8 ▶▶▶ 目で見る！第5章のまとめ

板ばね用板金の位置確認
（図表5-3-1）

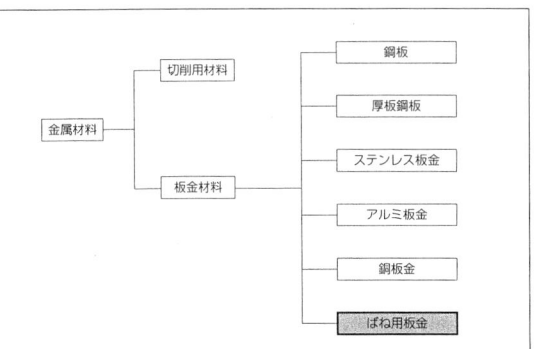

金属材料
- 切削用材料
  - 鋼板
  - 厚板鋼板
- 板金材料
  - ステンレス板金
  - アルミ板金
  - 銅板金
  - **ばね用板金**

板ばね用板金の部品点数別ランキング
（図表5-3-4）

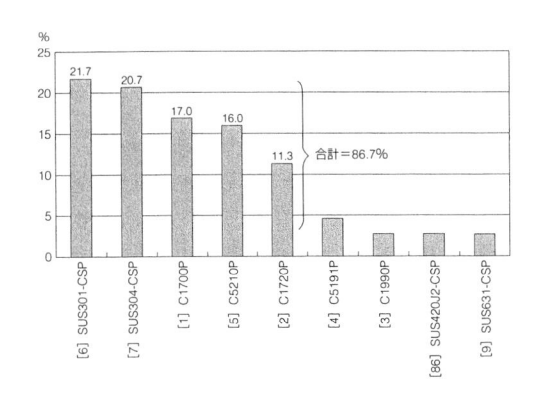

順位	材料	%
[6]	SUS301-CSP	21.7
[7]	SUS304-CSP	20.7
[1]	C1700P	17.0
[5]	C5210P	16.0
[2]	C1720P	11.3
[4]	C5191P	—
[3]	C1990P	—
[86]	SUS420J2-CSP	—
[9]	SUS631-CSP	—

合計＝86.7%

コイルばねにおけるその他の加工の基準加工費
（図表5-7-4）

その他の加工	適用ばね	イメージ図	ロット1000個でのコスト指数（円）
両端研削	圧縮ばね	①	10
両端フック部	引張りばね	②	16
端部曲げ	ねじりばね	③	1回曲げ：4

注意：各企業におかれては補正が必要である。

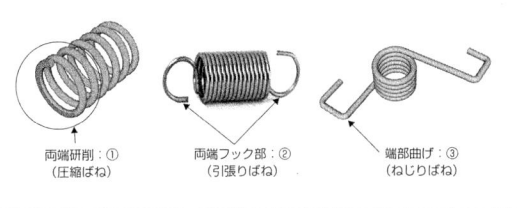

両端研削：①（圧縮ばね）　両端フック部：②（引張りばね）　端部曲げ：③（ねじりばね）

図表5-8-1　目で見る第5章のまとめ

儲かる見積り力・チェックポイント

【第5章における儲かる見積り力・チェックポイント】
　第5章における「儲かる見積り力・チェックポイント」を下記にまとめました。理解できたら「レ」点マークを□に記入してください。

〔項目5-1：お客様の道具（加工法）を知る（板ばね偏）〕
　① 金属同士の接合を「溶接」、樹脂同士の接合を「溶着」という。
　　　（参考：金属と樹脂の接合は「熱カシメ」という）　　　　　　　□

　② 板金ばねによる機器の確実な「接地」がVCCI規格適合への鍵となっている。　　　　　　　　　　　　　　　　　　　　　　　　　　　□

　③ 「接地」は、機械系技術者にとって必須の知識である。　　　　　□

〔項目5-2：お客様の得手不得手を知る〕
　① 「打ち抜き」とは、紙や布を鋏（はさみ）で切ることをイメージする。□

　② 「絞り」は、灰皿や瓶ビールの王冠や缶コーヒーの缶をイメージする。□

　③ 「曲げ」も「引張り応力」と「圧縮応力」で表現できる。　　　　□

　④ 圧延方向とその特性は、トイレットペーパーで思い出すこと。　　□

〔項目5-5：お客様の道具（加工法）を知る（コイルばね偏）〕
① 圧縮ばねや引張りばねなどのコイルばねは、何度も残留応力の除去を施す工程を経て生産される。　□

〔項目5-7：事例で学ぶコイルばねの設計見積り〕
① 設計見積りは製造工程を理解できる。製造工程を知らないと設計見積りはできない。しかし、マニアックな知識は不要である。　□

② コイルばねは大量生産向きの部品であり、ロット1000をロット50000にすれば、加工費はなんと7割引となる。　□

③ コイルばねに関するフック部などの「その他の加工」は、コスト高であることを理解しよう。　□

④ コイルばねのコストは、めっきの有無とロット数で決まる。　□

　チェックポイントで70％以上に「レ」点マークが入りましたら、第6章へ行きましょう。

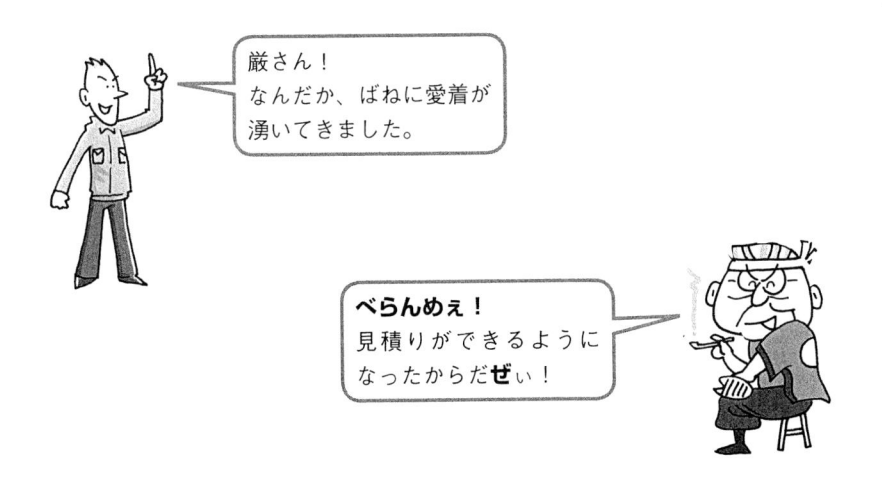

厳さん！
なんだか、ばねに愛着が湧いてきました。

べらんめぇ！
見積りができるようになったからだ**ぜぃ**！

見積り力

第6章
ゴム成形品の加工知識と設計見積り

6-1. お客様の道具(加工法)を知る
6-2. お客様の得手不得手を知る
6-3. 加工限界を知る
6-4. ゴム材料の最適な選択
6-5. 事例で学ぶゴム成形品の設計見積り
6-6. 目で見る！第6章のまとめ
　　　〈儲かる見積り力・チェックポイント〉

厳さん！

入社時、配属先の先輩が言っていました、「ゴムは扱いが難しい機械材料だ！」って。

オイ、まさお！

昔の大工は**よぉ**、ゴムに無関係だった。しっかし今は**よぉ**、防水/防音/断熱…ゴムの需要は増加している。そんじゃ、オイラも自己研鑽！
ついてきなぁ！

【注意】
第6章に記載されるすべての事例は、本書のコンセプトである「若手技術者の育成」のための「フィクション」として理解してください。

第6章 ゴム成形品の加工知識と設計見積り

6-1 ▶▶▶ お客様の道具（加工法）を知る

　当事務所では、隣国自動車会社からのコンサルテーションで「自動車のトラブルランキング」を調査しました。その結果、第1位～第3位の間に「ゴム成形品」が入っています。概略の内容ですが、「雨漏り」、「騒音の遮断不良」、「オイル漏れ」、「エアーリーク（エア漏れ）」、「防振／制振不良」、「劣化」、「クラック（割れ）」……と、まだまだ続きます。

　一方、ゴム成形品の中に「オイルシール」と呼ぶ部品がありますが、機械工学の世界では、「オイルシールの品質からその国の工業水準がわかる」とまで言われています。なぜならば、この部品が自動車、航空宇宙産業、船舶、そして、軍需産業の信頼性を支える重要部品だからです。

　さて、このゴム成形品ですが、大変困ったことがあります。トラブルの上位ランキングを占めるため、そのトラブルの原因分析をするわけですが、ゴムメーカーは非常に口が堅く、製造工程の見学、撮影、そして、成分配合、配合条件、配合環境などは決して教えてくれません。これは、薬品、食品、とくに発酵食品、そして、塗料業界などに見られる独特のスタンスです。

　車好きにはたまらない、イタリアのフェラーリ。その車の色は「フェラーリ・レッド」、あのイタリアの陽気な国民性が表現されている独特のレッド色ですが、だれにも真似をすることができません。

　本項は、ゴム成形品の加工法、材料特性、設計見積りを解説しますが、前述のように、独特な業界であることを理解してください。とくに、材料特性ですが「ゴムは化学物質」と捉えてください。ゴムの特性は、主原料の特性が顕著となりますが、そこに配合される添加剤で大きく変身する場合があります。

　したがって、各企業においては、現物による確認が必要です。

6-1-1. お客様とのルール（単語を覚える）

　ゴム成形品は、以下に示す加工法で製造されます。

　　① 図表6-1-1に示す直圧成形で製造される一般形状のゴム成形品
　　② 図表6-1-2に示す射出成形で製造される大量生産のゴム成形品
　　③ 図表6-1-3に示す押出し成形で製造されて長物[注1]のゴム成形品
　　注1：長物とは、建築用丸太類、工業用パイプやシール材、および構造用鋼材のこと。

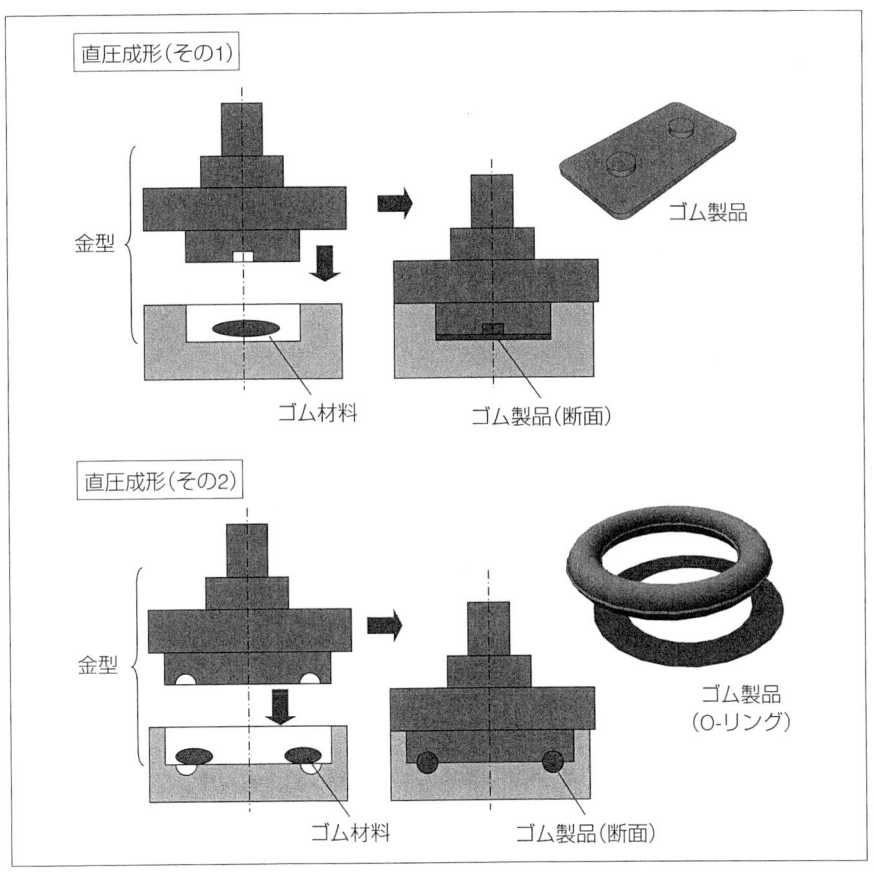

図表6-1-1　直圧成形によるゴム成形品の製造方法

　ゴム成形品の多くは、「直圧成形」によって加工されます。小ロット生産向きで、まるで「押し寿司」のようで好感が持てます。また、第2章の項目2-4で解説した金属の塑性加工、そして、ヘッダー加工を連想してください。ヘッダー加工は、「冷間（常温）」での加工でしたが、直圧成形は「加温+加圧」による加工法です。

> **見積り力**　ゴムの加工法で最もよく使われる加工法は「直圧成形」であり、「押し寿司」を連想する。

　たとえば、図中の「直圧成形（その2）」に示す「O-リング」の場合、200℃前後まで金型を加温します。加工精度に期待が持てる加工法でもあります。

第6章　ゴム成形品の加工知識と設計見積り

```
射出成形
```

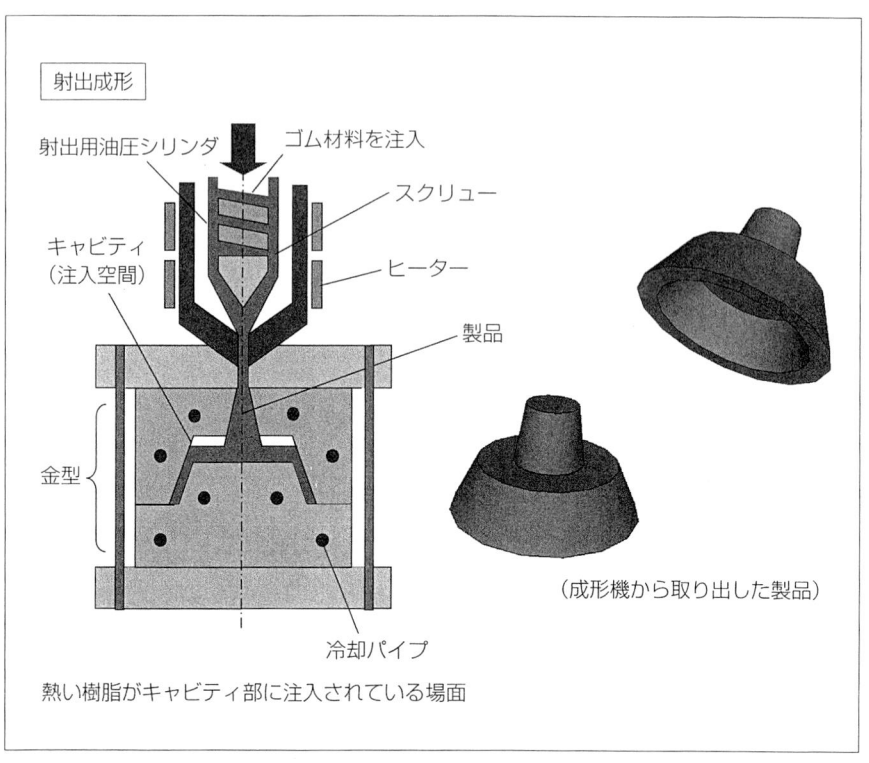

射出用油圧シリンダ　ゴム材料を注入
スクリュー
キャビティ（注入空間）
ヒーター
製品
金型
（成形機から取り出した製品）
冷却パイプ

熱い樹脂がキャビティ部に注入されている場面

図表6-1-2　射出成形によるゴム成形品の製造方法

どこかで見た図表ですね？

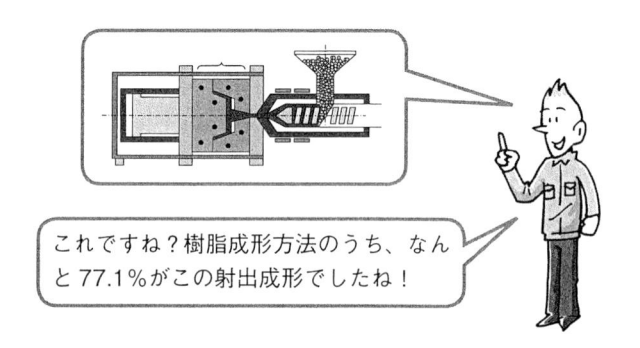

これですね？樹脂成形方法のうち、なんと77.1％がこの射出成形でしたね！

　ゴムの射出成形は、樹脂成形における「射出成形」とほぼ同じ加工法です。流動状のゴム材料を金型へ射出し、ある程度、冷却されたら外へ取り出します。

　大量生産向きの加工法です。

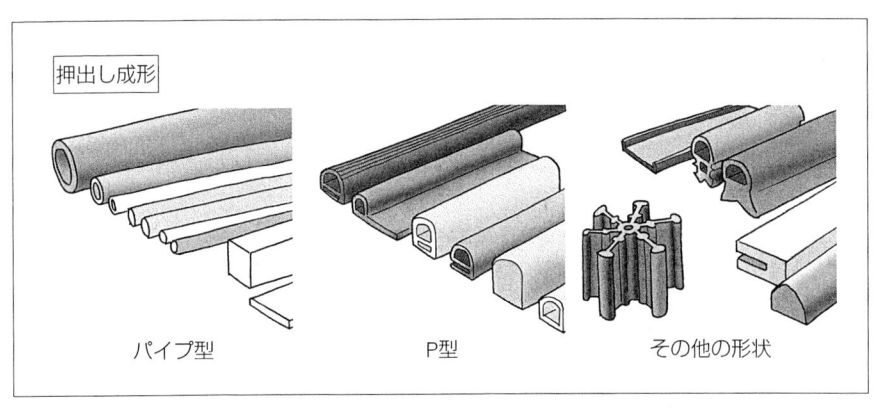

図表6-1-3　押出し成形によるゴム成形品の製造方法

（パイプ型／P型／その他の形状）

押出し成形は、トコロテンのようにゴム材料を押出して成形します。どこを切ってもその断面は、「金太郎飴」のようです。

ところで、「押出し成形」もどこかで聞いた単語ですね。

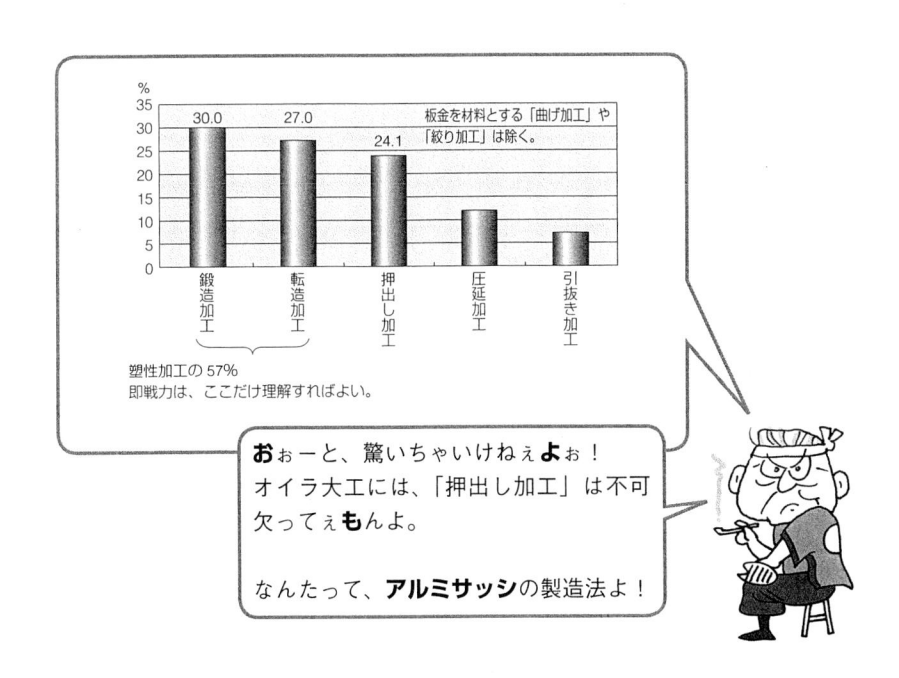

グラフ：
- 鍛造加工　30.0％
- 転造加工　27.0％
- 押出し加工　24.1％
- 圧延加工
- 引抜き加工

板金を材料とする「曲げ加工」や「絞り加工」は除く。

塑性加工の57％
即戦力は、ここだけ理解すればよい。

> **お**ぉーと、驚いちゃいけねぇ**よ**ぉ！
> オイラ大工には、「押出し加工」は不可欠ってぇ**もん**よ。
>
> なんたって、**アルミサッシ**の製造法よ！

押出し成形で製造されるゴム成形品は、建築用のシール材、工業用パイプやシール材を製造するのに最適です。

> **見積り力**　直圧成形は小ロット生産向きであり、ゴムの大量生産は、樹脂成形と同じ「射出成形」となる。

6-2 ▶▶▶ お客様の得手不得手を知る

6-2-1. ゴム成形品のトラブルは樹脂と同じ？

　設計力を上げるためのコツは、過去のトラブルを知ることです。一方、見積り力を上げるためには、過去のトラブルを知ることです。ともに同じです。

　つまり、見積り力とは設計力のひとつです。いくら見積りができても、いくら低コスト化設計ができても、何度もトラブルを繰り返し、社告・リコールを繰り返すようでは、何のための見積り力かということになってしまいます。

　さて、図表6-2-1は、ゴム成形品に関する製造過程と市場でのトラブルランキングです。おそらく初めて見るデータかと思います。ただし、毎回の注意ですが、当事務所のクライアントである「EVを含む、電気・電子機器」の場合です。

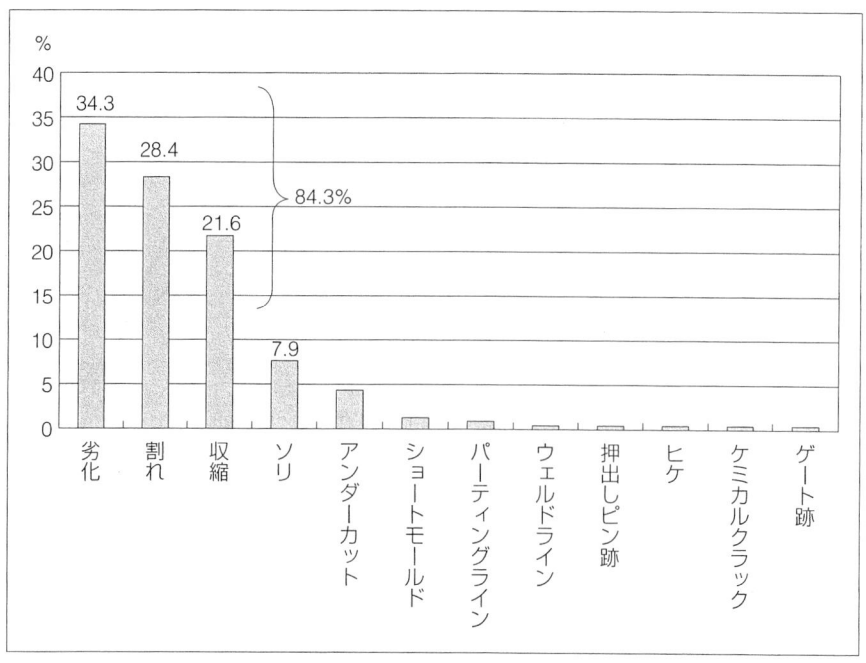

項目	%
劣化	34.3
割れ	28.4
収縮	21.6
ソリ	7.9
アンダーカット	（約4）
ショートモールド	－
パーティングライン	－
ウェルドライン	－
押出しピン跡	－
ヒケ	－
ケミカルクラック	－
ゲート跡	－

（劣化・割れ・収縮で84.3%）

図表6-2-1　電気・電子機器におけるゴム成形品のトラブルランキング
（注意：すべては参考記載です。各企業においては確認が必要です。）

多くの専門書には、樹脂とゴムのトラブルは同じという記載がありました。確かにトラブルの用語だけ並べればその通りですが、ランキングが全く異なります。その要因は材料の特性、つまり、加工中の流動性や残留応力の残り方にあるのです。トラブルランキングは、実務知識として必須です。

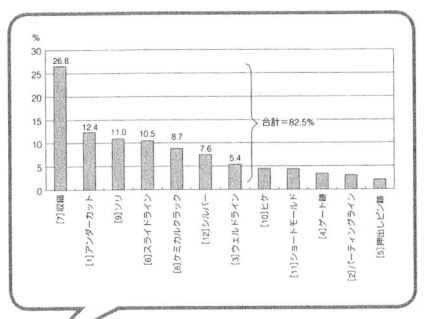

> すっ、スイマセン。
> 今から、**「ついてきなぁ！材料選択の『目利き力』で設計力アップ」** を復習します。

> **オイ、まさお！**
> これが**よ**ぉ、樹脂のトラブルランキングよぉ。覚えてっかぁ？**あ**ん？

出典：ついてきなぁ！材料選択の「目利き力」で設計力アップ：（日刊工業新聞社刊）

図表6-2-1の84.3%を占めるゴム成形品に関する代表的なトラブルを解説します。

① 劣化 ：「れっか」……もうこの言葉を聞いただけで「じんま疹」が出てしまう技術者がいる。ランキングしなくてもゴムの代表的なトラブルである。

故障モードとしては、「液漏れ」、「エアーリーク」、「絶縁不良」、「固着」などで、そのゴム成形品を観察すると表面がボロボロ、弾力がない、引っ張るとすぐに切れる、ひびが入る、べたべたするなどである。

身近な例として、輪ゴムや車のタイヤ、ゴムワイパーなどで何度か経験がある通り。劣化の原因は、熱、オゾン、化学薬品、紫外線、放射線、機械的繰り返し応力などである。後述する最適なゴム材料の選択が問われる。

② 割れ ：樹脂は、生まれながらにして残留応力を含み、生産と同時に割れが始まるといわれているが、ゴムも同じである。

樹脂は使用上、応力を掛け続けると割れが加速するが、ゴムも同じである。したがって、樹脂部品の場合、使用上は応力をリリース（開放）させてやることが設計のコツである。ゴムもそれが理想であるが、ゴムの魅力はその弾性力であり、液もれ防止などのシール機能に形を潰して装着されている。潰し量が規定以外より大きい場合は、いつ割れてもおかしくない。ゴム輪やゴムホースなどは、潰す（圧縮）よりも、引っ張りの場合も多く、短時間で亀裂が入るトラブルも多い。

したがって、樹脂部品の「定期交換部品」は少ないが、ゴム成形品はその逆で、「定期交換部品」が多い。

③ 収縮：樹脂成形同様に、ゴムの成形も、固体（原料）⇒液体⇒固体（製品）と「変身」を経て完成する。固体（原料）を液体にするには大きな熱エネルギーを必要とする。そして、最終的にはこの大きな熱エネルギーを奪って、固体（製品）にする際、このエネルギーが悪さをする。

それが、「収縮」である。字のごとく、形状や寸法が「収縮」するトラブルである。

「多くの専門書には、樹脂とゴムのトラブルは同じという記載がありました」と前述しましたが、職人の世界ではとんでもないことです。

> **見積り力**
> ゴム成形品のトラブルナンバーワンは「劣化」。使用目的に沿った最適な材料選択が求められ、これは、設計審査の定番となっている。

> **見積り力**
> 樹脂部品は、応力を開放して使用する。ゴム成形品は、シール機能を代表に応力を掛け続けるので割れが促進する。したがって、ゴム成形品には「定期交換部品」が多い。

6-3 ▶▶▶ 加工限界を知る

6-3-1. ゴム成形品に関する長さの一般公差

図表6-3-1は、長さに関する一般公差です。注目すべきは、ゴム成形品の一般公差は、長さを限定すれば樹脂成形（並級）よりも良いということです。

そして、本書のコンセプトである「EVを含む電気・電子機器」に絞り、ゴムの場合の寸法区分（図表の横軸）は、0～300 mmとしました。金属や樹脂の場合は構造物としての利用が多いため、剛体としての精度を測定しますが、ゴムの場合は、構造体としての利用よりもシールや緩衝材としての利用のため、弾性体として測定となります。したがって、重力の作用を受けるため、300 mm～1000 mmは参考値としました。

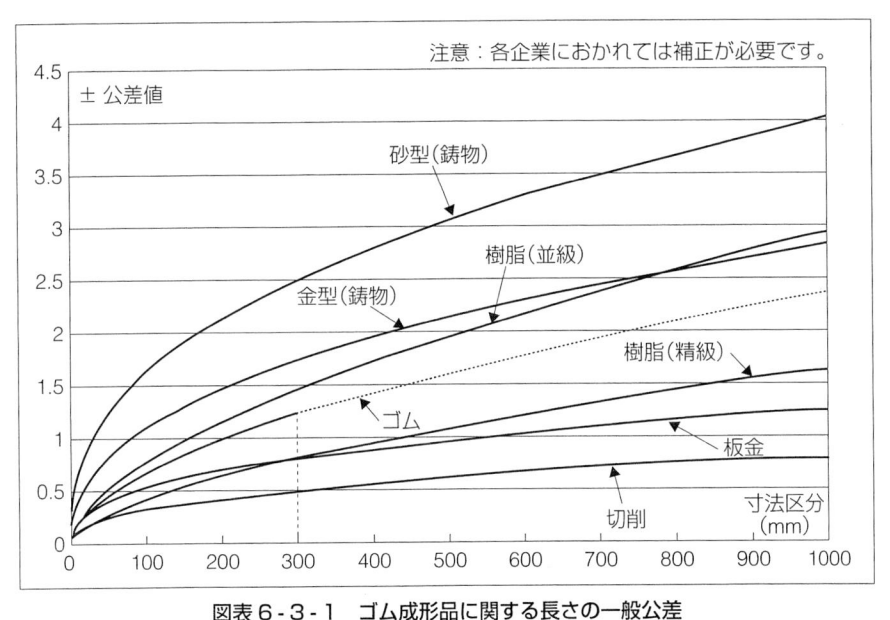

図表6-3-1　ゴム成形品に関する長さの一般公差
（注意：すべては参考記載です。各企業においては確認が必要です。）

6-3-2. ゴム成形品に関する平面度／直角度の一般公差

　図表6-3-2は、平面度と直角度に関する一般公差です。
　前項の長さに関する一般公差同様、ゴムの場合の寸法区分（図表の横軸）は、0～300 mmとしました。

　図表6-3-2は、さらに重力の影響を受けます。したがって、目安や参考情報として扱ってください。

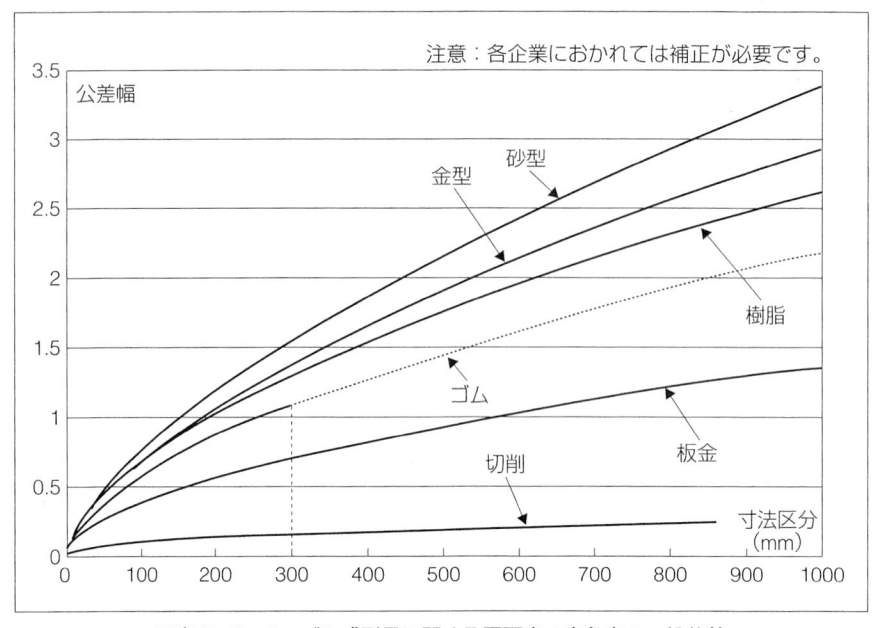

図表6-3-2 ゴム成形品に関する平面度／直角度の一般公差
(注意：すべては参考記載です。各企業においては確認が必要です。)

6-3-3. ゴム成形品に関する抜き勾配

ゴム成形に関する抜き勾配のルールは以下の通りです。

【ゴム成形のルール】
① 内外壁：片側で0.5°以下、かつ、材料を増す方向に傾斜する。
② 穴：両側で0.5°以下、かつ、材料を減らす方向に傾斜する。

樹脂成形のときは「2°以下[注]」でした。ゴム成形の場合、とくに抜き勾配は不要ですが、お客様から「0.5°」ぐらいを要求される場合があります。事前に「お客様」と打ち合わせましょう。

注)：「ついてきなぁ！加工知識と設計見積り力で『即戦力』」、もしくは、「ついてきなぁ！加工部品設計で3次元CADのプロになる！」を参照。

ちょいと茶でも……

抜き勾配を即、理解する

前述した難解な「抜き勾配」について詳しく説明しましょう。

まず、**図表6-3-3**の図Aのように、傾きを一切気にせず直角に断面図を書きます。それでは、内外壁のルールから理解しましょう。

文章通り「片側で0.5°以下、かつ、材料を増す方向に傾斜する」を図Bのように描いてみてください。「材料を増す方向」と「0.5°」の意味が理解できたと思います。

次に、穴のルールですが、型の抜き方向で異なります。図Cは型を上方向に抜く場合の図です。材料を減らす方向になっていることを理解してください。また、図Dはその逆です。

これも材料を減らす方向になっていることを理解してください。

図A
図B 片側で0.5° 内外壁は、片側で0.5°以下で材料を増す方向に傾斜

図C 両側で0.5°
穴：両側で0.5°以下、かつ、材料を減らす方向に傾斜する。

図D 両側で0.5°
穴：両側で0.5°以下、かつ、材料を減らす方向に傾斜する。

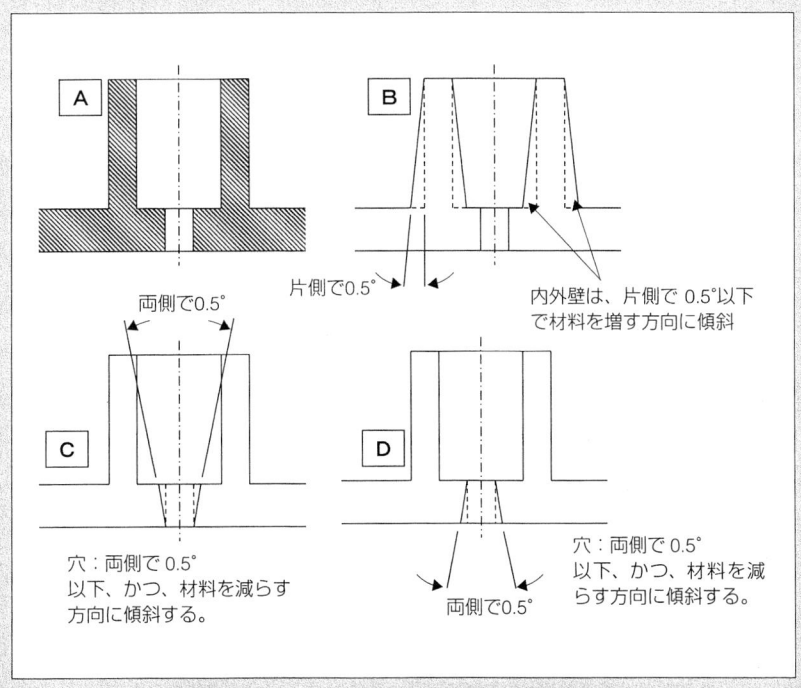

図表6-3-3 ゴム成形の抜き勾配に関するルール

6-4 ▶▶▶ ゴム材料の最適な選択

材料の選択には、「Q（Quality：品質）」、「C（Cost）コスト」、「D（Delivery：期日、入手性）の情報が必要です。

まずQ（品質）ですが、本項の冒頭では、隣国自動車会社における「自動車のトラブルランキング」で第1位～第3位の間に「ゴム成形品」があることを解説しました。また、前項では、ゴム成形品のトラブルランキングを掲載しました。

ゴム成形品は、トラブルの代表格です。したがって、使用目的に沿った最適な材料選択が設計の鍵です。コスト優先で選択することはナンセンスです。

6-4-1. ゴム材料の部品点数ランキング

図表6-4-1は、電気・電子機器における各種ゴム材料の部品点数ランキングです。

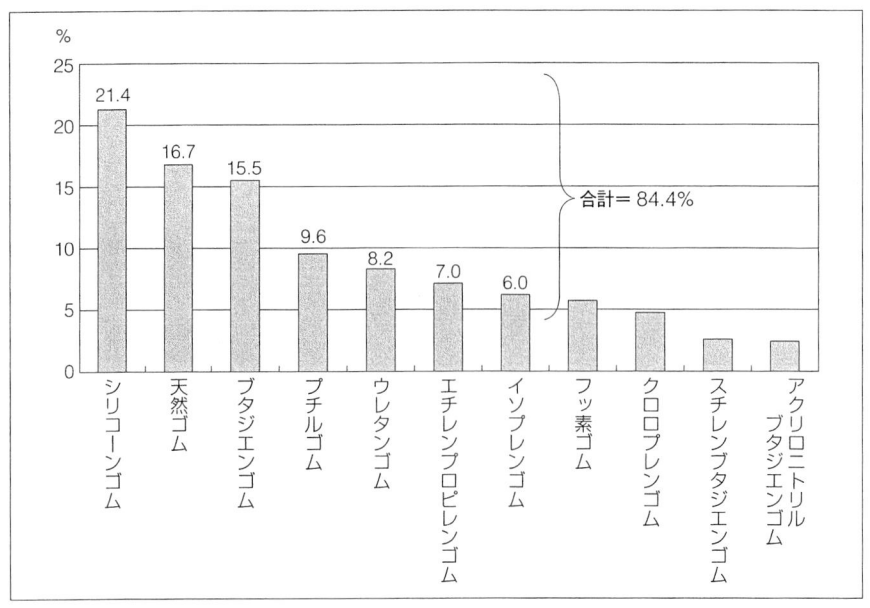

材料	%
シリコーンゴム	21.4
天然ゴム	16.7
ブタジエンゴム	15.5
ブチルゴム	9.6
ウレタンゴム	8.2
エチレンプロピレンゴム	7.0
イソプレンゴム	6.0
フッ素ゴム	
クロロプレンゴム	
スチレンブタジエンゴム	
アクリロニトリルブタジエンゴム	

合計＝84.4%

図表6-4-1　電気・電子機器におけるゴム材料の部品点数ランキング
（注意：すべては参考記載です。各企業においては確認が必要です。）

「クロロプレンゴム[注]」……これが第1位と思っていませんでしたか？
（注：デュポン社の商品名では「ネオプレン」または、「ネオプレンゴム」という。）

「えっ、シリコーンゴムが第1位？」……意外な結果に驚いている方々もいるかと思います。もしかしたら、そのような方は、工作機械や輸送機器の技術者ではないでしょうか？ 軸関連のシールにクロロプレンゴムが多用されているからです。しかし、電気・電子機器における第1位は「シリコーンゴム」となります。

これらの理由を事項から探ってみましょう。

6-4-2. ゴム材料のランキング別材料特性

図表6-4-1のランキングに基づく材料特性表を図表6-4-2に示します。

ゴムの材料名称	記号	Q 特性通信簿（数値が大きいほど優等生）								C コスト指数	D 入手性
		機械強度	耐摩耗	耐オゾン	耐鉱油	耐酸性	アルカリ	耐熱性	耐寒性	加工性	
シリコーン	SI	2	1	5	3	5	5	5	5	3	2.2	優
天然	NR	4	4	2	1	3	4	2	4	4	0.85	優
ブタジエン	BR	3	3	2	2	3	4	1	4	4	0.66	優
ブチル	IIR	3	3	3	2	4	4	3	3	4	0.64	優
ウレタン	UR	5	5	4	4	1	1	2	4	3	2.33	良
エチレンプロピレン	EPDM	3	3	4	2	4	4	4	3	3	0.81	優
イソプレン	IR	3	4	2	1	3	4	1	4	4	0.64	優
フッ素	FKM	3	4	5	5	2	5	5	2	2	18.1	良
クロロプレン	CR	3	3	3	3	3	4	3	3	4	1.0	優
スチレンブタジエン	SBR	3	4	2	1	3	4	3	3	4	0.55	優
アクリロニトリルブタジエン	NBR	3	4	3	3	3	4	2	2	3	0.98	優

図表6-4-2　ゴム材料のランキング別材料特性表
（注意：すべては参考記載です。各企業においては確認が必要です。）

ゴム成形品に、CAE（コンピュータシミュレーション）を施すことはあまりありません。したがって、図中には比重や引張り強さの掲載は省略しました。

ゴム材料に関する設計上のポイントは、「使用目的の明確化」です。使用に沿った最適な材料選択です。そこで、図表6-3-2には「特性通信簿（数値が大きいほど優等生）」の欄を設けました。

　前項の部品点数ランキングでは、「クロロプレンゴム」……これが第1位と思っていませんでしたか？」と記述しました。それでは、図表6-4-2のクロロプレンゴムを見てみましょう。図中の「特性通信簿」に注目です。

> なるほど！クロロプレンは、優もなければ不可もない、無難な優等生（？）なんですね！

> オイ、まさお！
> その通りだ。だから昔は有名だったんだぜぃ。とりあえず、クロロプレンを使っておけば無難だと……。

　そうです。昔は確かにクロロプレンゴムは有名で、そして「優等生」でした。しかし、技術が複雑化し、過酷な環境下や各種の薬品に耐え抜く「一芸に秀でる性能」を要求されてきました。その代表格が「シリコーンゴム」です。
　その特徴を、下記にまとめました。

> ① 弾力性があり、ICなどの発熱体やヒートシンクとの密着性が良い。
> ② 熱伝導性が良いため、高い放熱効果が得られる。
> ③ 優れた難燃性を示す。
> ④ 電気絶縁性など優れた電気特性を有する。
> ⑤ 耐寒性良好で、撥水性あり。
> ⑥ 加工、成形しやすい。

　電気・電子機器には欠かせない材料であることが理解できたと思います。
　以上のQ（品質）の他、職人には必須のC（コスト）とD（入手性）の欄を設けてあります。とくに、他の専門書やセミナーでは入手できないC（コスト）の情報に注目してください。「コスト係数」は、後の設計見積りに使用します。

6-5 ▶▶▶ 事例で学ぶゴム成形品の設計見積り

軸系部品や表面処理のめっきと同様に、本項もいきなり演習問題を解きながらゴム成形品の設計見積りを算出してみましょう。
ただし、その成形法は最も頻度の高い「直圧成形」に限定します。

6-5-1. 課題：ゴム成形品の設計見積り

図表6-5-1は、直圧成形で生産されたゴム成形品です。この部品のロット5000個におけるコストを求めてみましょう。その他の設計見積り諸元は図中に記載しました。

【設計見積り諸元】
① 材質：天然ゴム（NR）
② ゴム厚：5mm
③ 直圧成形による製造

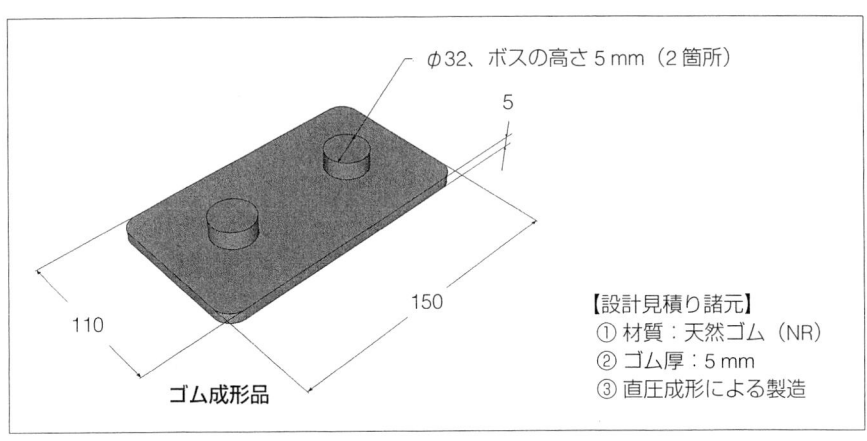

φ32、ボスの高さ5mm（2箇所）

図表6-5-1　ゴム成形品の設計見積り諸元

6-5-2. 材料費を求める

まず、第1章で解説した公式1-2-1の「材料費」を求めますが、その材料費は次の公式6-5-1で求めます。

公式6-5-1：
　　材料費 ＝ 体積 × 係数（C） × 10^{-3}
　（単位：指数）(mm^3)　（図表6-4-2を参照）

体積 = $(150 \times 110 \times 5) + ((32 / 2)^2 \times \pi \times 5) \times 2$
　　　= 90542 mm³
材料費 = 体積 × 0.85 × 10^{-3} = 77.0 指数（円）

6-5-3．加工費を求める

【Ⅰ．ロット倍率を求める】

量産効果のロット倍率を**図表6-5-2**で求めます。

ロット5,000個の場合のロット倍率を求めると、Log5000 = 3.7 であり、グラフより「0.91」と読めます。

ただし、このロット倍率は、「直圧成形」の場合です。

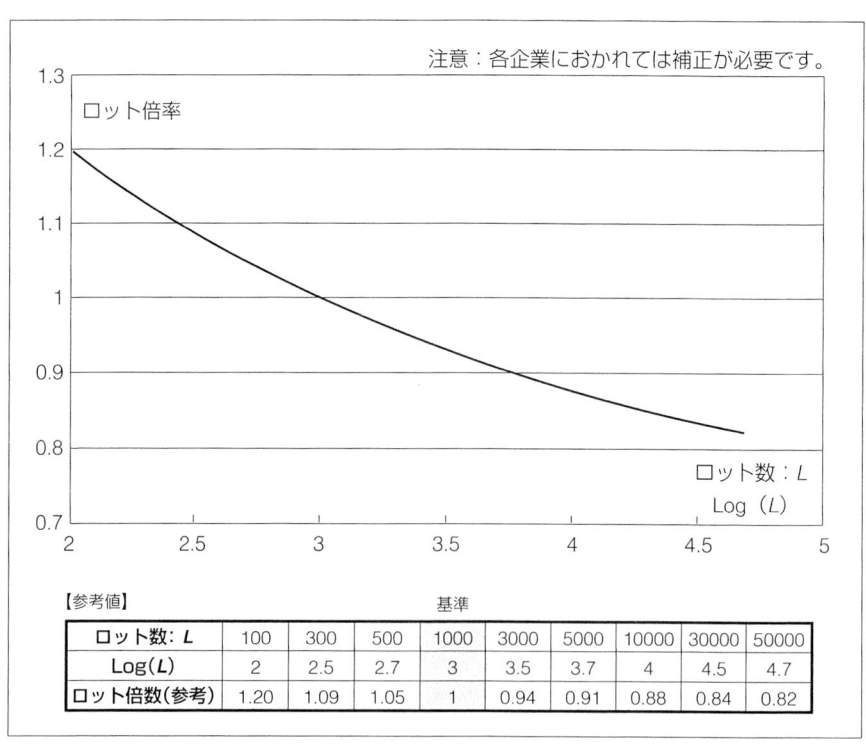

【参考値】

ロット数: L	100	300	500	1000	3000	5000	10000	30000	50000
Log(L)	2	2.5	2.7	3	3.5	3.7	4	4.5	4.7
ロット倍数（参考）	1.20	1.09	1.05	1	0.94	0.91	0.88	0.84	0.82

図表6-5-2　直圧成形によるゴム成形品の量産効果
（注意：すべては参考記載です。各企業においては確認が必要です。）

ここでもう一度、図表6-5-2を見てみましょう。板金、樹脂、切削、ヘッダー加工、転造加工、めっき、ばねのロット倍率を見てきましたが、ゴム成形品のロット倍率は最も緩やかなカーブです。これは、「直圧成形」の特徴です。「直圧成形」によるゴムの加工が手作業、もしくは、半自動による低生産性からきています。

> **見積り力**　ゴム成形品のロット倍率は、最も緩やかなカーブを描き、量産効果は小さい。（ただし、直圧成形の場合）

【Ⅱ.基準加工費を求める】

ロット1000本の加工費を基準とする「基準加工費」を、**図表6-5-3**より求めます。ただし、この基準加工費は、「直圧成形」の場合です。

体積（図の横軸）：90542（mm^3）× 10^{-3} = 90.5
基準加工費 = 29.3指数（円）……図表6-5-3から読み取れます。

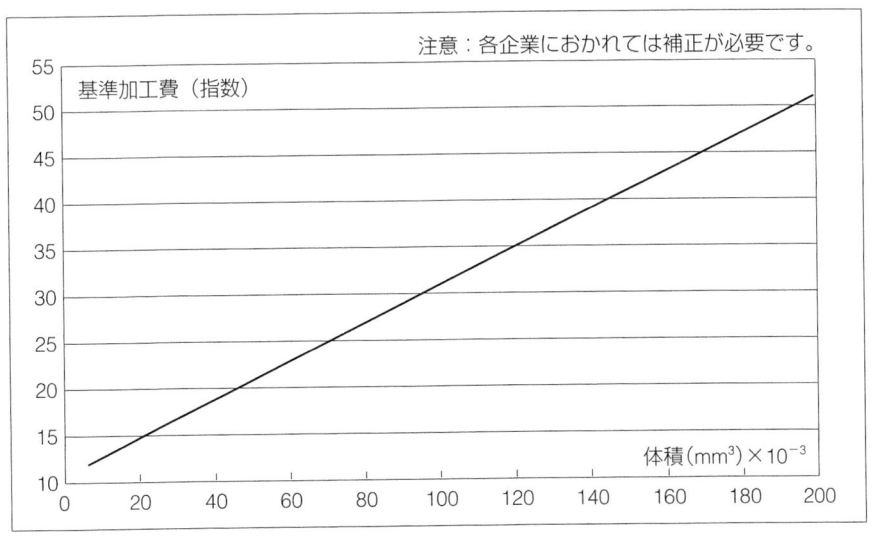

図表6-5-3　ゴム成形品の基準加工費
（注意：すべては参考記載です。各企業においては確認が必要です。）

【Ⅲ.加工費を求める】

前述により基準加工費が求められたので、次に示す公式1-3-2に当てはめれば求めるロット数、つまり、ロット5000個における加工費が求まります。

公式1-3-2：
　　　　　加工費 ＝ 基準加工費 × ロット倍率

加工費 = 29.3 × 0.91 = 26.7指数（円）

【Ⅳ.型費を求める】
　最後は「直圧成形」による型費を求めます。
　図表6-5-1におけるゴム成形品の最大長は150 mmですから、**図表6-5-4**より、

　　　　　型費=290,000指数（円）と読めます。

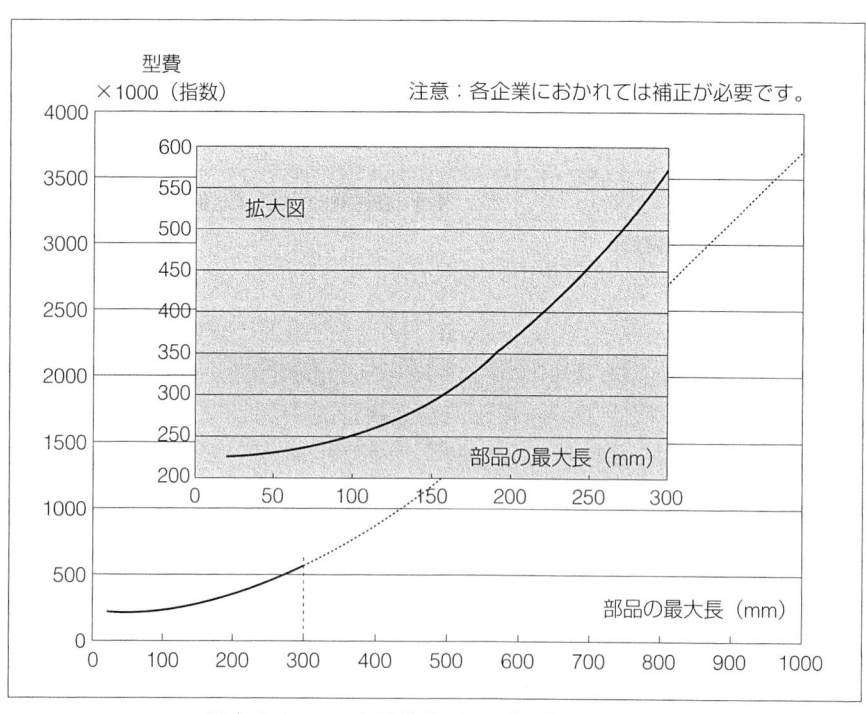

図表6-5-4　直圧成形によるゴム成形品の型費
（注意：すべては参考記載です。各企業においては確認が必要です。）

　図中における横軸は、「部品の最大長（mm）」であることに注目してください。

書籍「ついてきなぁ！加工知識と設計見積り力で『即戦力』」に記載されている樹脂の「射出成形」、その型費を求める場合と同じです。

　繰り返しますが、本書のコンセプトである「EVを含む電気・電子機器」に絞り、ゴム成形品の最大長（図表の横軸）は、0〜300 mmとしました。300 mm〜1000 mmは参考値です。

【V.まとめ】
　・単品：103.7 指数（円）
　・型費：290,000 指数（円）

　もし、型費を台数割りにするならば、
　290,000 指数（円）／5,000 = 58 指数（円）

　・単品（型費含む）= 103.7 + 58 = 161.7 指数（円）となります。

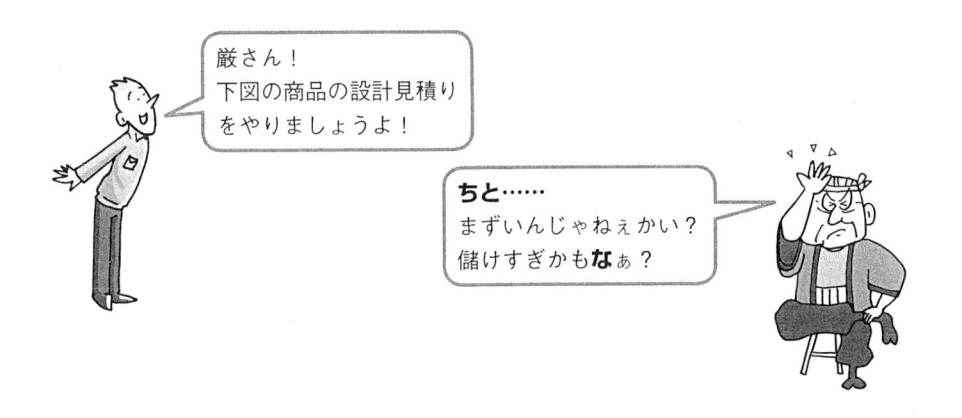

> 厳さん！
> 下図の商品の設計見積りをやりましょうよ！

> ちと……
> まずいんじゃねぇかい？
> 儲けすぎかも**なぁ**？

スマートフォン用ラバーケース　　　　ラバーリストバンド

第6章　ゴム成形品の加工知識と設計見積り

6-6 ▶▶▶ 目で見る！第6章のまとめ

直圧成形による ゴムの製造方法（図表6-1-1）

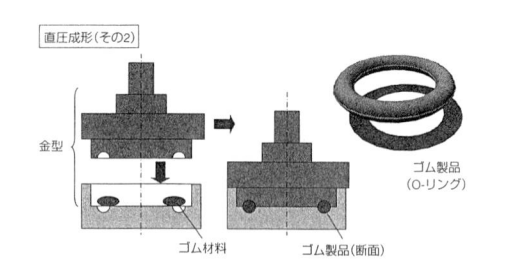

直圧成形（その2）
金型
ゴム材料　ゴム製品（断面）
ゴム製品（O-リング）

ゴム成形品の トラブルランキング（図表6-2-1）

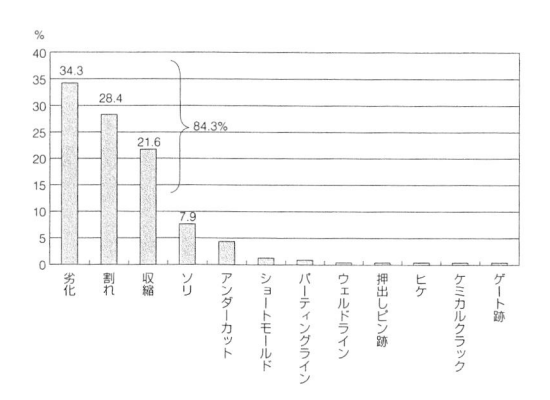

％
- 劣化 34.3
- 割れ 28.4
- 収縮 21.6
- ソリ 7.9
- アンダーカット
- ショートモールド
- パーティングライン
- ウェルドライン
- 押出しピン跡
- ヒケ
- ケミカルクラック
- ゲート跡

84.3％

ゴム材料のランキング別 材料特性表（図表6-4-2）

ゴムの材料名称	記号	Q 特性通信簿（数値が大きいほど優等生）								C コスト指数	D 入手性
		機械強度	耐摩耗	耐オゾン	耐鉱油	耐酸性	アルカリ	耐熱性	耐寒性	加工性		
シリコーン	SI	2	1	5	3	5	5	5	5	3	2.2	優
天然	NR	4	4	2	1	3	4	2	4	4	0.85	優
ブタジエン	BR	3	3	2	2	3	4	1	4	4	0.66	優
ブチル	IIR	3	2	3	2	4	4	3	3	2	0.64	優
ウレタン	UR	5	5	4	4	1	1	2	4	3	2.33	良
エチレンプロピレン	EPDM	3	3	4	2	4	4	4	3	3	0.81	優
イソプレン	IR	3	4	2	1	3	4	1	4	4	0.64	優
フッ素	FKM	3	4	5	5	5	2	5	2	2	18.1	良
クロロプレン	CR	3	3	3	3	3	4	3	3	4	1.0	優
スチレンブタジエン	SBR	3	4	2	1	3	4	3	3	4	0.55	優
アクリロニトリルブタジエン	NBR	3	4	3	3	3	4	2	2	3	0.98	優

図表6-6-1　目で見る第6章のまとめ

儲かる見積り力・チェックポイント

【第6章における儲かる見積り力・チェックポイント】
　第6章における「儲かる見積り力・チェックポイント」を下記にまとめました。理解できたら「レ」点マークを□に記入してください。

〔項目6-1：お客様の道具（加工法）を知る〕
　① ゴムの加工法で最もよく使われる加工法は「直圧成形」であり、
　　 「押し寿司」を連想する。　　　　　　　　　　　　　　　　　□

　② 直圧成形は小ロット生産向きであり、ゴムの大量生産は、樹脂成形と
　　 同じ「射出成形」となる。　　　　　　　　　　　　　　　　　□

　③ 「接地」は、機械系技術者にとって必須の知識である。　　　　□

〔項目6-2：お客様の得手不得手を知る〕
　① ゴム成形品のトラブルナンバーワンは「劣化」。使用目的に沿った
　　 最適な材料選択が求められ、これは、設計審査の定番となっている。□

　② 樹脂部品は応力を開放して使用する。ゴム成形品はシール機能を代表
　　 に応力を掛け続けるので割れが促進する。したがって、ゴム成形品に
　　 は「定期交換品」が多い。　　　　　　　　　　　　　　　　　□

〔項目6-5：事例で学ぶゴム成形品の設計見積り〕
　① ゴム成形品のロット倍率は、最も緩やかなカーブを描き、量産効果は
　　 小さい。（ただし、直圧成形の場合。）　　　　　　　　　　　□

第6章　ゴム成形品の加工知識と設計見積り

チェックポイントで、70％以上に「レ」点マークが入りましたら終了です。

厳さん！
なんだか、設計が面白くなってきましたぁ！

べらんめぇ！
そりゃ、**オメェ**、
儲かるか、儲からないかがわかるようになってきたから**よ**ぉ！

お疲れ様でした。

800円 ➡ 770円

あなたのお店

780円

近所で開店予定のライバル店

おわりに
世界に通用する日本人設計者を目指して

　「誰もスカウトしない日本人設計者」という衝撃的なタイトルから、本書の「はじめに」を執筆しました。諸先輩方をはじめ、多くの設計者を不機嫌にしたかと思います。しかし、筆者も「設計コンサルタント」を名乗っていますが、現在も3次元CADを駆使する「設計者」です。したがって、筆者も残念で仕方がありません。

　戦後の「安かろう、悪かろう」と世界中の人々から悪口を叩かれた日本製品を世界一の品質へと先導してきたのは、現在も世界一である日本の生産技術者です。その偉功の影に隠れているのが、スカウトされない日本人設計者かもしれません。

　筆者の著書に何度も登場します。それは、技術者の4科目である「Q（Quality：品質）」、「C（Cost）コスト」、「D（Delivery：期日）」、「Pa（Patent：特許）」です。近年の設計品質（Q）が低下し、社告・リコールの損失額で世界第1位、第2位を獲得したのは日本を代表する自動車会社です。
　そして、自分が設計した部品のコストが算出できないのが日本人設計者。開発スピードも遅れ、液晶TV、スマートフォン、デジタル複写機など一気に隣国の巨大電子企業にそのトップの座を奪われました。

　「安かろう、悪かろう」……日本の生産技術者は、見事にそのリベンジを果たしました。次は、我々設計者がリベンジを果たす番です。
　技術者の4科目はQ、C、D、Paです。設計審査もその4科目を審査します。しかし、C（コスト）の審査なきISO9001を取得した企業が日本の一部上場企業に数多く存在しています。設計者ひとり一人の実力アップを考慮せず、設計審査システムや3次元CAD、そこに付随する高価なアプリケーションに話題が集中しています。今、それらを使う「人」を育てることが先決と筆者は思います。日本人設計者なら、必ずや世界一になれると思います。
　2012年1月

筆者：國井 良昌

【書籍サポート】
　皆様のご意見やご質問のフィードバックなど、ホームページ上でサポートする予定です。下記のURLの「ご注文とご質問のコーナー」へアクセスしてください。
　　　URL：國井技術士設計事務所　http://a-design-office.com/

著者紹介──

國井 良昌（くにい よしまさ）

技術士（機械部門：機械設計/設計工学）
日本技術士会 機械部会
横浜国立大学 大学院工学研究院 非常勤講師
首都大学東京 大学院理工学研究科 非常勤講師
山梨大学工学部 非常勤講師
山梨県工業技術センター客員研究員
高度職業能力開発促進センター運営協議会専門部会委員

1978年、横浜国立大学 工学部 機械工学科卒業。日立および、富士ゼロックスの高速レーザプリンタの設計に従事した。1999年、國井技術士設計事務所を設立。設計コンサルタント、セミナー講師、大学非常勤講師として活動中。以下の著書が日刊工業新聞社から発行されている。

・「ついてきなぁ！加工知識と設計見積り力で『即戦力』」などの「ついてきなぁ！」シリーズ 全12冊

URL：國井技術士設計事務所　　http://a-design-office.com/

ついてきなぁ！
加工部品設計の『儲かる見積り力』大作戦　　NDC 531.9

2012年4月12日　初版1刷発行
2016年4月20日　初版3刷発行

（定価はカバーに表示されております。）

　　　　　　　　　　　Ⓒ著　者　　國　井　良　昌
　　　　　　　　　　　　発行者　　井　水　治　博
　　　　　　　　　　　　発行所　　日刊工業新聞社
　　　　　　　〒103-8548　東京都中央区日本橋小網町14-1
　　　　　　　電　話　書籍編集部　東京　03-5644-7490
　　　　　　　　　　　　販売・管理部　東京　03-5644-7410
　　　　　　　　　　　　FAX　　　　　　　　03-5644-7400
　　　　　　　振替口座　00190-2-186076
　　　　　　　URL　http://pub.nikkan.co.jp/
　　　　　　　e-mail　info@media.nikkan.co.jp

印刷・製本　デジタルパブリッシングサービス

落丁・乱丁本はお取替えいたします。　　2012　Printed in Japan
ISBN 978-4-526-06867-6

本書の無断複写は、著作権法上での例外を除き、禁じられています。

日刊工業新聞社の好評図書

ついてきなぁ！
加工知識と設計見積り力で『即戦力』

國井　良昌　著
A5判220頁　定価（本体2200円＋税）

「自分で設計した部品のコスト見積りもできない設計者になっていませんか？」

もし、心当たりがあれば迷わず読んで下さい。本書は、機械設計における頻度の高い加工法だけにフォーカスし、図面を描く前の低コスト化設計を「即戦力」へと導く本。本書で理解する加工法とは、加工機の構造や原理ではなく、設計の現場で求められている「即戦力」、つまり、(1) 使用頻度の高い加工法の「得手不得手」を知る、(2) 加工限界を知る、(3) 自分で設計した部品費と型代が見積れる、の3点。イラストでは大工の厳さんがポイントに突っ込んでくれる「図面って、どない描くねん！」の江戸っ子版。「現場の加工知識」と「設計見積り能力アップ」で「低コスト化設計」を身につけよう！

＜目次＞
はじめに：「10年かけて一人前では遅すぎる」
第1章　即戦力のための低コスト化設計とは
第2章　公差計算は低コスト化設計の基本
第3章　板金加工編
第4章　樹脂加工編
第5章　切削加工編
おわりに：「お客様は次工程」

ついてきなぁ！
『設計書ワザ』で勝負する技術者となれ！

國井　良昌　著
A5判228頁　定価（本体2200円＋税）

「ついてきなぁ！」シリーズ第2弾。3次元CADの急激な導入により、3次元モデラーへと変貌した設計者を、「設計書と図面」セットでアウトプットできる設計本来の姿に導くため、数多くの『設計書ワザ』を解説する本。

1．設計者のための設計書のあり方・書き方を伝授する。
2．設計書が、設計者の最重要アウトプットであることを導く。
3．設計書が、設計効率の最上位手段であることを理解させ、実践を促す。

本書で、数々の「設計書ワザ」を身につければ、設計書で勝負できる技術者になれる！

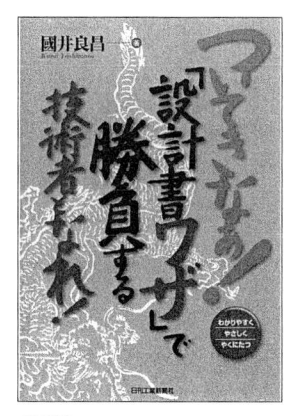

＜目次＞
はじめに：3次元モデラーよ！設計者へと戻ろう
第1章　トラブル半減、設計スピード倍増の設計書とは
第2章　企画書から設計書へのブレークダウン
第3章　設計書ワザで『勝負する』
第4章　設計思想の上級ワザで『勝負する』
第5章　机上試作ワザで『勝負する』
第6章　時代に即したDQDで『勝負する』
おわりに：「設計のプロフェッショナルを目指そう！」

```
┌─ 日刊工業新聞社の好評図書 ─┐
```

ついてきなぁ！
加工部品設計で3次元CADのプロになる！
－「設計サバイバル術」てんこ盛り

國井　良昌　著
A5判224頁　定価（本体2200円＋税）

　板金部品、樹脂部品、切削部品の3次元CAD設計を通して、設計初心者をベテラン設計者に導く本。「設計サバイバル術」と称したノウハウポイントを「てんこ盛り」で紹介した、機械設計者すべてに役に立つ入門書。
　3次元CADの断面作成機能を駆使して、加工形状の「断面急変部」を回避することが設計サバイバルの第1歩。本書を理解して、「トラブル」や「ケガ」を最小限に止める究極のサバイバル術を身につけよう。

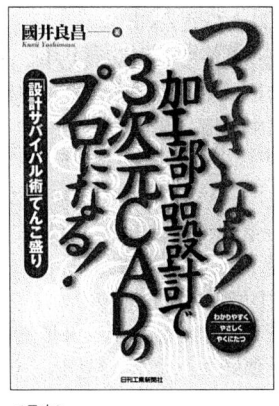

〈目次〉
第1章　究極の設計サバイバル術
第2章　板金部品における設計サバイバル術
第3章　樹脂部品における設計サバイバル術
第4章　切削部品における設計サバイバル術

ついてきなぁ！
失われた「匠のワザ」で設計トラブルを撲滅する！
－設計不良の検出方法と完全対処法

國井　良昌　著
A5判232頁　定価（本体2200円＋税）

　「ついてきなぁ！シリーズ第4弾」設計者に起因する設計変更、開発遅延、設計トラブル、製品事故、リコール。そうしたトラブルに満足に対処できないために起こる致命的な設計トラブルに対して、安易な「技術者教育」と「品質管理の強化」ではなく、「匠のワザの教育」と「トラブルの未然抽出」、「完全対策法の伝授」による、真の技術対応策を解説する。

〈目次〉
第1章　匠のワザ（1）：トラブルの98％がトラブル三兄弟に潜在
第2章　匠のワザ（2）：インタラクションギャップを見逃すな
第3章　匠のワザ（3）：これで収束！トラブル完全対策法
第4章　匠のワザ（4）：再発を認識したレベルダウン法
第5章　匠のワザ（5）：現象ではなく原因に打つ根本対策法

日刊工業新聞社の好評図書

ついてきなぁ！
設計トラブル潰しに『匠の道具』を使え！
－FMEAとFTAとデザインレビューの賢い使い方

國井 良昌 著
A5判228頁　定価（本体2200円＋税）

「ついてきなぁ！シリーズ第5弾」。「設計トラブル対策」の実践をテーマに、設計の不具合や故障、製品トラブルに対処するため、従来とは違う、FMEA、FTA、デザインレビュー（設計審査）などの「賢い使い方や対処法」＝「匠の道具」を解説する。＜最重要ノウハウ＞「MDR（ミニデザインレビュー）マニュアル」付き！

＜目次＞
第1章　匠の教訓：社告・リコールはいつもあの企業
第2章　匠のワザ：「匠の道具」を使いこなすために
第3章　匠の道具（1）：やるならこうやる 3D-FMEA
第4章　匠の道具（2）：やるならこうやる！FTA
第5章　匠の道具（3）：やるならこうやるデザインレビュー

ついてきなぁ！
材料選択の「目利き力」で設計力アップ
－「機械材料の基礎知識」てんこ盛り

國井 良昌 著
A5判234頁　定価（本体2200円＋税）

「ついてきなぁ！シリーズ第6弾」。今回のテーマは設計に役立つ「機械材料」の「目利きヂカラ」の育成。「切削」「板金」「樹脂」材料の特性を理解し、必要不可欠な材料工学の知識を身につける。本書を読めば、即戦力として役立つ、最適な「材料選択」ができるようになる。本書で使用するデータとしては、使用頻度の高い実用的な材料データだけを提供し、若手技術者へは実務優先の基礎知識を、中堅技術者へは材料の標準化による低コスト化設計を促している。

第1章　設計力アップ！切削用材料はたったこれだけ
第2章　設計力アップ！板金材料はたったこれだけ
第3章　設計力アップ！樹脂材料はたったこれだけ
第4章　設計力アップ！「目利き力」の知識たち

日刊工業新聞社の好評図書

めっちゃ、メカメカ！2
ばねの設計と計算の作法
－はじめてのコイルばね設計

山田　学　著
A5判218頁　定価（本体2000円＋税）

　「めっちゃ、メカメカ！」の続編として、「ばね」に焦点を当て、ばね設計を解説する本。特殊な「ばね」は割愛し、基本的なコイルばねに限定して、その設計方法を導く。実際にコイルばねを設計する際には、設計ポイントの知識をもって計算しなければいけない。本書はそのニーズに応えるわかりやすい入門書。読者に理解してもらうための、こだわりすぎなほどの著者の丁寧さが、「めっちゃ、メカメカ」の真骨頂。

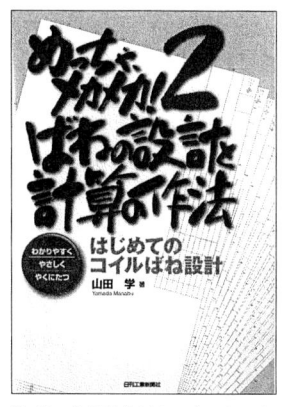

第1章　ばね効果を得るための工夫ってなんやねん！
第2章　スペースや効率を考えて材料と形状を選択する
第3章　機能を考えて、コイルばねの種類を選択する
第4章　圧縮ばねを設計する前に知っておくべきこと
第5章　圧縮ばねの計算の作法（実践編）
第6章　引張りばねを設計する前に知っておくべきこと
第7章　引張りばねの計算の作法（実践編）
第8章　ねじりばねを設計する前に知っておくべきこと
第9章　ねじりばねの計算の作法（実践編）

最大実体公差
－図面って、どない描くねん！LEVEL3

山田　学　著
A5判170頁　定価（本体2200円＋税）

　「図面って」シリーズ最高峰のレベル3！最高難度を求める人にこそ読んで欲しい1冊。さらに進化した幾何公差、それが、「最大実体公差」。寸法公差と幾何公差の"特別な相互関係"にある最大実体公差は、論理性を持って読み解かなければ設計意図を理解できない。また同様に図面に指示することさえできない。機械製図の最高峰である「最大実体公差」をやさしく解説した本。

第1章　独立の原則と相反する包絡の条件ってなんやねん！
第2章　どないしたら幾何公差だけ増やせんねん！
第3章　最大実体公差って、どの幾何公差に使ったらええねん！～形状公差・姿勢公差編～
第4章　最大実体公差って、どの幾何公差に使ったらええねん！～位置公差編～
第5章　機能ゲージって、どない設計すんねん！
第6章　最大実体公差を、もっと簡単に検査したいねん！
第7章　その他の幾何公差テクニックはどない使うねん！

| 日刊工業新聞社の好評図書 |

メカトロニクス The ビギニング
―「機械」と「電子電気」と「情報」の基礎レシピ

西田 麻美 著
A5判184頁 定価（本体1600円＋税）

　ロボットをはじめ、家電、自動車、生産機械など、あらゆる機械や電気製品に使われているメカトロニクス技術。その「メカトロニクス」を理解するために、そして実際の実務に携わる前に、「これだけは知っておいてほしい」基礎知識を、「完全にマスターできる」くらいにやさしく解説、紹介している。メカトロニクス入門技術者はもちろん、学生にもお薦め。「機械」「電子電気」「情報」分野の知識を1冊に閉じこめた、宝箱のような本。

第1章　メカトロニクスを支える技術者と役割
第2章　メカトロニクスに必要な制御の知識
第3章　メカトロニクスを構成する技術
第4章　メカトロニクスを実践してみよう

メカトロニクス The 設計・開発 プロジェクトツアー

西田 麻美 著
A5判200頁 定価（本体1600円＋税）

　「私がプロジェクトリーダーよ！」と宣言する有能女性プロジェクトマネージャのもとで、メカトロニクスの設計・開発プロジェクトをツアー形式で学ぶ実務入門。メカトロニクスの開発で欠かせないプロジェクトリーダー、メカ屋さん、エレキ屋さん、ソフト屋さんのそれぞれの役割や考え方（視点）とメカトロニクスで用いられる専門的な技術について、鉄道模型（Nゲージ用の昇降橋）をモチーフに取り上げて、チーム全員で製作する過程、すなわち、構想設計、ユニット構想設計、基本（詳細）設計、試作・評価、デザインレビューまでの開発プロジェクトの一連の流れと技術的な勘どころを、イラストや写真による対話式でやさしく解説している。

フェーズ1　全体構想設計
フェーズ2　ユニット構想設計
フェーズ3　基本設計・詳細設計
フェーズ4　試作・評価
フェーズ5　デザインレビュー
＜付録　メカトロ開発・設計ツアー　プロジェクトマネジメントのポイント＞